国家社科基金项目研究成果（项目批准号：16XKS012）

·政治与哲学书系·

生态文明建设与国家政治安全、政治认同研究

张首先 | 著

光明日报出版社

图书在版编目（CIP）数据

生态文明建设与国家政治安全、政治认同研究 / 张首先著. -- 北京：光明日报出版社，2022. 3

ISBN 978-7-5194-6586-5

Ⅰ. ①生… Ⅱ. ①张… Ⅲ. ①生态环境建设—研究—中国②国家安全—研究—中国 Ⅳ. ①X321. 2②D631

中国版本图书馆 CIP 数据核字（2022）第 075339 号

生态文明建设与国家政治安全、政治认同研究

SHENGTAI WENMING JIANSHE YU GUOJIA ZHENGZHI ANQUAN、ZHENGZHI RENTONG YANJIU

著　　者：张首先

责任编辑：史　宁　陈永娟　　　　责任校对：张彩霞

封面设计：中联华文　　　　　　　责任印制：曹　诤

出版发行：光明日报出版社

地　　址：北京市西城区永安路 106 号，100050

电　　话：010-63169890（咨询），010-63131930（邮购）

传　　真：010-63131930

网　　址：http://book. gmw. cn

E - mail：gmrbcbs@ gmw. cn

法律顾问：北京市兰台律师事务所龚柳方律师

印　　刷：三河市华东印刷有限公司

装　　订：三河市华东印刷有限公司

本书如有破损、缺页、装订错误，请与本社联系调换，电话：010-63131930

开　　本：170mm×240mm

字　　数：269 千字　　　　　　　印　　张：16. 5

版　　次：2023 年 6 月第 1 版　　　印　　次：2023 年 6 月第 1 次印刷

书　　号：ISBN 978-7-5194-6586-5

定　　价：98. 00 元

序

记得2007年，我在攻读博士学位期间，对博士论文如何选题的问题，心中产生了诸多困惑，在和师弟师妹们的多次“切磋”下，仍然“收获不多”，后来经过导师的精心指导，最后选定“生态文明”这一研究领域。说实话，一开始我对“生态文明”是比较陌生的，研究什么？如何研究？心中确实没底。从一无所知到有所收获，其间经历了漫长的曲折过程。十多年来，我一直潜心地研究生态文明，几乎没有中断过，可以说，研究生态文明给我带来了很多成功的喜悦，也让我深刻领悟到生态文明建设的重大意义。

2015年，我的第一本关于生态文明的学术专著《生态文明建设的协同治理研究》出版。2017年，该专著获四川省哲学社会科学三等奖。这次出版的《生态文明建设与国家政治安全、政治认同研究》是2016年国家社科基金项目的最终成果。现在看来，要真正做好一项国家课题是非常难的：一是课题有明确的结题期限，随时都有紧迫感、紧张感，总有一种无形的压力“压”在心头；二是由于繁忙的工作和比较沉重的家庭压力，时间和精力的碎片化难以“集中力量”打“攻坚战”。而专著的撰写是一项系统工程，其语言表达、行文风格、逻辑结构等要保持一定的“节奏”和“特色”，正如一曲动听的音乐一样，要尽量避免一些“杂音”和“跑调”。这样写写停停、停停写写，几十万字的专著总是难以找到“一气呵成”的畅快感、幸福感。尽管一路奔跑、大汗淋漓，本书还是在诚惶诚恐中“诞生”了。

全书在研究视角、研究内容、研究方法上，虽然想力争做到有所突破、有所创新，但囿于能力和水平的原因，突破和创新的程度还有待加强。在研究视角上，从历史与现实、国情与世情、理论与实践等视角全面辩证地分析生态文明建设与国家政治安全、政治认同的影响因素及其内在逻辑；在研究内容上，运用多学科的基本原理强化研究内容的学理性、逻辑性、有效性，以马克思主义理论学科为主，融合社会学、管理学、政治学、经济学、法学和心理学等多学科知识，以严谨的学术研究逻辑推导出结论与对策；在研究方法上，突出多种研究方法的综合运用，主要运用理论分析与实证分析相统一、历史考察与逻辑论证相统一、比较研究与个案研究相统一的方法深刻分析生态文明建设与国家政治安全、政治认同三者之间的依存性、规律性、实践性、反思性等基本特征。

全书由七章构成，整个章节力争做到条理清晰、体系完整。第一章和第七章分别从战略定位和战略选择的角度构建“提出问题-解决问题”的问题处理模式，第二章至第六章分别从逻辑、历史、现实、关系、实证等多维角度对本课题进行全面阐析。主要建树包括：通过历史与现实、事实与逻辑、理论与实践等的系统分析，阐析生态文明建设与政治安全、政治认同相互依存的原理、机理，阐明“绿水青山就是金山银山”的价值理念；从维护国家政治安全的高度，阐明生态文明建设有利于夯实维护国家政治安全的物质基础、政治基础、文化基础、群众基础、法治基础、道德基础等；从增强国家政治认同的高度，分析生态文明建设有利于实现美丽中国、健康中国、幸福中国、和谐中国等价值目标，有利于增强广大人民群众对中国特色社会主义政治的理念认同、情感认同、价值认同、制度认同，进一步坚定中国特色社会主义的“四个自信”。

生态文明建设不仅仅是一种“理论创新”，更是一种“实践创新”，是“理论创新”和“实践创新”的辩证统一。生态文明建设与国家政治安全、政治认同相互依存、相互促进：一方面，生态文明建设有利于改进党的执政作风、夯实党的执政基础，其成功实现为提升政治安全、政治认同的水平提供了重要保证；另一方面，执政党执政的科学性、民主性、法治性、人民性是促进政治安全、政治认同的基本条件，也是实现生态文明建设的关键所在。虽然本书力争做到资料翔实、论证充分，但在社会调查方面还不够深入、全面，获取的实证材料的代表性还有待提高；学术视野不够宽泛，资料来源主要局限于国内，理论论证的深刻性和说服力还有待增强，对策措施的针对性和实效性还有待提高。随着我国生态文明建设从一国治理向全球引领的研究的进一步深入，今后要更加拓展实践的操作性空间，结合全球时代特征和新时代中国政治、经济、文化等发生的重大变化，不断建构生态文明建设与政治安全、政治认同的崭新内容和当代形态。

党的十九大报告指出，我国正在成为全球生态文明建设的重要参与者、贡献者、引领者。我们的角色和发挥的作用将会从“一国”转向“全球”，从“参与者、贡献者”到“引领者”，因此，如何在全球环境治理中融入中国文化、中国经验、中国智慧等中国元素，如何成为全球生态文明建设的引领者是今后需要深入研究的问题。为何引领？引领什么？怎么引领？需要从全过程、全方位、全领域等方面深入研究，在广泛深入的社会调查的基础上，把思想引领、价值引领、制度引领、文化引领、创新引领等融入全球生态文明建设与人类命运共同体构建这一研究领域中，切实增强理论的科学性和实践的有效性。

从环境保护到生态文明，从一国治理到全球引领，中国生态文明建设功在当代、利在千秋，但仍然面临诸多困难和挑战，永在路上、任重道远，生态文明建设是人类文明不断前行的根基和基础，是构建人类命运共同体的前提和保障，是每一个人类生命个体、每一个民族和国家需要深刻反思、全面省察的不可回避的重大课题。

张首先

2021 年 3 月

目　录
CONTENTS

导 论

生态环境与政治发展的问题研究最早可以追溯到先秦时期和古希腊时期，先秦时期的老子、庄子、孔子、孟子等主要考察自然生态与国家治理的关系，以期达成“美美与共”“仁民爱物”的“天下之治”；古希腊时期的苏格拉底（Socrates）、柏拉图（Plato）、亚里士多德（Aristotle）、希波克拉底（Hippocrates）等主要考察政体的差别性与自然生态环境、人文环境的关系；［法］查理·路易·孟德斯鸠（Charles-louis de Secondant）、［德］格奥尔格·威廉·弗里德里希·黑格尔（Georg Wilhelm Friedrich Hegel）、［英］巴克尔（Barker）、［德］拉采尔（Ratzel）等都认为气候条件、地形地貌、自然环境等对不同民族-国家的生产力发展水平以及社会心理、国体政体、道德法律等会产生直接影响。随着人类现代化画卷的徐徐展开，科学技术在提高生产力水平的同时对全球生态和政治产生了重要影响，生态与政治的关系比历史上任何时候更加密切，20 世纪 70 年代始，生态与政治问题的研究在哲学社会科学中逐渐成为一个重要的研究领域。

第一节 选题依据与意义

一、选题依据

早在 20 世纪 90 年代，非军事性安全问题便成为各个民族-国家高度关注的焦点问题，尤其是生态领域中的不稳定因素对人类和平与安全造成了威胁。从全球来看，严重的气候危机对自然生态系统、人类生存系统以及由此产生的对人类和平与安全的潜在的、不确定的威胁因素正在增多；严峻的生态环境压力、可再生资源的日益短缺、生态系统的严重衰退正在对各个民族-国家经济与社会的发展模式、发展标准、发展理念、发展价值等给出全方位考验。从国内来看，中国作为人口最多的发展中的社会主义国家，在现代化进程中，经济社会的健康、持续发展承受着生态环境的沉重压力，近年来，由生态环境因素引发的集体焦虑和各类生态环境事件的出现，凸显了人民群众对生态环境安全、生产生活安全、生命健康安全等的广泛关注和意见表达，对个体幸福、家庭幸福、社会稳定、国家发展等的高度重视和集体行动，表达了人民群众对执政党的执政理念、执政方略、执政目的、执政能力、执政绩效的普遍关切和现实体验，历史经验反复证明，生态环境问题如果久治不愈或者越来越突出，会严重影响执政党和人民群众的关系，而执政党和人民群众的关系是直接影响国家政治安全与政治认同的重要因素。

二、选题意义

自然生态关乎中华民族生存发展，政治生态关乎党的兴衰存亡。自然生态的优美良好和政治生态的风清气正密切关联。严重的环境污染、持续的资源破坏、复杂的气候变化严重影响人民群众正常的生产生活、生命健康，在一定程度上影响中国的政治安全和人民群众对中国共产党和政府的广泛的政治认同。党的十八大以来，习近平总书记多次强调："自然生态要山清水秀，政治生态也要山清水秀。"① 不能把生态文明建设仅仅作为经济问题，"这里面有很大的政治"。② 如果人民群众对美好生态环境的期待没有得到很好的满足，环境污染、生态破坏没有得到明显的好转，会"严重影响人民群众身体健康，严重影响党

---

① 2013年1月十八届中央纪委二次全会上，习近平总书记首次提出"政治生态"概念。2015年3月，习近平总书记在参加全国两会江西代表团审议时指出："自然生态要山清水秀，政治生态也要山清水秀"。十八届中央纪委六次全会上，习近平总书记反复强调：净化政治生态同修复自然生态一样，需要"综合施策、协同推进"。

② 2013年4月25日，在中央政治局常委会会议上，习近平总书记指出："我们不能把加强生态文明建设、加强生态环境保护、提倡绿色低碳生活方式等仅仅作为经济问题。这里面有很大的政治。"2018年5月，在全国生态环境保护大会上，习近平总书记反复强调，生态文明建设是关系党的使命宗旨的重大政治问题，从"很大的政治"到"重大政治问题"，彰显了我国生态文明建设的重要性和紧迫性。

和政府形象"①。人民群众对优美生态环境的期盼如果长时间落空，"美丽中国"的愿景如果没有得到很好的实现，不可避免地会出现"意见大""怨言多"等各种社会民情，甚至产生"强烈的不满情绪"，对国家"长治久安"造成不良影响。因此，必须"像保护眼睛一样保护生态环境，像对待生命一样对待生态环境"②。中国生态文明建设不是简单轻松的事情，面临的困难和挑战是十分严峻的，必须负重前行、迎难而上，国际形势变幻莫测、国内矛盾错综复杂，经济发展因素、国家安全因素、社会伦理因素、环境认知因素、生态意识因素等诸多因素相互杂糅，人民群众对绿水青山的期待、对美好生活的向往以及党和政府对人民群众合理诉求的切实回应共同构筑起我国政治安全、政治认同的基石。

因此，本课题基于学理整合视角，将定性与定量研究相结合，从历史与现实、世情与国情、理论与实践等方面深入分析生态文明建设与国家政治安全、政治认同的现状及其存在的主要问题，探讨其影响因素、内在逻辑及实现机制，为解决生态文明建设与国家政治安全、政治认同的问题以及增强对中国特色社会主义的坚定自信提供理论论证、实证支撑、政策建议及决策参考。

第二节　研究现状与方法

对人类而言，人类一刻也不能离开自然，必须依赖自然、利用自然，但是，

---

① 2013年4月25日，习近平总书记在十八届中央政治局常委会会议上谈到，如果环境污染让老百姓的幸福感大打折扣，甚至强烈的不满情绪上来了，那是什么形势？2013年9月，习近平总书记在参加河北省委常委班子专题民主生活会时说："北京雾霾严重，可以说是'高天滚滚粉尘急'，严重影响人民群众身体健康，严重影响党和政府形象。"2016年8月，习近平总书记在青海考察时指出，生态环境问题已经十分突出，老百姓意见大、怨言多，必须下大力气解决。

② 习近平总书记多次用"眼睛"和"生命"为喻，强调环境保护的重要性。2015年3月6日，习近平总书记参加十二届全国人大三次会议江西代表团的审议时指出，环境就是民生，青山就是美丽，蓝天也是幸福；要像保护眼睛一样保护生态环境，像对待生命一样对待生态环境。对破坏生态环境的行为，不能手软，不能下不为例。2016年3月10日，习近平总书记在青海代表团参加审议时再次强调，像保护眼睛一样保护生态环境，像对待生命一样对待生态环境，保护好三江源，保护好"中华水塔"，确保"一江清水向东流"。

依赖自然、利用自然并不意味着征服自然、破坏自然，人是一种“类存在”，一切物的生产和人的生产都是为了“类生活”的生产，只有“类生活”的生产才是真正的生产，自然在“类生活”的生产面前才是作为人的对象化的真正的“作品”和“现实”。① 现代社会通过“资本逻辑”“私有财产”的普遍本质掠夺自然、异化自然，通过“眼前利益”“增长无限”的普遍理念消耗自然、肢解自然，自然在不断“使用”中被确证自身、展现自身，如果自然在不断“使用”中而中断了“生生不息”之链，就不是真正的自然，而真正的自然并不是人的欲望对象化的自然，而是具有“自我生成”“自我运动”的生命价值的自然，对积累率和利润率的无限追求，会直接导致自然资源的耗尽和生态系统的衰竭②，自然的“渊兮”“湛兮”彰显自然自身的系统性、整体性、规律性，对于自然只能利用而不能破坏。

一、研究现状

自工业革命以来，经济的蓬勃发展在带来巨大财富的同时，也消耗、破坏了大量的自然资源，甚至造成了严重的生态危机，经济如何发展，发展什么？离不开政治的引领，政治是经济的“集中表现”，政治之“为”既与生态危机相联系又是消解生态危机的关键。综观国内外文献，20 世纪 70 年代以来，学界高度关注生态与政治的深刻关联，研究成果颇为丰富，主要侧重从生态安全与政治安全、生态政治与西方绿党、生态文明与政治文明、政治安全与政治认同等方面进行探讨。

（一）生态安全与政治安全

保障地区和全球的生态安全是世界政治发展的重要组成部分。俞可平（2005）、林尚立（2005）、洛恩·尼尔·埃文登（1985）、诺曼·迈尔斯（2001）等认为政治既是导致生态危机的体制性根源，对生态环境危机负有不可推卸的责任，又是解决生态环境问题的重要资源。曲格平（2004）、解振华（2005）、张海滨（2010）等认为环境污染、气候变化对中国的生态安全构成威胁，同时

---

① 中共中央马克思恩格斯列宁斯大林著作编译局．马克思恩格斯选集：第 1 卷［M］．北京：人民出版社，1995：47.

② 詹姆斯·奥康纳．自然的理由——生态学马克思主义研究［M］．唐正东，臧佩洪，译．南京：南京大学出版社，2003：318.

对国家安全，尤其是政治安全产生重要影响。

（二）生态政治与西方绿党

生态政治与西方绿党方面的探讨主要包括：第一，生态政治与西方绿党产生的主要原因。首先，西方发达国家为了应对能源危机、经济危机、环境污染，保护生态平衡（郇庆治，2007；熊家学，1990 等）。其次，为了维护世界和平、反对核战争（刘然，1996；刘东国，2001 等）。再次，为了实践“中性化”的新政治观，摆脱传统政党的“左”“右”二元对立模式（赵宸斐，2011；周穗明，1997 等）。最后，为了塑造绿色意识形态，建设生态和谐世界（皮尔·加尔顿，2014；迈克尔·穆恩，2014 等）。

第二，西方绿党的生态主张和政治性质。西方绿党的生态主张：在经济上，主张发展循环经济、调整经济结构、加大环保力度等生态经济观（皮尔·加尔顿，2014；黄晓云，2007 等）；在政治上，主张基层民主和社群政治、坚持生态正义和社会正义、追求扁平化和网络型的组织结构、反对等级化和线形化的结构性权力、推动非暴力运动等生态政治观（李新廷，2013；赵宸斐，2011；陈丹雄，2006 等）；在文化上，坚持文化多样性和生物多样性、主张绿色思维和生态智慧、尊重各种生命主体的利益和价值等生态文化观（皮尔·加尔顿，2014；谭丰华，2007 等）。西方绿党的政治性质：西方绿党的政党组织具有广泛的群众性，成员大部分是青年知识分子（郇庆治，2000；熊家学，1990 等）；从政治实践来看，具有一定的革命性和进步倾向（胡芬芬，2015；郇庆治，2007 等）；绿党崛起从表面上看对资本主义政党体系有一定影响，但并没有改变资本主义政党的性质（陈丹雄，2006；王建明，2008 等）。

第三，绿党对西方政治制度的影响。绿党对西方政治制度有一定的影响，但不可能产生实质性的影响，西方政治制度的本质是不可能改变的（王明芳，2003；刘东国，2001；江洋，1998 等）。

第四，西方绿党的政治前景。有观点认为，绿党政治带着“绿色面纱”，背后是政党权力诉求的逻辑（胡芬芬，2015；罗伯特·杰弗里，1995 等）；有观点认为，绿党政治的绿色意识形态，将会影响全球政治运动，重构一个绿色世界（皮尔·加尔顿，2014；岳经纶，1989 等）；有观点认为，绿党只有追求执政，才能实现自己的政治目标，执政是绿党的价值追求，只一味关注环境问题，其政治影响必然有限（鲍伯丰，2007；牛先锋，1994 等）。

（三）生态文明与政治文明

生态文明与政治文明方面的探讨主要包括：第一，从生态文明视野中把握政治文明建设问题。生态文明是政治文明的题中之义，生态文明建设是中国共产党执政理念现代化的逻辑必然（张首先，2009等）；确立“政治生态体系”观，建立遵循生态伦理、坚持“生态正义”的“理治社会”（张连国，2005等）；生态文明是政治文明、物质文明、精神文明协调发展的重要保证（方世南，2012等）。

第二，从政治文明视野中把握生态文明建设问题，政治文明中的“科学”“民主”“法治”等为生态文明提供政治保证（张首先，2009等）；政治文明决定或影响生态文明以及其他文明的发展进程（左伟清，2003等）；政治文明有利于形成生态环境保护的政治合力，有利于调动和整合各种资源为生态文明建设提供动力保障（郇庆治，2015等）；政府的政治导向、协调等在生态文明建设中起着关键作用（秦书生，2015等）。

第三，生态文明与政治文明存在着不可分割的交融性、互动性、双向建构性关系（方世南，2012；余永跃、王世明，2013；何中华，2012；辛向阳，2012；俞可平，2015等）。

（四）政治安全与政治认同

政治安全与政治认同方面的探讨主要包括：第一，政治安全为政治认同提供广阔的认同空间。政治安全就是国家政治体系处于良好状态，国家的长治久安有利于增强政治认同（虞崇胜，2018；陈果、魏星，2013等）；政治安全的干扰因素（经济风险、政党懈怠、矛盾积弊、官员腐败、不良社会思潮等）影响政治认同（李艳，2018；何平立，2008等）；主流意识形态安全影响政治安全、影响社会公众的价值观念，继而影响政治认同（高宏强、周赓，2016；史卫民，2014等）。

第二，政治认同对政治安全的支持、制约作用。政治认同需要制度创新，制度创新是增强政治认同、维护政治安全的源泉（虞崇胜、张星，2014等）；情感同脉、文化同源、信念同构，利益共享、发展共谋、价值共识的政治认同有利于政治安全的形成和发展（蒙象飞，2019；李冰，2013等）；政治认同中的情感因素、价值因素、文化因素有利于政治稳定、政治安全（桑玉成、梁海森，2017等）。

第三，政治安全、政治认同相互依存、相互渗透（陈果、魏星，2013；孔德永，2012 等）；政治安全、政治认同共同的“晴雨表”是民心向背（宋玉波、陈仲，2014；夏立平，2013 等）；“生活的政治”是维系政治安全、政治认同的微观基础，政治安全、政治认同需要理论逻辑、历史逻辑、实践逻辑的有力支撑（张振波，2016 等）。

通过文献回顾，我们不难发现，在生态文明建设与国家政治安全、政治认同方面，高质量的相关学术论文较少，也没有专门的学术著作出版。在相关研究中尚存在以下需要进一步探索的问题：其一，现有研究侧重从单学科、纯理论等层面进行概括性、宏观性论述，在学理整合、实证研究方面还需加强。其二，需进一步把握中国历史和世界历史、中国国情与全球世情，从历史与逻辑、理论与实践等层面深入分析生态文明建设与国家政治安全、政治认同的内在关系。其三，需进一步从生态文明建设与国家政治安全、政治认同的主体责任、价值理念、制度建设、实践创新等层面，从系统性与和谐性、持续性与高效性、规律性与创造性、开放性与稳定性、实践性与反思性的有机统一的角度深入分析生态文明建设与国家政治安全、政治认同的辩证关系、实现机制及长效机制。

二、研究方法

第一，理论分析与实证分析相统一。生态文明建设与国家政治安全、政治认同是一个开放的、不断发展的实践过程，在不同的发展阶段、不同的民族-国家，都有不同的时空特质。中国的生态文明建设与国家政治安全、政治认同必然具有中国风格、中国气派和中国特质。坚持理论分析与实证分析的辩证统一，不能仅仅在形而上的层次上建构宏大的理论体系，具有真理性质的理论体系必然来源于实践并通过实践来检验，形而上与形而下的相互通达、相互渗透、相互转化是真理形成和发展的现实通道，形而上的“抽象”和形而下的“具体”是历史的、逻辑的辩证统一。形而上的“抽象”如果不能具体化，势必会造成理论建构的主观主义和空想主义，从而削弱了理论本身所具备的客观的改造世界的意义；形而下的“具体”如果不能抽象化，势必会造成实践操作的客观主义和经验主义，从而降低了实践本身所具备的主客观相符的认识世界的意义，形而上所展现的是对世界的认识，形而下所展现的是对世界的改造，当然，对世界的认识和改造不单单是客观世界，同时也必然地包括主观世界。理论研究者不能脱离实践、脱离生活、脱离社会，躲在“故书堆”中、关进“象牙塔”里的学者不可能做出真正的学问。走进基层、深入实际，在广阔的生产生活中进行实证调查，故能真实地了解中国的现实情况，增强理论分析的深刻性、生动性和说服力。广泛、深刻的实证分析，有利于把制度、措施建立在事实判断的基础之上，增强制度、措施的针对性和有效性。

第二，历史考察与逻辑论证相统一。从人类文明史来看，在人类文明初期，生态环境对人类文明的形成和发展产生了决定性影响，无论是苏美尔文明、埃及文明、印度河文明、黄河文明，还是玛雅文明、复活节岛文明等，文明之兴起或衰落，无不受到生态和政治的双重影响。从中国文明史来看，早在五帝时代，生态环境与人类活动的神学想象便开始萌芽，到了先秦社会，四季的环境变化与政治活动紧密相连，先秦儒家的“仁民爱物”与“圣人之治”，先秦道家的“顺物自然”与“天下之治”，勾画出了生态环境与政治活动“和美”共生的美好图景，到了两汉时期，汉儒董仲舒建构的“天人感应与灾异天谴”理论系统地论证了生态环境与政治发展的逻辑关联。生态与政治的发展谱系与历史面向为生态文明建设与国家政治安全、政治认同的逻辑论证提供了丰富的历史资源。从历史视角考察生态和政治的逻辑关系，坚持历史考察与逻辑论证的辩证统一，论从史出、以史立论，分析生态危机产生的真正原因，从而发现和遵循生态文明建设和政治建设的发展规律，在合规律性、合目的性的基础之上实现生态之美、政治之美、生活之美和社会之美。

第三，比较研究与个案研究相统一。比较研究主要从两个方面展开，首先是以时间之维进行纵向的历史比较，从历史发展的轨迹中寻求矛盾的普遍性和特殊性，实际上，任何现实存在的事物都能找到历史的基因，纯粹脱离过去的现在是不可能存在的，因而，在历史比较中，批判地继承便成为历史比较的内在要求，只有通过批判地继承才能实现对过去不符合事物发展要求的各种因素进行辩证的否定，离开了辩证的否定，事物的发展就失去了动力之源；其次是以空间之维进行横向的区域比较，在横向比较中找准自身的优势和不足，避免照搬照抄、盲目模仿，通过学习“他者”的优点以克服自身的不足，在符合自身条件的基础上自我设计、自我实践、自我创新、自我完善。比较研究离不开个案研究，个案研究需要通过比较才能完善自身，个案研究是特定时空中的感性的具体分析，是特殊性、个性的外在显现，任何“个案”都不是孤立的存在，个案研究的“今身”离不开历史的“前世”，也离不开“个案”本身所处的宏阔的现实背景。坚持比较研究与个案研究相统一，以多维的视角审视生态文明建设中人与自然、人与人、人与社会的关系，全方位观察全球政治、经济、文化的发展状况以及当代中国的历史方位和时代特征，为生态文明建设与国家政治安全、政治认同的研究赋予崭新的当代形态，提供广阔的理论和实践的创新空间。

第三节 内容结构与观点

导论部分主要介绍了选题依据与意义、研究现状与方法、内容结构与观点。选题依据主要从国际、国内两个层面阐明生态文明建设的紧迫性和重要性；选题意义主要从自然生态和政治生态密切关联的角度分析生态文明建设与国家政治安全、政治认同研究的理论价值和现实意义；研究现状主要从生态安全与政治安全、生态政治与西方绿党、生态文明与政治文明、政治安全与政治认同等角度梳理国内外的研究状况；研究方法着重介绍了该课题研究主要运用了理论分析与实证分析相统一、历史考察与逻辑论证相统一、比较研究与个案研究相统一的方法；内容结构与观点主要说明了全书由七章构成，第一章和第七章分别从战略定位和战略选择的角度构建“提出问题-解决问题”的运思模式，第二章到第六章分别从逻辑、历史、现实、关系、实证等多维角度对本课题进行全面阐析。

第一章主要介绍了中国生态文明建设的战略定位、政治责任与全球价值。中国生态文明建设的战略定位主要分为三个阶段：从环境保护到生态文明，从长远大计到根本大计，从一国治理到全球引领；科学的战略定位直接关系到人民幸福、民族兴盛、国家富强，需要全面系统的战略思维、恢宏博大的战略胸襟、高瞻远瞩的战略视野、统揽全局的战略能力。政治价值不同于经济价值、文化价值、社会价值等，具有全局性、战略性、根本性的特点，直接关系到政党、人民、民族-国家的前途和命运，中国生态文明建设的政治价值主要表现在：生态文明建设关系党的性质和宗旨、初心和使命，关系人民福祉和国家安全，关系中华民族永续发展和全球生态安全。要实现生态文明的政治价值必须自觉担负起政治责任，只有担负起政治责任，才能有效防止“无人政治”现象的产生，避免“责任落寞”困境的出现。地方各级党委和政府的“第一把手”是担负政治责任的“第一责任人”，必须为“能担当、敢担当、真担当”的第一责任人提供全方位的制度“保证”，对担当不实、不力的第一责任人必须做到严肃追责、终身追责，把“敢追责、真追责、严追责”作为环境保护的“利剑”，只有“利剑高悬”才能真正防止“责任落寞”。生态文明建设自身蕴含着丰富的全球价值，主要体现在：生态文明建设蕴含着真正的“类意识性”，生态文明建设蕴含着面向未来的“世界历史”的基质，生态文明建设蕴含着“人类命运共同体”的核心价值。

第二章主要从逻辑层面分析了生态与政治的内在关联。生态与政治的内在关联在神话体系、机器体系、智能体系中呈现出惊恐与敬畏、征服与破坏、尊重与保护三种不同的逻辑形态。人类文明最早萌芽于各民族的神话体系，对自然的惊恐与敬畏彰显了生态与政治的神学意蕴；人类童年时期，对自然的神性崇拜产生于恐惧、惊奇和敬畏之中。传统中国如此，世界文明古国也是如此。传统中国生态与政治的神学想象肇始于五帝时代，在传统中国的历史记忆之中，尽管各种理论观点百家争鸣，各种话语形态百花齐放，但是对“自然”的敬畏和感恩始终贯穿在各种理论体系之中，无论是“仁民爱物”“顺物自然”，还是“天人感应”“灾异天谴”等无不蕴含着“天人合一”的精髓；世界文明古国的“开幕”和“落幕”、“兴盛”与“倒下”同样被生态与政治的神学世界所笼罩。自工业革命以来，随着机器体系对神话体系的替代，对自然的征服与破坏分裂了生态与政治的内在关联；机器体系强化了生态与政治的疏离状态，过分夸大了实体思维、主人话语、物质主义在人与自然关系中的强势霸权，隔离了实体思维与系统思维、主人话语与关系话语、物质主义与精神家园的和合与依存。自信息时代到来，随着智能体系对机器体系的超越，对自然的尊重与保护回归了生态与政治的逻辑必然；智能体系以全息的方式把握宇宙万物的运行之道，在一定程度上缓解了机器体系所导致的机械、武断、片面和偏见，逐渐开通了自由与自然的通行之道，在必然王国中逐渐打开了自由王国的绿色之门，为实现人与自然、人与社会的双重和解创造了条件。

第三章主要从历史层面展现了生态危机与政治危机相互依存的历史面相。从中国历史来看，传统中国是一个“灾荒的国度”，启动对传统中国历史视野中生态、战争与政治的理性之思，唤起人们对传统中国的生态危机、灾荒苦难、残酷战争、政治衰败等的历史记忆，厘清“修人事”与“应天数”、“废人事”与“委天数”的因果关联，反省生态灾荒所导致的民生之艰痛、社会之悲歌、政权之颠覆的逻辑之链。从全球文明史来看，古典文明的兴衰都以生态兴衰、政治兴衰为前提，苏美尔文明之花因土地盐碱化和外族入侵而无情凋零，埃及文明因尼罗河流域的严重干旱和神权政治的严酷统治而逐渐消弭，印度河文明因严重的生态失衡和神秘的政治控制而走向衰落，同样，玛雅文明、复活节岛文明的“倒下”都是政治衰败与生态恶化相互加害的结果。

第四章主要从现实层面阐明了生态文明建设是国家政治安全、政治认同的生成根基。我国生态文明建设在长期的实践过程中形成了三种话语形态和三种力量支撑。一是学术话语形态在不同的学科层面，从学理性角度提供理论支撑力；二是政治话语形态在政治权力、政治运行、政治制度等层面提供政治保障力；三是公众话语形态在多元主体的具体实践中展现实践创新力，三种话语形态相互依存、形成合力。生态文明建设是一切安全体系、认同体系的基础和前提，是国家政治安全、政治认同的生成根基。政治安全与政治认同有共同的生成基础和共同的运行场域，主要包括政治承诺与政治期待、政治能力与政治权力、政治社会化与政治效能感等运行场域。在现代风险社会中，各种风险生成、演变的条件是复杂的、多变的，而生态文明建设面临的风险同样复杂艰难，尽管风险一方面对国家政治安全、政治认同造成严重威胁或破坏，但是，另一方面，风险的有效防范和及时化解也为进一步强化和提升政治安全、政治认同提供了更加广阔的可能性空间。

第五章主要论证了生态文明建设与国家政治安全、政治认同的相互依存、相互促进的辩证统一。执政党执政的科学性、民主性、法治性、人民性是产生持续、稳定的政治安全和广泛、真诚的政治认同的基本条件，也是实现生态文明建设的关键所在。科学执政是生态文明建设的科学前提，民主执政是生态文明建设的政治基础，依法执政是生态文明建设的法治保障，为民执政是生态文明建设的动力源泉。而生态文明建设的成功实现也为提升国家政治安全、政治认同的水平提供了重要保证：一是生态文明建设有利于改进执政党的执政作风，二是生态文明建设有利于夯实执政党的执政基础，三是生态文明建设有利于升华执政党的执政理念。

第六章主要通过社会调查对生态文明建设与政治安全、政治认同进行实证分析。从生态文明建设与政治效能感的视角来看，主要从社会公众的感受度、关注度、参与度和了解度四个方面进行社会调查，深入分析社会公众和政府在生态文明建设中所形成的感性认知、理性思考和行动策略。从生态文明建设与政治安全的视角来看，主要从执政基础安全、公共政策安全、意识形态安全的维度进行社会调查，在严峻的生态危机形势下，生态文明建设有利于党执政基础的巩固、扩大和强化，为政治安全提供丰富的执政资源和强大的主体力量；生态文明建设有利于执政党公共政策的制定、实施和完善，为政治安全提供善治的治理环境和满意的政策绩效；生态文明建设有利于执政党意识形态的维护、理解和认同，为政治安全提供强大的精神动力和丰厚的文化支撑。从生态文明建设与政治认同的视角来看，侧重从健康安全、美好幸福、环境民主、公平正义等方面阐明生态文明建设中政治认同的主要内容。

第七章主要从战略路径层面论析了生态文明建设与国家政治安全、政治认同的战略选择。通过绿色发展，厚植和夯实政治安全、政治认同的绿色根基；通过协同创新，拓展和优化政治安全、政治认同的动力资源，以理论创新为思想引领，以制度创新为制度保障，以科技创新为科技支撑，以文化创新为价值引导；通过以人民为中心的政治实践，确证政治安全、政治认同的本质属性和价值立场，始终围绕兴民生、顺民心、知民情、解民忧、集民智、汇民力这一政治主线全面展开；通过确立人类命运共同体的价值理念，超越民族-国家的个别性、局限性，超越丛林法则和个人本位，在关切人类命运的全球视野中，坚持正义、捍卫公理、主张平等、凸显尊重，坚持在共生中共商、共商中共建、共建中共赢、共赢中共享，强调你中有我、我中有你、同舟共济、共进共荣。

第一章

生态文明建设的战略定位、政治责任与全球价值

生态文明建设不仅仅是一种“理论创新”，更是一种“实践创新”，是“理论创新”和“实践创新”的辩证统一，是实践与认识、事实与价值、客观与主观等各种因素整合而成的“叙事”统一体。生态文明建设的叙事形态既有学术叙事、公众叙事，又有政治叙事，当生态文明建设上升到政治的高度，政治叙事就不仅仅关涉到特殊意义上的微观层面的个体的行动，而是融入全局意义上的宏观层面的社会性活动。政治实践作为实践的基本形式之一，有其自身的特质，但它作为实践本身而言，与一般的物质生产实践、科学文化实践一样，具有同样的“共性”，黑格尔认为，实践主要包括三个环节：“目的”“目的的实现”“被创造出来的现实”。①“目的”是指向未来的内在的观念性设计，是实践过程中尚未变成“现实”的未来的观念形态；“目的的实现”是通过实践的手段把内在的、观念性的存在逐渐外在化、对象化，这一过程是“目的”逐渐显现、逐渐具体化的过程；“被创造出来的现实”是通过实践改造世界（主观世界和客观世界）的社会性物质活动，最终创造性地把观念性的存在转变成现实性的存在，在转变过程中，实践所使用的中介是“在手”的既外在于主体又与主体密切关联的客观的物质形态，实践的结果就是通过实践中介扬弃主观的观念形态和客观的物质形态，把主体的内在尺度和客体的外在尺度有机地结合起来，在主体客体化和客体主体化的双向运动中实现“目的”的现实性。政治实践，和其他的实践类型相比，还有其自身的内在特质，具有战略性、根本性、全局性、方向性等基本维度，政治实践动员的力量和资源整合的程度远远超过生产

---

① 黑格尔．精神现象学：上卷［M］．贺麟，王玖兴，译．北京：商务印书馆，1983：264.

实践和科学文化实践。生态文明是人类文明发展的崭新形态，这一文明形态同样遵循人类文明的发展规律，是在“扬弃”工业文明的基础上产生的，它不仅具有美好丰满的理想品格，更具有生动具体的现实品格，其理想品格（观念之域）通过政治实践从而把观念力量创造性地转变为客观的物质力量而获得现实存在；其现实品格（存在之域）通过理想品格的价值指引而在人的生活世界中完美呈现。因而，对生态文明建设的战略定位以及对生态文明建设的政治责任、全球价值的阐释，体现了认识世界与改造世界、改造客观世界与改造主观世界、成人与成物、成己与成他的相互依存，进而实现人与自然和谐共生的价值指向。

第一节　生态文明建设的战略定位

所谓战略定位，就是带有根本性、全局性、长远性的远景规划和理性选择，对于主体的实践活动而言，具有定向和定性功能。主体的实践活动就是在尊重客观规律的基础上，充分发挥主观能动性，把主体自身的内在尺度运用于客体并创造出满足人的需要的自觉的价值活动，这种活动受到真理原则和价值原则的双重规定。所谓真理原则，就是要把事情做“正确”，“正确”的实践活动就是按客观事物的规律办事，不盲目、不折腾、不胡来；所谓价值原则，就是要把事情做“好”，做得有“意义”，有“意义”的实践活动就是能满足最广大人民群众和社会发展的需要，给人民群众和社会发展带来好处。脱离真理原则的实践活动会因为“错误”的真理否定而失去实践的资格，脱离价值原则的实践活动会因为“不好”的价值否定而失去价值的担保。科学的战略定位，需要具备恢宏的战略思维、博大的战略胸襟、开阔的战略视野以及高瞻远瞩、统揽全局的战略能力；科学的战略定位直接关系到人民的幸福、国家的发展、民族的兴衰；科学的战略定位是对社会发展的宗旨、理念、方向的一般规定以及对社会发展的任务、标准、方式的一般要求，同时也对社会公众的思维方式、生活方式和行为方式进行价值指引。我国生态文明建设的战略定位经历了三个阶段：从环境保护到生态文明，从长远大计到根本大计，从一国治理到全球引领。

一、从环境保护到生态文明

从1973年（第一次全国环境保护会议）到2007年（党的十七大），30多年来，我国对环境保护的认识不断加深，环境保护的理念不断升华，其战略定位不断升级，从对环境的“保护”理念跃升到“文明”建设的高度。

1972 年，世界上第一个环境保护的纲领性文件在瑞典斯德哥尔摩诞生，斯德哥尔摩会议提出的《人类环境宣言》正式宣告环境问题已成为全球关注的焦点问题，这一划时代的重要宣言超越了民族-国家的狭隘界限，从全球角度提出了 26 项共同原则和 7 个共同观点，第一次直面全球严峻的环境问题，指出各国政府对严重的环境问题负有不可推卸的特别重大的责任，国际社会应该广泛合作，采取的任何行动都要谨慎地考虑对环境产生的后果。《人类环境宣言》引起了各国政府的高度重视，我国政府在斯德哥尔摩会议之后（1973 年）召开了第一次环境保护会议，明确提出“保护环境”是造福人民的重要理念，紧接着，1983 年、1989 年、1996 年、2002 年、2006 年先后召开 5 次全国环境保护会议，一直反复强调环境保护的重要性，2007 年，生态文明写入党的十七大报告，标志着党对环境保护进行了新的定位，从环境保护到生态文明的战略升级，是党的执政理念在现代化进程中的不断升华，是实现中华民族伟大复兴的必然选择，这一理念的重大转换可以从历届全国环境保护会议、领导讲话、历届党代会中得到充分体现。

从历届全国环境保护会议来看，我国对环境问题的认识越来越深刻，从 1973 年第一次全国环境保护会议开始一直到 2006 年，30 年来共召开了 6 次全国环境保护会议①。第一次全国环境保护会议认为，我国的环境污染问题不容忽视，应当采取切实措施防治环境污染，比如官厅水库的水源问题，大连、上海等主要港口的水质污染问题等，会议确定了一系列的环保工作方针。1983 年，在经济发展过程中，一些地方出现了环境污染问题，治理环境污染已刻不容缓，“环境保护”在第二次全国环境保护会议中正式确立为我国的“基本国策”。1989 年，水污染、空气污染等在我国部分地方开始蔓延，第三次全国环境保护

① 第一次全国环境保护会议确立了“全面规划、合理布局、综合利用、化害为利、依靠群众，大家动手、保护环境、造福人民”的环境保护工作方针。第二次全国环境保护会议制定了“谁污染，谁治理”和“强化环境管理”的政策。第三次全国环境保护会议提出了“深化环境监管”的决策。第四次全国环境保护会议提出实施可持续发展战略。第五次全国环境保护会议提出环境保护是政府的一项重要职能。第六次全国环境保护会议要求加快实现三个转变：一是转变过去重经济增长、轻环境保护的观念；二是转变过去先污染后治理、边治理边破坏的方式；三是转变过去单纯运用行政办法保护环境的手段，要综合运用经济、法律、技术等综合手段解决环境问题。

会议表达了“向环境污染宣战”的决心。1996 年，“可持续发展战略”在第四次全国环境保护会议上响亮提出。2002 年，第五次全国环境保护会议明确了环境保护的政府责任，提出环境保护是政府的一项“重要职能”。2006 年，第六次全国环境保护会议要求在环境保护观念、环境治理方式、环境保护手段等方面实现重大转变。

从领导讲话来看，在邓小平时期，邓小平对我国的生态环境问题一直高度关注和重视，1979 年，针对桂林山水的环境污染问题，邓小平指出：“桂林那样好的山水，被一个工厂在那里严重污染，要把它关掉。”① 对人口集中、产业密集的大中城市，环境污染的形势不容乐观，许多污染企业为了减少成本大多建在城市周边甚至人口密集区域，严重影响当地老百姓的生命健康。城市是广大人民群众集中生活的区域，是展示国家形象、体现现代文明的文化名片，邓小平对此非常关注，针对首都北京“沙尘暴”的环境状况，邓小平指出：“北京要搞好环境，种草种树，绿化街道，管好园林，经过若干年，做到不露一块黄土。”② 1981 年，由于四川特大洪灾，邓小平非常痛心。四川特大洪灾的深层原因是过度毁林开垦和大量森林被破坏。邓小平反复强调中国林业的重要性，多次指出：“中国的林业要上去，不采取一些有力措施不行。”③ 中国人口这么多，如果人人都种树，每年都种，年年坚持，时间一久，中国的绿植效果一定非常好。“要包种包活，多种者受奖，无故不履行此项义务者受罚。”④ 把种树作为一项义务，特别是青少年，种植一棵树，与树一起成长，真正使人与自然和谐相处。邓小平高度重视植树造林，反复强调，一定要用制度把这种形式固定下来，用制度把这种活动长期坚持下去，不松劲、不变形、不走样。1982 年 11 月，邓小平发出了“植树造林，绿化祖国，造福后代”的号召。⑤ 1983 年 3 月，邓小平亲自到十三陵水库参加植树活动。邓小平在生态环境保护方面的重要思

---

① 国家环境保护总局，中共中央文献研究室．新时期环境保护重要文献选编［G］．北京：中央文献出版社，2001：19.

② 国家环境保护总局，中共中央文献研究室．新时期环境保护重要文献选编［G］．北京：中央文献出版社，2001：19.

③ 国家环境保护总局，中共中央文献研究室．新时期环境保护重要文献选编［G］．北京：中央文献出版社，2001：27.

④ 国家环境保护总局，中共中央文献研究室．新时期环境保护重要文献选编［G］．北京：中央文献出版社，2001：27.

⑤ 邓小平．邓小平文选：第 3 卷［M］．北京：人民出版社，1993：21.

想，对中国生态文明建设起到了非常重要的指导作用。1995 年，江泽民把环境保护提升到可持续发展的战略高度，可持续发展是现代化建设的基本前提和价值追求，坚决放弃急功近利的发展，绝不允许竭泽而渔的发展，统筹好局部发展和全局发展、当前发展和长远发展，“绝不能吃祖宗饭、断子孙路”。① 如果发展不为子孙后代着想，发展没有可持续性，搞“断头路”式的发展，这样的发展就没有什么意义可言。2000 年 3 月，江泽民反复强调，经济发展必须节约资源，资源利用要用出“效率”、用出“水平”。在资源管理方面，要制定“最严格”的制度，制度的“生命”和“力量”在于实施。“坚持在保护中开发，在开发中保护的总原则不动摇。”② “开发”资源和“保护”资源不是对立的，而是相互依存的，没有资源的“保护”，何来资源的“开发”？如果光开发不保护，资源耗尽之后，又开发什么？江泽民的可持续发展战略理论，为中国生态文明建设提供了重要的价值指引和实践路向。2005 年，胡锦涛全面阐述了“人与自然和谐相处”的深刻内涵。同年，年明确提出了“两型社会”建设（资源节约型、环境友好型社会）的重要目标。

从历届党代会来看，党的十三大报告到党的十九大报告中，环境保护、生态文明、美丽中国的位置更加凸显③，从“重要问题”的深刻认识（党的十三

① 江泽民．江泽民文选：第 1 卷［M］．北京：人民出版社，2006：464.

② 国家环境保护总局，中共中央文献研究室．新时期环境保护重要文献选编［G］．北京：中央文献出版社，2001：629.

③ 从党的十三大到党的十九大，生态文明建设的价值和意义更加凸显。从“重要问题”（党的十三大）、“基本国策”（党的十四大）、“发展战略”（党的十五大）、“文明发展道路”（党的十六大）、“建设生态文明”（党的十七大）到“五位一体”总体布局（党的十八大）、“引领全球生态文明建设”（党的十九大），呈现出清晰的逻辑进路和深刻的认识高度。党的十三大报告响亮地提出了“环境保护”的口号：人口控制、环境保护和生态平衡是关系经济和社会发展全局的重要问题；党的十四大把环境保护提升到“基本国策”的高度，向世人昭示环境保护是贯穿国家大政方针的一根主线；党的十五大报告明确提出我国现代化建设中实施“可持续发展战略”的重要性和紧迫性，坚持资源开发和节约同时并举，把节约放在首位，努力提高资源利用效率；党的十六大报告阐释了“文明发展道路”的基本内涵，坚持可持续发展，推动整个社会走上生产发展、生活富裕、生态良好的文明发展道路；党的十七大报告正式提出生态文明建设的发展战略，必须把建设资源节约型、环境友好型社会放在工业化、现代化发展战略的突出位置；党的十八大报告把生态文明建设放在突出地位，融入经济建设、政治建设、文化建设、社会建设各方面和全过程，努力建设美丽中国，实现中华民族永续发展；党的十九大报告对生态文明建设提出了更高要求，要使我国的生态文明建设成为全球生态文明建设的重要参与者、贡献者、引领者。

大）到“建设生态文明”执政理念的提出（党的十七大）；从“五位一体”的总体布局（党的十八大）到“引领全球生态文明建设”的远景规划（党的十九大），思路清晰、高瞻远瞩、立意高远、措施得力、效果显著，深刻展现了理论价值和实践价值的高度统一。尤其是党的十七大报告正式提出的生态文明建设的执政理念，开启了中国特色的生态文明建设的亮丽征程。从环境保护到生态文明，并不只是概念上的创新，而是体现了对人类社会发展规律的尊重和人类实践智慧的全面展开。如果说环境保护是人们在处理人与自然关系的生产生活的实践中所采取的一种被动的“破坏-修复”型的行动策略，那么生态文明则是人们在处理人与自然关系的生产生活的实践中所采取的一种主动的“建设-守正”型的行动策略；如果说环境保护是以“结果”为导向的，当结果中出现了“不应该”而采取“纠偏”的手段予以“修复”，那么，生态文明则是以“过程”为导向，始终坚守过程中的“应该”状态而采取“建设”的手段予以“守正”。总之，从环境保护的长期坚守到生态文明的崭新开拓，从思想观念的多维创新到全面实践的持续深化，深刻体现了中国共产党人对人类文明发展规律的深刻把握、对中国传统智慧“天人合一”思想的现代升华、对人与自然和谐共生的深沉体验、对生态兴—文明兴之间的内在逻辑的价值肯定。

二、从长远大计到根本大计

对于发展中的最大的社会主义国家来讲，生态文明建设关系到国家形象、关系到广大人民群众的福祉、关系到经济社会的可持续发展、关系到人民群众对美好生活的向往；对于具有五千年悠久灿烂文化的中华民族来讲，生态文明建设关系到中华民族的永续发展和伟大复兴。党的十八大以来，生态文明建设的重要性、紧迫性愈来愈凸显，从长远大计（2012 年）、千年大计（2017 年）到根本大计（2018 年），战略定位不断升级，直至把生态文明建设上升到贯穿整个中华民族生存发展始终的“根本”高度，如果说“长远”是一个比较抽象的时间概念，那么，“千年”则是一个比较明确的时间里程，而“根本”则超越了时间限度而成为事物本身，与物一体，与物同在。生态文明是各种文明相互依存的结果，是一项久久为功的系统工程，离开经济、政治、文化、社会等谈生态文明，生态文明就失去了价值之维；离开生态文明谈经济、政治、文化、社会等，经济、政治、文化、社会等就失去了发展之根，“五位”是相互依存的

"一体"，不可分离、不可偏废，只能共荣共生。生态环境是一切文明发展的根基，没有生态文明，其他文明的繁荣就会难以为继。党的十八大以来，生态文明建设的各项工作取得了显著成效，党和政府以猛药去疴、抓铁有痕的信心与决心，坚决清除久治不愈的环保顽疾。既要绿水青山又要金山银山，既不能缘木求鱼又不能竭泽而渔，有了绿水青山，会生成更多的金山银山，而金山银山如果没有绿水青山的支撑，就会变成荒山坟山。抓绿水青山已经迫在眉睫，再不抓就来不及了，在这方面我们"欠"账太多，再不"还"，我们今后的代价会更大。绿水青山不是"等"出来的而是"干"出来的，"植树造林"是"绿水青山"形成的基本条件，习近平高度重视植树造林，2013 年 4 月，习近平指出："不可想象，没有森林，地球和人类会是什么样子。"① "森林"的多样性，意味着我们看问题，不能只见"树木"不见"森林"，既要见"树木"又要见"森林"。对生态环境问题，我们不能只作片面的理解，不能用一只眼睛看问题，用一只耳朵听问题，用一个角度思考问题，应当将自然当作"有机整体来观察"②，不能单单从"经济角度"思考生态环境问题，更要从"政治高度"思考生态环境问题，而且是"很大的政治"。2013 年 5 月，习近平反复强调，生态文明建设的伟大事业，崇高且艰巨，既"功在当代"又"利在千秋"。③ 正因为是千秋伟业，那就不是"毕其功于一役"的简简单单的事情，也不是"敲锣打鼓"般轻轻松松的事情，其复杂性、长期性、艰巨性考验着中国共产党人和中国人民的智慧、信心和勇气。对保护生态环境，我们要保持两个"清醒认识"，绝不能认识模糊，一是"紧迫性和艰巨性"，二是"必要性和重要性"。必须有"高度负责"的责任担当，才能"为人民创造良好生产生活环境"④，才能为子孙后代留下"天蓝、地绿、水清"的美丽空间。⑤ 2013 年 9 月 7 日，在哈萨克斯坦访问期间，习近平多次谈到"绿水青山"和"金山银山"的辩证关系。"两山"是辩证统一的，不能片面理解，二者相互依存、相互渗透、相互促进，

---

① 习近平．习近平谈治国理政［M］．北京：外文出版社，2014：207.

② 黑格尔．精神现象学：上卷［M］．贺麟，王玖兴，译．北京：商务印书馆，2012：214.

③《习近平总书记系列讲话精神学习读本》课题组．习近平总书记系列讲话精神学习读本［C］．北京：中共中央党校出版社，2013：81.

④《习近平总书记系列讲话精神学习读本》课题组．习近平总书记系列讲话精神学习读本［C］．北京：中共中央党校出版社，2013：81.

⑤ 习近平．习近平谈治国理政［M］．北京：外文出版社，2014：211.

生态环境要高质量，经济社会发展也要高质量，两个“高质量”绝不是非此即彼，而是你中有我、我中有你，优美的生态环境和良好的经济社会发展是相互促进的，绝不是相互冲突的。2013年11月，习近平全面阐释了山水林田湖这一生命共同体的重要理念，深刻分析了人-田-水-山-土-树构成了人与自然之间生生不息的生死之链，任何一个环节中断，都会对生死之链造成严重威胁。在国内经济转型、产业升级、经济下行压力较大的过程中，有些人担心“绿水青山”和“金山银山”会不会“打架”，是非此即彼还是亦此亦彼，认为“金山银山”让路给“绿水青山”，“金山银山”会受到一定影响，“金山银山”一旦受到影响，“绿水青山”也会受到影响，从长远来看，绿水青山是金山银山的坚实“基座”和生存根基，一旦“基座”和“根基”被毁坏，金山银山堆得再高也会轰然崩塌。2014年3月，我国政府发出了向污染宣战的最强音，对待污染必须像对待敌人一样，“污染”的顽疾必须通过“宣战”才能消除。对污染的“宣战”，彰显了政府“铁腕治污”“铁规治污”的决心和信心。“环境污染”已成为人们生命健康和经济社会健康发展的“天敌”，实际上污染主要是人为造成的，对污染的“宣战”就是对人的“宣战”，这里的“人”不是“泛指”而是“特指”，“特指”的是“制造”污染、“破坏”环境的人，要惩罚“制造”污染、“破坏”环境的人，必须实行最严格的制度、最严密的法治，2015年1月1日，新修订环保法（被称为“史上最严”的环境保护法律）正式开始实施，所谓“严”，指的是“违法惩罚严”“监管问责严”“政府要求严”。违法惩罚严，对污染主体“按日计罚”；监管问责严，明确九种失职行为，加大行政问责力度；政府要求严，明确环保约谈制度，增强政府环保责任，尤其是“一把手”的环境责任。2015年2月，生态环境部对山东临沂市、河北承德市市长进行了公开约谈。对生态环境问题，光靠宣传动员不行，必须敢于碰硬、敢于亮剑、敢于出重拳。2017年7月，党中央、国务院对甘肃祁连山发生的严重的生态环境问题进行了严肃问责，祁连山是我国生物多样性保护的重要区域和国家生态安全的重要屏障，早在2016年11月，中央环保督察组就对甘肃祁连山的环保问题提出督察意见、要求整改，但相关单位和责任人敷衍整改，不作为、不担当、不碰硬，致使问题越来越严重。2015年3月6日，习近平再次强调环境、青山、蓝天和民生、美丽、幸福的关系。① 什么是“民生”，什么是“美丽”，什么是“幸福”，一句话，就是人民群众对优美生态环境、优质生态产品的期盼。2016年1月4日，中央环保督察组（被老百姓亲切地称为“环保钦差”）正式亮相，在2016年两会上，习近平多次强调：划定生态保护红线、保护好“中华水塔”的紧迫性、重要性，多次使用“保护眼睛”“对待生命”这样生动形象的话语表达了生态文明建设的责任感、使命感。2017年，党的十九大报告把生态文明建设的“长远大计”（党的十八大）提升为“千年大计”。从长远大计到千年大计，并不仅仅是时间上的延续，而是彰显了生态文明建设的重要性、长期性、艰巨性，2018年5月，在全国生态环境保护大会上，习近平强调：生态文明建设是关系中华民族永续发展的根本大计。从长远大计到千年大计再到根本大计的不断升华，标志着中国共产党对生态文明建设的认识高度和对中华民族命运的关切程度的不断提升。如果说长远大计、千年大计是时间上“量”的变化，那么，根本大计则是本质上的“质”的规定，所谓根本，就是贯穿事物发展过程始终的最基础的东西，离开了“根本”，事物就失去了“生生不息”的动力之源，也就失去了生成的根据和存在的规定性。生态文化是中华文化绵延5000多年的生成之根，中华文化的源远流长、万古流芳靠的是中华生态文化中东方生态智慧的长期滋养；生态文明是中华文明永续繁荣的生成之本，人类文明的历史反复证明：文明的发展不能脱离生态的“底色”，文明的高度不能脱离“生态”的限度，一旦突破生态限度，生态危机将引发文明危机，生态灾难将引发人类灾难，无论人类文明升华到什么形态，人与自然的和谐共生始终是人类文明的基础，也是人类文明的灵魂所在。

三、从一国治理到全球引领

如果说，从党的十七大（2007年）正式提出生态文明建设的执政理念以来到党的十九大（2017年）这一时期，我国的生态文明建设理论创新和实践创新主要集中于本国生态环境治理的探索之中，那么，党的十九大则开启了全球生态文明建设的崭新历程，在这一时期，我们的视野、角色和作用将会从“一国”转向“全球”，从“参与者、贡献者”到“引领者”，在全球环境治理中融入中

---

① 2015年3月6日，在参加全国两会江西代表团审议时，习近平总书记指出：环境就是民生，青山就是美丽，蓝天也是幸福。

国文化、中国经验、中国智慧等中国元素，为全球生态文明建设贡献中国力量。其实，我国在国内生态文明建设过程中，早已确立了生态文明建设的全球观，中国的生态文明建设不是孤立的，必将与世界紧密相连，中国的生态文明建设离不开世界，世界的生态文明建设更加离不开中国，只有中国与世界一起行动、一起努力，才能携手共建生态良好的地球美好家园。① 从美丽中国的实践探索到美丽世界的宏大愿景，彰显了中国作为一个责任大国的责任担当，也是中国生态文明建设从一国治理走向全球引领的逻辑延伸。

自 1992 年《联合国气候变化框架公约》签订以来，关涉到气候变化的多元主体的国际合作遭遇了各种矛盾和困境，全球气候危机给人类和平与安全造成了严重威胁，这些威胁主要表现在：全球气候危机的认知争论和集体行动的困境，导致对人类和平、安全的非传统的潜在威胁因素不断增多，部分国家的不负责任的行为正在把地球逐渐推向“死亡”的边缘；全球气候政治的功利主义立场与人类整体利益的虚化，导致真正的权利—义务关系难以得到承诺和切实履行；全球气候治理的话语权争夺与责任担当的缺失，导致解决气候危机的阶段性目标和长期目标难以实现。

一是全球气候危机的认知争论和集体行动的困境。对全球气候危机的认知既要有科学认知又要有哲学认知。从科学认知的层面来看，科学认知是以事实为根据，不是以主观意识为根据，不能以个体的片面认知或人为的武断认知为理由，早在 1992 年，全球气候危机的警报就被 1575 位世界顶级科学家共同拉响，“世界科学家警告人类声明书”表明：气候危机正在使冰川、海洋、气候、大气、水资源、森林、粮食、生物物种等领域逼近临界状态。如果危机不能得到及时应对或消解，将会导致冰川消融、海平面上升、极端气候等自然生态危机，进而引发粮食安全危机、发展潜力危机甚至人类生存危机。但这一严肃的科学问题，却被一些人认为是一个有待讨论和继续证明的问题，对这一问题的错误“悬置”，将使人类承担无法忍受之痛。从哲学认知的层面来看，在全球气候危机的背景下，共处于同一蓝色星球的任何民族-国家都不能“独善其身”，只能“同舟共济”，任何民族-国家既是“我之在”又是“世界之在”，“我之在”的本质在于“世界之在”，“我之在”具有自我否定性和自我超越性，总是以“现在所不是”来规定自己和发展自己。“我之在”具有双重张力，一方面，

① 习近平．习近平谈治国理政［M］．北京：外文出版社，2014：212.

“我之在”是自由的；另一方面，“我之在”的自由受到“世界之在”的限制。“世界之在”构造着“我之在”，“世界之在”的基础就是人与自然之“在”，人与自然之“在”具有持续性、动态性，如果持续性、动态性受到严峻挑战，“世界之在”与“我之在”就会严重“不安”。气候危机对人类生存、发展的影响是全方位的，任何民族-国家都不能仅仅单从自身的角度或者从某一方面（比如，环境、能源、经济、政治等）对气候危机进行片面的思考或评价。当然，在全球语境下，存在不同的认识、不同的声音是正常的，问题是客观存在的气候危机的事实是不容置疑的，如果严肃的面向未来的“问题”变成了严峻的活生生的“现实”存在，那么在冷酷的“现实”面前，谁来扭转和改变现实？人类将付出怎样惨痛的代价？如果“原子”式的个体只是从自身利益出发而罔顾人类共同利益，那么对气候危机的无休止的认知争论将会导致集体行动陷入困境，2001 年，在全球气候危机仍然很严峻的情况下，美国政府为了自身的国家利益，在国际社会的一片反对声中，毫不迟疑地宣布单方退出《京都议定书》①，并强硬表示，绝不重返《京都议定书》。美国政府毅然决然的态度，彰显了美国霸权主义、利己主义的“邪恶”。紧接着，2011 年加拿大政府紧跟美国，给出了一个“荒谬”的理由：不能履行责任、无法完成减排目标而正式退出《京都议定书》，这种承诺、约定、毁约的“任性”，表明了国际社会在全球气候危机面前所展现出来的“责任意识”和“大局意识”还有待加强，加拿大环境部长彼得·肯特（Peter Kent）认为，前政府犯下的最大错误之一就是签署《京都议定书》。美国、加拿大的强硬态度，表明《京都议定书》所倡导的全球集体行动的失败，资本的任性和唯利是图的本质是不会考虑人类面临的危机的，这种把经济增长、资本积累和利润至上放在首要位置的行为是目光短浅的行为，是把人类文明和地球推向“死亡”的错误行为。经济增长、资本积累和利润至上的“历史加速度”正在造成对人与自然的创造性毁灭，正在加速推进“地球

① 为了让人类免受气候变暖的威胁，1997 年 12 月，《联合国气候变化框架公约》第三次缔约方大会在日本京都召开，149 个国家和地区的代表通过了《京都议定书》。《京都议定书》建立了旨在减排温室气体的三个灵活合作机制——国际排放贸易机制、联合履行机制和清洁发展机制。2005 年 2 月 16 日，《京都议定书》正式生效，这是人类历史上首次以法规的形式限制温室气体排放。

环境的恶化和生态系统的破坏”。① 这种“创造性毁灭”还在悄无声息地进行着，还在人类追求“功利和幸福”的似乎正当的价值诉求中全方位地向前推进，还在“创造”多样的形式和内容破坏人与自然的和谐关系。只有在科学认知、哲学认知的基础上，气候危机的全球共识才有形成的可能。

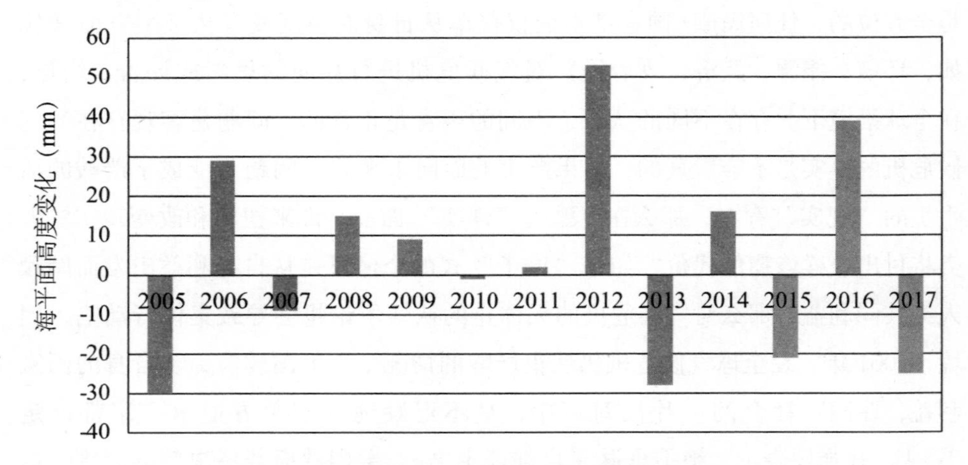

图 1-1　2005—2017 年中国沿海海平面较上年变化

（资料来源：2017 年《中国生态环境状况公报》）

二是全球气候政治的功利主义立场与人类整体利益的虚化。气候变化问题一开始是一个“科学”问题，随着气候变化对人类整体利益的威胁越发加强，引起了全人类的共同关注，这一“人类”问题自然便从一个科学问题上升为政治问题，表明了人类社会对气候变化的高度重视，但是，在国际气候政治的场域中，事实越来越清晰地表明，功利主义一直占据着主导地位。功利主义认为，获取最大功利的行为才是善的行为，一切检验的标准应该遵循功利原则的指导，社会公共政策的目的应该是最大限度地增加共同体的幸福总量而不是减少这一幸福的总量，问题是增加幸福的总量并不意味着每一个个体的幸福量就会必然增加。功利主义的最大效用化原则在简单的利益关系中确实是有效的，但在复杂的关系链条中，尤其是关系到人类整体利益的多元链条（多元链条涉及复杂主体间的权利—义务关系）中，片面强调某一共同体效用的最大化就会越过复

① 约翰·贝拉米·福斯特．生态危机与资本主义［M］．耿建新，宋兴无，译．上海：上海译文出版社，2006：90-91.

杂主体间的权利—义务的边界，效用的最大化迫使责任主体不愿意也不可能承认或履行已经承诺而达成契约的权利—义务关系，在一定程度上强迫我们疏远赋予人类整体利益的有价值和意义的义务和事业。功利主义的利己主义价值取向对弱势群体、发展中国家的利益明显不利。按照效用最大化原则，福利总量的提高并不意味着社会和经济的完全平等，获得较大利益的主体不能把牺牲他人利益作为效用最大化的正当理由。对弱势群体、发展中国家而言，发达国家应该按照平等的方向为他们提供真正的资金、技术和合作的机会，地球是人类相互依存的命运共同体，面对共同的气候危机，国际社会，尤其是发达国家应该摈弃功利主义价值取向，在合作共赢的基础上，维护人类的整体利益。但是，联合国气候变化大会在少数发达国家极端功利主义的影响下，总是难以得到预期的效果，人类整体利益总是被功利主义所异化。单从我国近 50 年来气候变化的情况（从 1951 年到 2017 年）来看，气温明显呈上升趋势。

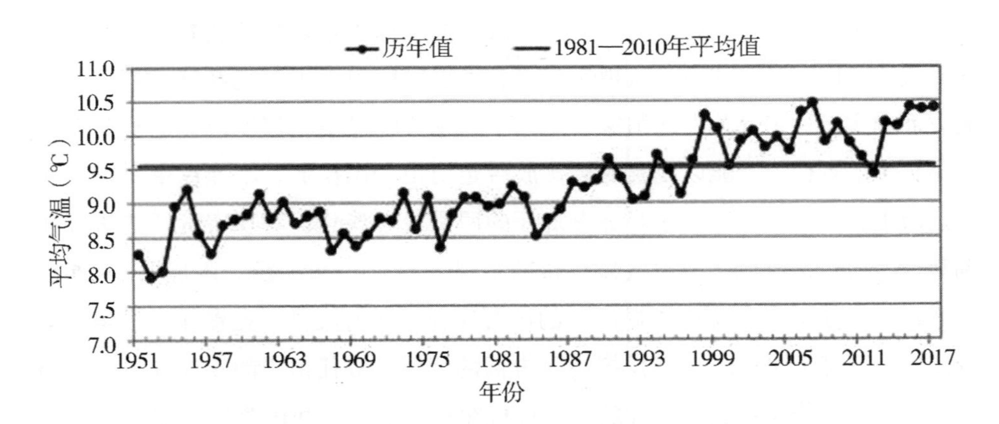

图 1-2　1951—2017 年全国年平均气温历年变化

（资料来源：2017 年《中国生态环境状况公报》）

三是全球气候治理的话语权争夺与责任担当的缺失。美国要退出《京都议定书》，其原因之一就是不愿意看到气候危机话语权掌控在欧盟手中，欧盟在气候变化领域向全世界展现出来的形象是领导者形象，应对气候变化的标准和规范大都是欧盟设计和推广的，比如，低碳经济、全球碳市场、2℃警戒线、2020 峰值年等。在气候变化领域的“失落”心态催逼美国试图通过第三条道路来修正京都模式，确保在世界舞台上的各个领域（当然包括气候变化领域）说一不二的霸主地位，尽管气候危机话语权的掌控靠的不是标准和规范而是资金和技术的实力，美国和欧盟当然具备这些实力。美国总是片面地认为，既然话语权的背后是靠实力支撑，凭什么欧盟掌控了话语权，作为全世界经济总量最大的超级大国，认为自己掌控气候变化话语权是理所应当的，美国这种“老大”心态搅乱了全球气候治理的秩序。如果美国和欧盟能够从人类命运共同体的视角出发（当然，可能性不是太大），一起共同带动各民族-国家一起努力，那么，全球气候危机的克服也许不是一种主观想象。因为全球气候危机的应对不单单是依靠某一个国家就能够解决的，而是世界大家庭共同努力的结果。事实上，美国和欧盟在争夺气候危机话语权的同时，发展中国家、弱小国家的话语权并没有得到应有的尊重，对于发展中国家、弱小国家而言，气候政治中的“话语”和“行动”已经给其造成了不同程度的强制性恐惧。其实，真正要解决好气候危机，需要各个民族-国家的协同合作、实现真正的责任担当，气候危机的形成是碳排放长期累积的结果。从历史来看，自工业革命以来，发达国家的碳排放量占全球碳排放总量的四分之三以上，碳排放支撑了发达国家成熟的工业体系和现代化的国民经济体系。从现实来看，发展中国家为了实现经济发展在碳排放方面确实超过了部分发达国家，但并不意味着发展中国家就应该承担比发达国家更多的责任，不能以现实的碳排放否定历史的碳排放，不能以现实的责任否定历史的责任，发达国家对历史责任的回避或者淡化，对现实责任的过分强调甚至污名化，造成了解决气候危机的责任“落寞”和实践“困境”，共同但有区别的责任担当才是对“责任”的应有诠释，任何淡化历史责任、强化现实责任的企图都无法解决“责任担当”方面的问题，责任担当的缺失导致了人类相信对具有“拖延惩罚”本性的气候危机在相当长的时间内难以实现《联合国气候变化框架公约》《京都议定书》《巴厘岛路线图》等所确定的阶段性目标和长远目标。从未来的发展趋势来看，“拖延惩罚”并不可能“消除惩罚”，反而会增强“惩罚”的强度和力度。一旦气候危机对人类实施“全面”惩罚，地球和人类的命运将难以用语言描述。

面对全球气候危机，中国一直是积极参与者、主动作为者。气候变化会议经历了里约会议（1992 年）到波恩气候大会（2017 年），20 多年来，中国在生态文明建设的一国治理中，不断总结出中国特色的理论和实践，并向全球提供生态文明建设的中国方案、中国智慧（见表 1-1），生态文明建设的全球定位愈来愈清晰，逐渐从生态文明建设的一国治理走向全球引领。

表 1-1　1992—2017 年联合国气候变化大会的成果及中国贡献

时间	会议名称	会议成果	中国贡献
1992 年 6 月 3—14 日	里约会议	通过《里约环境与发展宣言》《联合国气候变化框架公约》等重要文件。	中国为《联合国气候变化框架公约》的缔约国之一
1997 年 12 月	京都会议	签订《京都议定书》	1997 年 12 月 11 日，中国加入《京都议定书》
2007 年 12 月 3—15 日	巴厘岛会议	通过“巴厘岛路线图”	中国制定并公布的《中国应对气候变化国家方案》，为绘成“巴厘岛路线图”作出了自己的贡献
2009 年 12 月 7—18 日	哥本哈根气候变化大会	达成《哥本哈根协议》	中国自主确定的控制温室气体排放目标，为国际社会树立了榜样
2010 年 11 月 29 日—12 月 10 日	坎昆气候变化大会	达成《坎昆决议》	中国在可再生能源、清洁能源技术等领域的发展速度已经超过了美国和其他任何国家
2011 年 11 月 28 日—12 月 9 日	德班气候变化大会	设立“绿色气候基金”等	“中国角边会”系列活动展示了中国的可持续发展之路，正在为全球所效仿
2012 年 11 月 26 日—12 月 7 日	多哈气候变化大会	确定《京都议定书》第二承诺期	中方按照“共同但有区别的责任”原则、公平原则和各自能力原则，为应对全球气候变化作出积极贡献
2013 年 11 月 11—22 日	华沙气候变化大会	落实“多哈会议”的一揽子成果	中国以务实、开放、建设性的姿态全面、广泛、深入地参加了各个议题的磋商
2014 年 12 月 1—12 日	利马气候变化大会	通过德班决议草案	中美双方共同发表《中美气候变化联合声明》
2015 年 11 月 30 日—12 月 11 日	巴黎气候变化大会	通过《巴黎协定》	《中国库布其生态财富评估报告》首次在巴黎气候大会上向全球发布
2016 年 11 月 7—18 日	马拉喀什气候变化大会	通过《马拉喀什行动宣言》	中国颁布《“十三五”控制温室气体排放工作方案》
2017 年 11 月 6—17 日	波恩气候变化大会	达成“斐济实施动力”决议	中国正在成为全球生态文明建设的贡献者、引领者

自1992年以来，中国政府主动签署联合国的各种公约、协定、方案、决议等，展现了发展中国家的努力和追求、责任和担当①。中国政府多次表示，中国不仅要认真做好自己的事，还要让全世界广大民众真正受益。2017年，联合国气候变化会议在波恩举行，中国在应对气候变化方面所作出的积极努力以及所取得的卓越成效得到了各国代表的高度赞赏，尤其是在科技创新和治理经验方面，吸引了各方的广泛关注。英国能源智库总裁安东尼·霍布雷（Anthony Hobley）认为，中国正在成为清洁能源领域的先锋。联合国环境署执行主任埃里克·索尔海姆（Erik Solheim）认为，中国生态文明建设理念、经验、措施和方案，已为全球环境保护提供了重要借鉴。

从一国治理到全球引领是中国生态文明建设的必然选择，小小寰球是人类共同栖居的家园，生态危机不仅仅是区域性危机而是全球性危机，生态文明建设不仅仅是一国的责任而是全人类的责任，对人类家园的集体关注、对人类命运的集体焦虑，唤起了人类对自身发展模式的深沉思考，在对权力的追捧、对财富的拼夺、对名利的痴迷中，人们脚下的"路"在匆忙的厮杀中开始坍塌，形成对生态极限和增长极限的严峻挑战，人的生存根基在渐渐消失。人们似乎忘记了苏格拉底对雅典人的忠告，"人所能做的最好之事是过一种省察德性的生活"②，对人生德性的省察，是对生命、生态、生产、生活的审慎思考，是对"生生不息"这一永恒之"道"的深刻把握。

第二节　生态文明建设的政治价值与政治责任

由于政治具有鲜明的阶级性，所代表和维护的阶级利益不一样，政治实践追求的目的也不一样，政治实践蕴含着特定的政治价值和特定的政治责任，"好政治"追求的不是一般的"小我"之善而是"大我"的最高之善（即个体幸

① 1992年，中国政府签署《联合国气候变化框架公约》；1998年，签署《京都议定书》；2009年，在哥本哈根气候变化大会上，中国政府以对未来人类高度负责的态度，作出了需要付出巨大努力才能实现的庄严承诺；2015年，习近平在巴黎气候变化大会中指出，中国一直是全球应对气候变化的积极参与者；2016年马拉喀什气候变化大会上，中国代表表示，中国既要做好自己的事，又要让全世界民众受益。

② 霍普·梅．苏格拉底［M］．瞿旭彤，译．北京：中华书局，2014：64.

福、社会和谐、人类进步），与一般实践活动相比，政治实践是“国家的有理智的普遍善行”①，政治实践具有理想品格和现实品格，理想品格需要通过现实实践来展现，现实实践需要理想品格来引领，理想品格和现实品格的统一就是如何实现“大我”的最高之善，政治实践的广度、深度和高度超越了其他任何实践活动，需要从更大范围、更深层次、更高境界等方面调动一切积极因素、整合利用各种资源，从而较好地实现政治价值、政治责任的现实之维。

一、生态文明建设的政治价值

政治价值是对政治主体在政治实践活动中所展现出来的事实关系和价值关系的意义判断。从价值的基本内涵而言，价值是主体的需要与客体的性质、功能、属性之间的满足关系，价值的实现程度在于性质、功能、属性对需要的满足程度，需要和性质、功能、属性融合构成价值关系，价值关系是历史的、具体的、有条件的。人是一切价值的主体，价值主体的需要是发展变化的，正因为需要的发展变化性，价值主体必然按照自身的内在尺度对客观世界进行改造，在主体客体化、客体主体化的双向实践运动中，价值的确立过程就是客体的性质、功能、属性满足主体需要的过程，如果客体的性质、功能、属性无法满足主体的需要，那么，这种价值关系就会遭到否定或者自行瓦解。

而政治价值与一般的价值相比较，具有自身的特殊性，政治具有鲜明的阶级立场，政治价值的主体不可能包括一切人，其政治主体的最大值一般是“最广大的人民群众”，而行使政治权力的政治主体不可能是所有的政治主体，只能是代表大多数人利益（物质的和精神的）的极少数政治精英，政治主体的需要如何才能得到满足，这就需要政治客体具备一定的功能和作用。所谓政治客体，就是政治主体的实践活动所指向的对象，概而言之，就是政治主体所做的分内之事与应尽之责，尽管政治客体是政治主体内在尺度的对象化，但政治客体的属性不一定能够始终满足政治主体的需要，因而，政治主体与政治客体的意义关系始终围绕着需要-满足的逻辑链条而全面展开。其实，从价值的特性来看，价值具有客观性、主体性、多维性、历史性；从价值内部结构来看，客体始终是主体内在尺度的外在彰显；从价值的外在表现来看，价值的大小表现为主体需要的多少及其满足的程度。所以，价值是以价值主体为核心，是价值主体对

① 黑格尔．精神现象学：上卷［M］．贺麟，王玖兴，译．北京：商务印书馆，1983：282.

自身需要与客体属性的认知、评价、选择、确认的结果，同样，政治价值也是以政治主体为核心，政治价值如何，离不开政治主体的认知、评价、选择和确认。

从现代政党政治来看，政治主体主要表现为政治领袖（个体主体）、政党、人民、民族-国家（群体主体）、国际社会（类主体），无论是个体主体、群体主体还是类主体，都是政治价值的实现者和享有者。价值的种类繁多，有经济价值、文化价值、社会价值、历史价值等，如果把价值上升为政治价值，那就意味着执政党已经把这一问题上升到全局性、战略性、根本性的高度，这一问题已经关系到政党、人民、民族-国家的前途和命运。2013 年 4 月，在十八届中央政治局常委会会议上，习近平把生态文明建设提升到政治高度，不是一般的政治高度，而是在“政治”的前面加了一个程度副词“很大”，“很大的政治”表明生态文明建设在党和国家的大政方针中处于很高的地位，不可任意替代的地位。把生态文明建设仅仅作为经济问题是不够的，仅仅作为一般的政治问题也是不够的，必须上升到“很大的政治”的高度。2018 年 5 月，在全国生态环境保护大会上，习近平将“很大的政治”提升到“重大政治问题”的高度，而且从“党的使命宗旨”这一政治高度强调生态文明建设的极端重要性，“重大政治问题”的深刻表述是对“很大的政治”的进一步升华。从“很大的政治”到“重大政治问题”，生态文明建设所指向的政治价值的意蕴更加丰富，主要表现在以下五个方面。

（一）生态文明建设关系党的初心和使命

初心和使命是政党追求的目标和任务，直接体现政党的性质和宗旨。生态文明建设是我们党基于人类文明发展规律、中国特色社会主义发展规律，在遵循自然规律和社会发展规律的基础上，对二战以来各种发展观的借鉴反思的结果。生态文明建设直接关系执政党的初心和使命，考验执政党的执政能力，影响执政党的执政形象。生态文明建设能否成功直接影响人民群众的生产生活、生命健康、社会稳定，进而严重影响国家政治安全、政治认同。作为马克思主义政党，始终为中国人民谋利益、为中华民族谋复兴是中国共产党立党兴党的初心和使命，生态文明建设是党的初心和使命的内在要求，彰显了鲜明的价值取向。

（二）生态文明建设关系党的性质和宗旨

性质和宗旨是政党立党兴党的内在根据，是政党成为执政党的灵魂所在，是执政党长期执政的生命基因，是一执政党与另一执政党之区别的本质所在。性质和宗旨的抽象规定性体现在执政党执政活动的每一个细节之中，性质和宗旨是一般原则，一般原则通过具体情景来体现，如果脱离具体情景来谈论一般原则，一般原则就会因为抽象、空洞而无意义。一般原则要获得"意义"和"价值"，需要具体情景的背景、条件对一般原则进行生动的展开、对一般原则的抽象性进行扬弃，而具体情景中也必然包含着一般原则的规范性的实践判断，具体情景无法离开一般原则的价值指引，尽管具体情景无限多样，但一般原则的基因总是镶嵌其中。因而，执政党的性质和宗旨不仅体现在一般的思想作风、组织作风、工作作风之中，也体现在一般的生活作风之中。"先锋队"的性质和"全心全意为人民服务"的宗旨，是中国共产党永葆生机的生命密码，"先锋队"的本质就是"先进性"，"先进性"需要"纯洁性"作为保障，"先进性"不容许"落后"和"腐朽"的玷污，需要保持"先进"的高度"纯洁"，"先进性"和"纯洁性"互为条件、相互依存、不可分割。保持"先锋队"性质的目的是实现党的宗旨，实现党的宗旨是保持"先锋队"性质的条件，如果违背党的宗旨，党的性质就会发生改变。人民是"先生"，人民是"衣食父母"，中国共产党植根于人民，没有人民的支持和拥护，就没有中国共产党的发展壮大，"人民万岁"是中国共产党向全世界宣告的"政治宣言"，是中国共产党立党兴党的核心理念，也是中国共产党不断壮大的理由和根据。生态文明建设是人民群众的所想、所盼、所急，是美好生活的基础保障，是人民幸福、国家发展、民族复兴的实现前提，没有生态文明，持续发展的动力就会丧失，人民幸福的基础就会坍塌，民族复兴的愿景就会落空，人类文明的脚步就会停止。党的十七大以来，生态文明的执政理念在党的报告中愈加凸显，相继写入党章和宪法①。党的十八大以来，我国的生态环境明显好转，人民群众对优质生态环境产品的满意度愈来愈高，绿水青山、蓝天白云的美丽生态开始呈现，但是，生

---

① 中国共产党党程明确规定：中国共产党领导人民建设社会主义生态文明，实现中华民族永续发展。《中华人民共和国宪法》的"序言"部分强调：中国共产党领导中国各族人民，推动物质文明、政治文明、精神文明、社会文明、生态文明协调发展，把我国建设成为富强民主文明和谐美丽的社会主义现代化强国。第八十九条明确规定：领导和管理经济工作和城乡建设、生态文明建设。

态文明建设面临压力和挑战的情况还非常严峻，负重前行、压力叠加的状态在短时间内还难以改变。尽管如此，中国共产党建设社会主义生态文明的决心和信心绝不会改变，必须抓铁有痕、踏石留印、咬紧牙关、爬坡过坎，因为生态文明建设是党的宗旨的题中之义，是党的使命的内在要求。

（三）生态文明建设关系人民福祉和国家的发展安全

良好生态环境是美好生活的基础，是亿万人民之福、是民族-国家之福、是子孙后代日益昌盛之福。突出的环境污染问题严重损害人民群众的生命健康，近年来，各种疾病的发生都和水污染、空气污染、土壤污染密切相关，治理三大污染，让“美丽中国”成为地球上的最美家园。给人民群众留下清澈明净、繁星闪烁的美丽星空，留下清水绿岸、鱼翔浅底的万里碧波，留下鸟语花香、硕果累累的缤纷田园，已成为中国共产党人必须担当的政治责任。良好生态环境是惠民、利民、为民的重要体现，优美环境质量、优质生态产品是老百姓热切期盼的基本需要，急人民群众之所急、想人民群众之所想，以抓铁有痕的决心守土有责、守土尽责，以永在路上的执着敢于追责、终身担责，以踏石留印的坚毅打好生态文明建设持久战。

生态文明建设关系国家的发展安全。人是环境的人，任何人都绝不可能离开生态环境成为孤立无依的单个的个体，在恶劣的生态环境面前，任何人都是可怜的、无助的，生态安全是政治、经济、文化、社会发展的先决条件，解决突出环境问题、化解生态危机是人民群众对美好生活中优美生态环境的现实需求。生态风险危及国家的发展安全，甚至在一定程度上危及国家安全和人类发展安全，防范和化解生态风险不仅是某一民族-国家面临的当务之急，而且是国际社会中每一个民族-国家面临的当务之急，全球气候变化会议的召开就足以证明人类对自身命运的担忧，防范和化解生态风险需要构建全人类、全过程、全领域的生态环境风险防范体系，尤其是发达国家应该从人类命运共同体的理念出发，兑现自己的承诺、履行自身的责任和义务。

（四）生态文明建设关系中华民族永续发展

中华文明在人类文明史上之所以永续发展、从未中断，主要原因在于中华民族这个伟大的民族是一个尊重自然、关爱自然、保护自然的民族，“天人合一”是中华文明之所以长盛不衰的精髓，在中国古典文献中，道—天—地—人始终是一个生生不息的完整的循环系统，对生命、生态、生产、生活、生存的尊重和敬畏，给人类文明提供了宝贵的生态资源，生态与文明之间的关系是相互依存、相互制约的逻辑关系，生态兴衰决定文明兴衰，反过来，文明兴衰通过生态兴衰的形式表现出来。自从把生态文明建设确立为党的执政理念以来，中国共产党多次阐明了生态文明建设与中华民族永续发展的关系，从长远大计（党的十八大报告）、千年大计（党的十九大报告）到根本大计（全国生态环境保护大会），清晰阐明了二者之间的内在逻辑。

（五）生态文明建设关系全球生态安全

生态安全不是区域性的而是全球性的，各国生态小系统构成全球生态大系统，无论是微观的还是宏观的各种系统都相互依存、相互作用。环境问题已成为国内、国际非常关注的焦点问题，对于人口最多的发展中国家来说，中国在工业化、城市化的快速发展中，环境的成功治理绝不是一朝一夕之功，而确实是一场大仗、硬仗、苦仗。面对各种困难和压力，中国生态文明建设的决心是坚定的、方向是明确的、成效是显著的。不仅要建设美丽中国，而且要为全球生态安全作出贡献。在美丽中国的建设方面，近几年来，虽然生态环境明显好转，但人们对青山绿水、蓝天白云、鸟语花香的优美环境还有更高要求；在全球生态安全方面，中国绝不会牺牲发展中国家的利益，绝不嫁祸于人，中国是《2030年可持续发展议程》的坚定执行者、《巴黎协定》的坚定推进者，不仅仅是宣传家，也是实干家，在彰显责任大国形象的同时，努力深化全球生态文明建设的治理体系，积极推动全球低碳转型和绿色发展，深入开展全球绿色开发和合作，着力打造绿色丝绸之路，力所能及提供“南南合作”资金，切实承担“共同但有区别的责任”。

二、生态文明建设的政治责任

在现代风险社会中，风险与责任早已密切关联，如果把风险分为自然风险和人为风险的话，那么，很多风险都是由责任的缺失而人为造成的。从历史来看，人为造成的风险比自然风险更加严峻，自然的生成演化遵循自然法则，自然法则是自然自我运动的内在规定，比如，地震、旱灾、水涝等。如果说，人类文明初期，由人的知识和技术的有限性所造成的人对自然规律的“无知”和“违背”，产生了自然风险的巨大压力，那么，随着人对自然规律的逐渐认知和准确把握，人的行动的盲目性和鲁莽性理应随着知识和技术的增量而减少，从而有效降低自然灾难的发生率和自然灾难的危害程度，但是，现代社会的风险比传统社会的风险更加复杂和“可怕”，各种风险错综复杂、防不胜防。现代社会风险逐渐演变成现代风险社会，其主要原因是现代社会多元主体的“动机”和“目的”在各种利益的“拼夺”中放逐了对“责任”的坚守，因而，如何防范风险和化解风险，责任便成为现代风险社会的核心元素。威尔·金里卡（Will Kymlick）认为：“责任应该成为政治思想的中心范畴。”① 对责任的理解和阐释，可谓精彩纷呈。伊曼努尔·康德（Immanuel Kant）认为，责任就是善良意志的体现，道德行为不能出于“爱好”，不能出于“欲望”，只能出于责任。马丁·海德格尔（Martin Heidegger）认为，责任是一种良知，良知是一种呼唤，“呼声的情绪来自畏，唯有这样一种呼声使此在能够把它自身筹划到它最本己的能在上去”。② 责任是一种“敬”和“畏”，是对“他者”的关爱，如果责任缺乏对“他者”的关爱，就是一种主观幻象。对责任的归类和分析，也是丰富多彩的，从责任承担的主体来看，有个体责任、群体责任、社会责任、人类责任；从责任发生的过程来看，有事前责任、事中责任、事后责任；从责任承担的时间来看，有现实责任、历史责任，或者代内责任、代际责任等。从最一般的意义上讲，责任分为积极责任和消极责任，积极责任就是责任主体成功地做好分内应做之事，消极责任就是责任主体由于没有做好分内之事，产生了不利后果而受到相应的惩罚和制裁。

对于政治责任而言，政治责任的主体不是泛指任何政治主体，而是特指政治官员，政治责任的客体就是分内应做之事，如果政治责任主体做好了分内应做之事，那就实现了积极的责任担当，如果政治责任主体没有做好分内应做之事，产生了不利后果，那么就要承担政治责任，受到惩罚和制裁。所谓分内应做之事就是政治责任主体制定和执行了体现人民意志、实现人民利益、符合社会公意、得到人民拥护和支持的公共政策，在民主政治秩序下，主权在民，人民是政治权力的所有者，政治责任主体是否履行责任还是承担责任，由人民来评判，因而，权力的行使者必须直接或间接地对人民负责，但是，权力在行使过程中容易产生权力的异化，一方面，社会秩序的维持离不开权力的控制，没

① 威尔·金里卡．当代政治哲学［M］．刘莘，译．上海：上海三联书店，2004：第2版序.

② 马丁·海德格尔．存在与时间［M］．陈嘉映，王庆节，译．北京：生活·读书·新知三联书店，2006：318.

有公共权力，公共秩序不可能持久地存在下去；另一方面，行使权力的人是个体或群体，个体或群体往往会用手中的权力资源满足自身的需要和欲望，自身过度的贪欲往往偏离了社会公意和人民意志。实际上，强调政治责任就是实现对政治权力的规制与约束。我国的生态文明建设，面对的困难和挑战是很严峻的，必须担负起生态文明建设的政治责任，才能真正打好生态文明建设的持久战。

（一）生态文明建设的政治担当

政治担当就是政治责任主体承担积极的政治责任，成功地做好分内应做之事。首先，要实现政治担当，必须明确第一责任人。如果没有第一责任人，就有可能出现“无人政治”的现象，所谓“无人政治”，就是在复杂的政治系统中，找不到对某一件事情负责的人，大家相互推诿责任，无法确认责任的来源在哪里，责任的主体是谁。由于自然资源、生态环境的公共性，加之资源破坏、环境污染的长期性、累积性，对责任主体的确认确实有一定的难度，很容易陷入“责任落寞”的困境，只有把生态文明建设上升到政治高度，明确生态文明建设的责任人，才能真正明确谁负责、负责什么、怎么负责。其次，要实现政治担当，必须建立科学合理的政绩考评体系。要把领导观念、作风的生态化，国内生产总值（GDP）考核、离任审计的生态化等作为考评、奖惩和提拔的核心要件，要把环境的高品质追求和经济的高质量发展辩证统一起来，要把绿水青山和金山银山辩证统一起来。最后，要实现政治担当，必须锻造一支过硬的生态文明建设队伍。生态文明建设是全民族共同奋斗的伟业，不是自编自导的“个人独角戏”而是群策群力的“集体合奏曲”，离不开政治强、本领高、作风硬、敢担当的建设队伍。这支队伍需要具有特别能吃苦、特别能战斗、特别能奉献的精神，各级政治责任主体应当成为这支队伍的主力军，不能只当裁判员不当运动员，只当指挥员不当战斗员，要敢干事、能干事、干成事、干好事。

（二）生态文明建设的政治问责

对影响生态文明建设的政治主体，“追责”要做到“真”“敢”“严”，对破坏生态环境的行为“零容忍”，不能让作恶之人心存侥幸，必须做到终身追责、利剑高悬、警钟长鸣。在建立和健全生态文明建设的政治问责体系的同时，必须从系统性、协调性、全局性出发，在全社会建立好生态文化体系、生态经济体系、生态治理体系、生态安全体系、生态制度体系等生态文明建设体系。

第三节 生态文明建设的全球价值

全球生态系统的紧密关联意味着生态文明建设蕴含着丰富的"全球价值"，生态文明建设的"全球价值"不是主观想象的结果，而是"地球家园"本身"应当"固有的，但事实上，生态文明建设的"全球价值"遭遇各种"碎片化"的认识困境，各民族-国家的"多样化"发展历程客观上对"全球价值"的理解提供了"多样"的认识空间，但是以"文明和合"为旨归的全球化进程和人的"类特性"意识的不断觉醒必将全面增强人们对生态文明建设的"全球价值"的深刻认知。

一、生态文明建设的全球化困境

生态文明建设已成为全球视域的焦点问题，对全球生态危机的应对和克服已经打破了民族-国家和区域的传统时空和狭隘界限。但是，在资本主义主导的国际政治经济秩序的背景下，生态与资本的严重对立，使生态文明建设在全球化视域下显得困难重重，资本的唯利是图与生态的普惠民生之间的内部紧张，造成各种主体之间尤其是国与国之间的利益争夺愈演愈烈，生态文明建设在全球化的宏大境遇中尤其在资本面前进展缓慢、成效甚微。约翰·贝拉米·福斯特（John Bellamy Foster）认为，资本主义的生产方式造成了生态环境与人类文明进步的严重对立，"这种对立不是表现在每一实例之中，而是作为一个整体表现在两者之间的相互作用之中"。① 当然，现代性的生存状态、工业主义的发展理念以及经济发展的模式选择等与全球生态危机密切关联，而现代性、工业主义、经济发展本身是人类文明进步的具体表征，如何保持人类文明进步的持续性与生态环境的持续性，不是现代性本身的问题而是隐藏在现代性深处的资本逻辑问题，只有正确地认识资本的固有本性，对资本逻辑进行批判和改造，实现对资本主义的"根本性的变革"，才能有望继续保持生态环境与人类发展的统一性和协调性。问题是，这种"根本性的变革"还需要很长的过程，在短时间

---

① 约翰·贝拉米·福斯特. 生态危机与资本主义［M］. 耿建新，宋兴无，译. 上海：上海译文出版社，2006：1.

内还不可能完全实现，因此，如何与自然生态环境形成和谐共生的关系还需要更大的努力。

（一）全球化困境中生态文明建设的集体行动难以实现

共同利益是集体行动的基础，如果共同利益碎片化，被单个的个体利益所瓦解，那么，集体行动就会因为动机和目的的多样性、复杂性而难以实现。弗里德里希·恩格斯（Friedrich Engles）认为，如果联结人类的“纽带”只是“利益”，而且这种利益不是“公共利益”“人类利益”，只是“纯粹利己”的利益，即“私有制”的利益，那么，利益“就必然是单个利益”，“就必然会造成普遍的分散状态”①。资本主义私有制的普遍存在造成单个利益的普遍化，如果单个利益不建立在整体利益的基础上，单个利益就必然与整体利益之间形成一种紧张关系，甚至对立关系。在资本主义主导的当今世界，人类的整体利益在私有制和资本逻辑的驱使下必然形成一种普遍的分散状态，而生态文明建设所蕴含的整体性、公共性、类特性等特质需要全人类的集体行动才能彰显，这样的集体行动在资本主义主导的全球化境遇中是难以实现的。以自然、资本的商品化为主要内容的都市化、工业化，不仅“造成了人与自然的分离”，而且“造成了对自然保护的更大和更为普遍的关注”。② 2001 年 3 月，为了自身的国家利益，在全球气候危机仍然很严峻的情况下，凭借自己的霸主地位（尤其是在资本和技术方面），在国际社会的一片反对声中，布什政府宣布单方退出《京都议定书》，并强硬表示，绝不重返《京都议定书》，布什总统的强硬态度，表明《京都议定书》所倡导的全球集体行动的失败，资本的任性和唯利是图的本质是不会考虑人类面临的危机的。在人类的总体利益面前，资本的“任性”遵循着“资本优先”的价值排序，美国政府单方退出《京都议定书》的“任性”彰显了“美国优先”对人类总体利益的“霸凌”和“强制”。生态环境与资本逻辑的对抗性冲突造成了生态文明建设“集体行动”的内部紧张。资本主义的本性在全人类的利益面前是极端利己、极端残酷的，资本主义的生产方式和资本积累的发展结构与资本的本质一样是难以改变其内在性质的，“处于快速致富的资

① 中共中央马克思恩格斯列宁斯大林著作编译局．马克思恩格斯选集：第 1 卷［M］．北京：人民出版社，1995：24.

② 詹姆斯·奥康纳．自然的理由——生态学马克思主义研究［M］．唐正东，臧佩洪，译．南京：南京大学出版社，2003：39.

本积累规则的背景下，生物圈很难维持平衡”。[①] “快速致富的资本积累”导致的最终“恶果”只能是全球生态系统的“快速衰退”或“完全崩溃”。

(二) 全球化困境中生态文明建设的系统构建遭到破坏

系统性、整体性是生态文明建设的内在规定，生态文明建设的系统构建需要全人类不同主体之间的相互协调、共同发力、形成合力，需要用系统思维把握全人类的生活世界和“命运共同体”，用系统思维深刻引导全人类的生产方式、消费方式、生活方式，如果各个民族-国家都以自身为中心，对生于斯长于斯的大自然进行无情破坏，对提供人类生存发展的有限资源进行你死我活的争夺，那么，生态文明建设的系统构建价值链条就会因极端的利己主义而变得支离破碎。系统构建是当今世界应对复杂风险社会的重要的价值指向，正如安东尼·吉登斯（Anthony Giddens）所说，所谓的“低碳技术”“风力发电”“清洁能源”“减少化石燃料”“绿色发展”等，所有的这些政策对解决气候变化的难题肯定是有用的，但是，如果不从“系统性”上加以考虑，而是以“零散的”“碎片的”“孤立的”角度，那对解决气候变化这样复杂的全球问题是难以奏效的。吉登斯主张世界政治、经济应该是系统构建的政治、经济，建立起各种以系统性为基础的“政治融合”“经济融合”，“需要将政策‘打包’在一起，以便使未来气候不至于出现灾难性的结果”。

(三) 全球化困境中生态文明建设的远景思维难以生成

在拼命逐利的世界图景中，资本拥有者强化了对“现在感”和“当下意识”的凸显，弱化了对“未来意识”和“远景思维”的展望，殊不知人类社会的发展是永远走向未来的，世界的“不完美性”和人的“不完美性”注定了人和世界要不断地接近“未来”的完美，“未来”的完美是一个不断展开、不断丰满的过程，它不是一个固定的、僵化的、纯粹现实的“结局”，而是“现实性”和“理想性”的辩证统一，“未来意识”和“远景思维”是人类区别于其他动物的显著标志，如果过分强调和关注“现在感”和“当下意识”，个体生存和社会发展的意义和价值就会因为“未来”的缺失而显得苍白，格奥尔格·齐美尔（Georg Simmel）认为，“现在感”在当今社会十分凸显的主要原因是

---

① 约翰·贝拉米·福斯特. 生态危机与资本主义［M］. 耿建新，宋兴无，译. 上海：上海译文出版社，2006：13-14.

“公认的信念”正在丢失，“重要的价值”正在消解，“可公度的原则”日渐失去力量，这样一来，“生活中短暂和变化的因素获得了更多的自由空间。与过去的断裂……逐渐使得意识集中到现在”①。“现在感”不仅漠视了“未来”的纽带，也与“过去”的历史发生断裂，“资本”出场总是与“利润回报”相勾连，而“利润回报”必须在预期之内实现，“回报”的时间愈短，利润率愈高，“利润回报”的唯一指向只能是“资本拥有者”，“资本拥有者”把“利润”作为自己存在的唯一的内在规定。“利润”天生具有一种“侵犯本能”，这种“侵犯本能”主要表现在破坏、毁灭、渗透等欲望冲动之中，而“欲望冲动”主要围绕“利己”这一中心旋转，对于人类的长远利益和整体利益，“资本”和它的拥有者是绝不会考虑的，比如，“清洁水源”“废物处理”“不可再生资源的分配与保护”等关涉到的可持续发展问题，或者“几代人之间生存环境的均衡问题”等，所有这些问题都“与冷酷的资本需要短期回报的本质是格格不入的”。② 资本冷酷的短期回报戕杀了生态环境的长久的社会公益性，资本主义生产方式的内在矛盾（生产体系和消费体系的“对抗性”矛盾）放大了自身具有的“弱视”“短视”的致命缺陷，挤压了生态文明建设的整体性、公益性的系统空间。

二、生态文明建设的全球价值指向

全球化为世界历史开辟了道路，世界历史的发展历程是民族-国家的多样文明不断“和合”的历程。文明和合的“类”特征及全球价值为生态文明建设的全球化开辟了广阔空间，反过来，生态文明建设中所蕴含的全球价值指向也为各种文明的“和合”提供了加速升华的条件。总之，全球化、文明和合、生态文明建设相互依存、相互渗透、相互转化。

（一）生态文明建设的全球价值中蕴含着真正的“类意识性”

“类意识性”是人类主体的全球视野，是把“他者”返回自身的内在关照，是对家庭、民族等“个别性”“天然性”的超越，生态文明建设主体的“类意识性”体现在现实的人的实践活动以及他们的实践活动所产生的对象化的“作

① 戴维·弗里斯比．现代性的碎片——齐美尔、克拉考尔和本雅明作品中的现代性理论［M］．卢晖临，周怡，李林艳，译．北京：商务印书馆，2003：129.

② 约翰·贝拉米·福斯特．生态危机与资本主义［M］．耿建新，宋兴无，译．上海：上海译文出版社，2006：3.

品”之中。人的每一样作品都离不开大自然，离不开与“我们”相依为命的生态环境，作为各种“作品”的作者都是个体存在和类存在的统一体，个体存在和类存在的相互规定，构成生生不息、相依为命的文明进步之链，人的类意识不仅关照自身也把其他物的类当作认识的对象、实践的对象和伦理拓展的对象，不仅用全部物种的内在尺度和外在尺度考量人与自然、人与人、人与社会的关系，也用美的眼睛观察和审视世界、用美的规律塑造和改变世界，人对美的留恋、对美的追求、对美的创造是通过人自身来完成的，但世界之美并不仅仅是通过单个个体的努力来实现和展示的。世界之美是整体之美、是创造之美、是爱之美，整体之美是全面的，孤零零的美是很容易凋谢的，正如一朵花并不能展现整个春天一样，春天的殿堂是百花怒放、百鸟争鸣；创造之美是合规律的，人类创造所遵循的规律是“美的规律”，对美的创造不是随心所欲和任意破坏的；爱之美是美的本质，缺乏“爱”的美是没有生命力的，因“爱”而“美”、因“美”而“爱”，二者相互依存。从美的意义来说，生态文明建设所展现的世界之美，是整体之美、是创造之美、是爱之美，具体而言，是自然之美、生活之美、生存之美、生产之美、人性之美、创造之美、各美其美、美美与共等人类用美的规律创造出来的美丽世界，但是，美与丑总是相伴而行，善与恶总是结伴而生，真与假总是反向而出，人类在对美的向往和美的创造的过程中，许多肮脏（或丑或恶、亦丑亦恶）的东西肯定会汹涌而至，与许多虚假（真真假假、以假乱真）的东西肯定会不期而遇，个体对自身的过分关注会忽视“他者”和“类”的存在，卡尔·马克思（Karl Marx）认为，人的机能肯定包括吃、喝、生殖等，但这些机能不是唯一的，还有其他重要的机能，如果这些机能“脱离人的其他活动领域并成为最后的和唯一的终结目的，那它们就是动物的机能”。① 人的生产和再生产肯定离不开吃、喝、生殖，吃、喝、生殖是人生存发展的前提，也是人类历史发展的第一前提，但吃、喝、生殖不是人类追求的唯一价值，只不过是人类价值体系中最基本的价值元素，随着科技发展水平和人的综合素质的总体提高，人们对美的要求和创造水平也会越来越高，美的真正实现是人的类意识的完整表达，美是一种关系的存在，它必然超越狭隘个体的局限。其实，人与自然关系的演变要经历三个历史阶段：“天然统一”阶

① 中共中央马克思恩格斯列宁斯大林著作编译局．马克思恩格斯选集：第1卷［M］．北京：人民出版社，1995：44.

段、“抽象对立”阶段、“自由建造”阶段①。人与自然关系的“自由建造”不是任性妄为而是遵循“美的规律”，以实现美好生活为价值旨归的“自由建造”，人对自然的“自由建造”不是体现个体意志的个体之“作”而是体现类意志的集体之“功”。

（二）生态文明建设的全球价值中蕴含着“世界历史”的基质

世界历史是人类主体的现实运动，在这一历史运动过程中，资本主义生产方式产生了巨大的推进作用，但资本主义生产方式绝不是形成世界历史的真正力量，世界历史的形成不是理论推演的结果，它需要各种条件的成熟化，比如，生产力水平的高度发达、全人类的普遍富裕、人的素质的极大提高等，而资本主义生产方式所造成的两极分化无法提供这些条件，因而需要对资本主义生产方式的局限性进行克服和超越。生态文明建设的本质是人与自然的和谐共生，人与自然的和谐共生不是僵死的而是无限发展的动态过程，这一过程同样依赖生产力水平的极大提高、生产关系的高度完善，依赖社会的全面发展和人的全面发展，因而，世界历史的进程和生态文明建设的进程同频共振。当然，不能把生态文明等同于世界历史，生态文明只是世界历史中最具基础性的展开部分。在全球的现实运动中，生态文明建设存在着内部紧张，一方面，全球在空间上已被分割为不同的民族-国家，每一个民族-国家都有属于自身的主权空间、法律体系、历史文化；另一方面，每一个民族-国家都共同栖居于唯一的“蓝色星球”，这一“蓝色星球”不是相互拼杀的战场而是人与万物相互依存的幸福家园。生态文明建设有利于舒缓或消解全球资源争夺的紧张关系，有利于通过我思-反思的系统思维克服“原子”式的行动困境。

（三）生态文明建设的全球价值中孕育着“人类命运共同体”理念

资本主义生产方式对全球生态环境的破坏客观上分裂了生态文明建设的整体性和系统性，为了实现对资本主义私有制和资本逻辑力量的超越，生态文明建设的全球价值指向，内在地要求人类命运共同体理念的产生，人类命运共同体蕴含着人类为了自身的共同利益而超越特定民族-国家和区域范围的“共在”的相依为命的生产、生活的密切关联。命运共同体客观上要求现实的个人在生

---

① 苏志宏．“美的规律”与马克思主义生态观［J］．西南交通大学学报（社会科学版），2004（3）：14-22.

态文明建设中的全球责任意识，是人的“类意识”和“世界历史”的基质在生态文明建设中的现实体现，人类命运共同体的生存之基是人的“类意识”的不断拓展，它需要全球政治、经济、文化、社会、生态等的全面合作作为其生存发展的动力；需要不同主体通过各种表达方式提出符合人类整体利益的生态环境目标和生态价值要求；需要通过各种行为方式维护人类整体依存的生态环境权利，反对形形色色的“社会达尔文主义”和丧失了“类特征”的“丛林法则”；反对资产阶级“超历史”的形而上学的幻影和“非历史”的资本神话，不承认资产阶级是“自然选择”的结果，反对帝国主义的“大众暴力”和阶级、种族的不平等。在唤醒和强化人的“类意识”、践行和彰显“人类命运共同体”理念的同时，可以通过跨国倡议网络或其他方式，在全球视野下，及时曝光和批评破坏生态环境、对生态环境保护不力的不负责任的国家和政府，让这些不负责任的国家承受全球性的道德压力、规范制约和舆论谴责。但是，人类命运共同体理念在现有的民族-国家的政治框架之中，在资本主义主导的全球化背景下，不可避免地会遭遇各种困境和挑战，资本主义生产方式把现实的人严格区分为“全球资本家”与“全球雇佣工人”，两种人的严格区分必然导致人与人之间关系的紧张、对立，人类命运共同体理念必然会在撕裂的社会中遭遇压抑、约束甚至打击。虽然人类命运共同体理念的孕育、实践在资本主义主导的国际空间中还存在着一定难度，但是，生态文明建设的全球价值指向必然会催生人类命运共同体理念在全球社会得到广泛认同，并在“世界历史”的行进发展中得到不断生长和全面发育。

第二章

生态与政治的逻辑分析

生态与政治的逻辑分析问题应该以人类文明的萌芽时期为逻辑起点，无论是东方文明还是西方文明，在一定程度上都萌芽于各民族的神话体系。人类文明初期，人们都认为人类的文明是由“不朽的神”创造的，随着文明的进步，人们发现人类的文明是由“曾经活着的人”和“正在活着的人”创造的。所谓“不朽的神”其实是人的一种发明，古典文明中的“神”大多数是自然万物的化身，神创造了万物（生态），人造就了政治，生态与政治的逻辑关联开启了人类文明的进程。古希腊神话的“神人一体”和中国传统文化中的“天人合一”蕴含着生态与政治的内在联系。人类文明的发展既具有连续性又具有阶段性，所谓连续性，是指人类文明的发展具有前进性和上升性，所谓阶段性，是指人类文明的发展在不同的时空内呈现出不同的特征，考察不同文明阶段中生态与政治的逻辑演变，回到人类文明的起点，可以用具体的、特定的历史有限性去回应理论或逻辑的无限性，防止理论或逻辑的缥缈性或抽象性，以理解的有限性而不是以理性的独断性去思考未来世界的发展可能性。

第一节　惊恐与敬畏：生态与政治的神学意蕴

在神学的叙事场景中，生态世界与政治世界是相互融合在一起的。在人类的童年时期，神话都建立在万物有灵的基础之上，人和万物都是神的创造物，中国远古神话中的盘古开天、女娲补天等故事；古希腊神话中主管雷霆、雨水的众神之主宙斯，农业、大海之神波塞冬，山林、荒野之神阿尔忒弥斯，大地、植物女神德墨忒尔等神话主体的神话传说，都表达了童年的人类对万物生成、宇宙演化的最初思考。盘古、女娲、宙斯、波塞冬等神话符号预示着具有人格特征的神灵对生态万物的权力想象，这种权力想象始终存在于漫长的人类世界与生态（万物）世界关系的不断生成和变化之中。由于人类对大自然探索、认知的有限性、局限性，强大的自然力量远远超越了人的认知力量和实践力量，在恐惧和惊奇之中，各种自然崇拜便扎根在人类观念和行为的深处，比如，风婆雷公、山神河伯、树精虫怪等，神学自然的存在一方面显现了自然力量的神秘和强大，另一方面也暗示着人对自然的祛魅和控制自然的强烈冲动，这些冲动体现在夸父逐日、精卫填海、普罗米修斯为人类带来火种等神话叙事之中，诸如夸父、普罗米修斯这样的个体的神话英雄对自然的祛魅和支配只不过是远古人类对自身局限性的神秘想象。当人类进入了政治社会，神学自然便催生出神学政治的到来。

一、传统中国视野下的天人感应与灾异天谴①

在中华文化的历史长河中，生态与政治的神学想象肇始于五帝时代，为了寻求政治权力的合法性和合理性的源泉，颛顼“依鬼神以制义”，帝喾“明鬼神而敬事”，尧、舜、禹的权力交接必荐于天、必受于天。夏、商两朝，弥漫着“君权天授”的意识，“天”被当作主宰一切的最高人格神，也是授予君权的恩赐者，夏的统治者打着“有夏服天命”的旗号诠释统治的合法性，“成汤灭夏”后，商君以“替天行道”之名强化“政由天启”的神秘政治观。西周开始，“君权天授”的意识开始淡化，“天命”与“民心”相连，“天”不再是君临人间的最高主宰者，“民心”就是“天命”，就是最大的政治。从殷人对上帝的崇拜到周人对天的信仰，从天命靡常到以德配天，从以德配天到敬德保民，从天降丧乱到职竞由人，“天”在中国典籍中具有丰富的内涵，既是自然之天又是神秘之天，既是救赎之天又是皇权之天。统治者借助“天命”的力量实现生态与政治的和解，当生态灾难威胁到政治稳定的时候，统治者通过自责、反思、调整公共政策等手段缓解或消除生态灾难对政治体系的伤害。

---

① 该部分已作为项目阶段性成果公开发表。参见张首先．天人感应与灾异天谴：传统中国自然与政治的逻辑关联及历史面相［J］．深圳大学学报（人文社会科学版），2019（1）：147-161.

（一）自然变化与政治祭祀：先秦社会生态与政治的神学意蕴

《礼记·月令》中记载了大量的政治祭祀、政策法令与日月运行、四季变化的相互作用、相互影响，充满了自然与政治的神学意蕴。据《礼记·月令》记载，先秦社会的政治运行（包括政治祭祀、政治法令等）与一年四季的自然变化是相互对应的，春季、夏季、秋季、冬季的政令与祭祀各不相同，如果时序与政治祭祀、政治法令颠倒就会招致灾害、祸乱。一年四季春夏秋冬，每一个季节都有相应的尊崇之帝、敬奉之神、祭祀之神，春季的尊崇之帝、敬奉之神、祭祀之神分别是大皞、句芒、户神；夏季的尊崇之帝、敬奉之神、祭祀之神分别是炎帝、祝融、灶神；秋季的尊崇之帝、敬奉之神、祭祀之神分别是少皞、蓐收、门神；冬季的尊崇之帝、敬奉之神、祭祀之神分别是颛顼、玄冥、行神。一年十二月，每一月的太阳居于不同的位置，天子针对自然环境的变化，举行不同的祭祀，颁发不同的政令，自然与政治紧密联结并且蕴含在神秘祭祀之中。

孟春正月，太阳的位置在营室，天子在立春之日举行迎春祭祀；本月天气下降、地气上升，草木萌芽、动物产卵、生机盎然、生命萌动，天子下令“禁止伐木。毋覆巢，毋杀孩虫、胎、夭、飞鸟。毋麛，毋卵。毋聚大众，毋置城郭。掩骼埋胔”。（《礼记·月令》）

仲春二月，太阳的位置在奎宿，燕子飞来之日，天子和后妃率领的后宫一起祭祀高谋之神，祈求保佑怀孕的嫔妃生育男儿；本月桃花开放，花蕾初绽，黄鹏鸣叫，幼鸟跳跃，雷乃发声，蛰虫咸动；天子下令“毋竭川泽，毋漉陂池，毋焚山林”。（《礼记·月令》）

季春三月，太阳的位置在胃宿，天子选择吉日，亲率三公、九卿、诸侯、大夫观看音乐舞蹈，命令国都的居民举行驱鬼仪式；本月生气方盛，萌者尽达，梧桐开花，水中生萍；天子下令“修利堤防，道达沟渎，开通道路，毋有障塞。田猎罝罘、罗网、毕翳、餧兽之药，毋出九门”。（《礼记·月令》）

孟夏四月，太阳的位置在毕宿，立夏之日，天子亲率三公、九卿、大夫到南郊斋戒迎夏；本月草木茁壮，绿色葱茏，麦苗成熟，菜籽成形；天子下令“毋起土功，毋发大众，毋伐大树”“毋害五谷，毋大田猎”。（《礼记·月令》）

仲夏五月，太阳的位置在东井，天子命令有关官员祭祀名山大川向天帝祈雨；本月昼长夜短，阴阳分争，小暑来到，蝗娘出生，伯劳鸣叫，半夏出苗，木槿开花；天子下令“民毋艾蓝以染，毋烧灰，毋暴布”“止声色，毋或进。薄

滋味，毋致和。节嗜欲，定心气”。（《礼记·月令》）

季夏六月，太阳的位置在柳宿，天子命令主管山林川泽的官员集中草料饲养牺牲准备祭祀皇天上帝、名山大川、四方神灵，为国求安、为民祈福；本月树木方盛，土润溽暑，阳光灿烂，大雨时行；天子下令“虞人入山行木，毋有斩伐。不可以兴土功，不可以合诸侯，不可以起兵动众，毋举大事，以摇养气”。（《礼记·月令》）

孟秋七月，太阳的位置在翼星，立秋之日，天子亲率三公、九卿、诸侯、大夫在西郊设坛祭祀迎秋；本月秋风渐起，天气渐凉，瓜果飘香，农乃登谷；天子“命百官，始收敛。完堤防，谨壅塞，以备水潦。修宫室，坏墙垣，补城郭”。（《礼记·月令》）

仲秋八月，太阳的位置在角宿，天子命令太宰、太祝检查准备祭祀的牺牲，是否符合祭祀的要求；本月杀气浸盛，秋风瑟瑟，阳气日衰，秋叶凋零，大风起扬，燕子南归，群鸟储物；天子“乃命有司，趣民收敛，务畜菜，多积聚。乃劝种麦，毋或失时”。（《礼记·月令》）

季秋九月，太阳的位置在房宿，天子遍祭五帝，祭祀宗庙；本月寒霜始降，草木黄落，蛰虫咸伏；天子“乃命冢宰，农事备收，举五谷之要，藏帝藉之收于神仓，祗敬必饬”。（《礼记·月令》）

孟冬十月，太阳的位置在尾宿，立冬之日，天子亲率三公、九卿、大夫到北郊行迎冬之礼；本月风霜雨雪、天寒地冻，植物凋零，动物冬眠；天子“命百官谨盖藏。命司徒循行积聚，无有不敛”。（《礼记·月令》）

仲冬十一月，太阳的位置在斗宿，天子命令有关官员祭祀四海，祈求福佑；本月日短至，阴阳争，寒霜冻，水冰结；天子下令“山林薮泽，有能取蔬食、田猎禽兽者，野虞教道之；其有相侵夺者，罪之不赦”。（《礼记·月令》）

季冬十二月，太阳的位置在婺女，一年的最后一月，天子下令各级官员、庶民百姓完成皇天、上帝、社稷、寝庙、山林、名川等各种大小祭祀；本月大雁北飞，乌鹊筑巢，野鸡鸣叫，天子“命农计耦耕事，修耒耜，具田器”。（《礼记·月令》）

先秦社会的政治祭祀虽名目繁多，比如：祭天之礼、祭地之礼、祭四时之礼、祭司寒之神、祭司暑之神、祭日月星辰之神、祭水旱之神、祭四方之神、祭天下名山大川之神，但也不是见物就祭、见神就拜。① 圣王制定的原则有：凡是德行为范的、因公殉职的、建国有功的、为民除害的、救民于水火的，这些圣贤英雄，都是后生晚辈尊奉、祭祀的对象，还有日、月、星辰、山林、川谷、丘陵，它们为百姓区分四时，安排农事，为生民提供生存之源，理应受到生民的尊奉。当然，这些祭祀中，大多数祭祀都是政治层面的，极少数是庶民之祭，不同的层次安排不同的祭祀，不是任何人都可以举行各种祭祀活动，祭祀的形式和内容都有严格的规制，天子之祀、诸侯之祀、大夫之祀、适士之祀、百姓之祀等有明确的规定，不能逾矩和越轨。比如：天子祭祀七神，诸侯祭祀五神，天子和诸侯共同祭祀四神：司命之神、中溜之神、国门之神、国行之神，天子加三神：泰厉之神、户神、灶神；诸侯加一神：公厉之神；大夫祭祀三神：族厉之神、门神、路神；适士祭祀二神：门神、路神；普通百姓只祭一神：祭户神（或祭灶神）。（《礼记·祭法》）先秦社会的诸神崇拜，表面上看是五花八门，实则是天（日、月、星）、地（山、川、林）、人（德行高尚之人）相通，天地人相互依存、共为一体，“天地”是人之天地，“人”是天地之人，天地因人而被赋予价值和意义，人因天地而获得生存之本，通过诸神（实际上是万物之神）崇拜，自然与政治笼罩在一片神性的光辉之中，人与人的关系、人与自然的关系便在“祭祀”的神性沟通中自然融为一体。

（二）灾异之本与国家之失：传统中国生态与政治的逻辑关联

自从“天”的“自然”意义被发现和确立以后，人类力量和智慧的聚集开始破解神化政治和神秘自然，神性的力量开始转化为人性的力量，人们开始理解：主宰人类命运的并不是上帝而是人类自身。但是，这种理解和认识却是人类生活中最漫长和困难的。春秋之前，先民们对“天”的神性力量是难以破解的，要破解“神性”的密码需要人类积累丰富的知识和经验，需要科学和技术的渗透和解码，春秋之后直至清朝末年，虽然“天”的神性色彩没有以前浓郁，但是在自然与政治的场域中，自然灾变同样和政治运行有一定关联。自然与政治的神学意蕴仍然弥漫在漫长的中国封建社会之中。

汉儒董仲舒在儒家天人合一的基础上建构了一套系统的天人感应、灾异天

① 《礼记·祭法》中有明确规定：“夫圣王之制祭祀也：法施于民则祀之，以死勤事则祀之，以劳定国则祀之，能御大菑则祀之，能捍大患则祀之”，“及夫日月星辰，民所瞻仰也；山林川谷丘陵，民所取材用也。非此族也，不在祀典。”

谴理论，他认为，天地人为“三端”，“三端”合以成体、手足相依，而贯通于“三端”者，王也，王者“取象于天”，故为天下之尊，对“王”字的结构分析，董仲舒主观地认为，只有天下之“王”者才具有融通天地人的地位和能力，才能为“天地”之心和人之心的归心为“一”提供政治担保。董仲舒通过阴阳五行、“同类相感”的方法打破了天人之间的各种障碍，实现了天与人之间的直接通达，而“王者”贯穿天地人、融合天地人，王权既来之于天又受之于天，从而在天（自然）与政治之间开辟了神秘通道，正因为“天”“人”之间的相互通感、相互映照，“天”通过“灾”“异”现象表达对“人”的不正当行为的不满，而人的不正当行为所造成的恶果通过“灾”“异”现象遭到惩罚。董仲舒认为：“灾者，天之谴也；异者，天之威也。谴之而不知，乃畏之以威。”“凡灾异之本，尽生于国家之失。国家之失乃始萌芽，而天出灾害以谴告之；谴告之而不知变，乃见怪异以惊骇之；惊骇之尚不知畏恐，其殃咎乃至。”① 董仲舒对“灾”“异”现象的政治分析，建构了自然与政治的内在逻辑。“灾异之本”在于“国家之失”，而“国家之失”主要在于君主之失，天地之化伤在于世乱民乖，万物之美起在于世治民和。如果志僻气逆，就会灾难重生，不仅有自然之灾，也有社会之害，更有政治之危；如果志平气正，就会兴旺昌盛，不仅天地大美，而且政治清明。董仲舒认为，一国之君应该担当保持政治清明的责任，而政治是否清明会通过万物感应表现出来，如果政治浑浊，天地之灾就会突兀而起。

其实，天人感应与灾异天谴的观念最早可追溯到远古时代的占星术，在浩渺辽远的天文观测中，人们一方面通过“耳目之观”观察一定的感性的、朴素的粗糙的天文现象，为远古人类的生产、生活提供知识和经验的指引；另一方面也对当时很多无法理解的自然奥妙产生崇拜和敬畏之情。在《诗经》《尚书》《左传》等古典文献之中也有大量描述，“维天之命，于穆不已”（《诗经·周颂·维天之命》），“天命降监，下民有严。不僭不滥，不敢怠遑”（《诗经·商颂·殷武》）。天与人之间发生感应，天命难违，天命不能违。“弗敬上天，降灾下民”（《尚书·周书·泰誓上》），如果不敬信上天，天就会降灾于民；“天视自我民视，天听自我民听”（《尚书·周书·泰誓中》），“百姓有过，在予一人”（《尚书·周书·泰誓中》）。天和民相通，天无对错，对错在民，而民之

① 苏与．春秋繁露义证：第8卷［M］．钟哲，点校．北京：中华书局，1992：259.

错，责任在君，上天的看法和听闻就是老百姓的看法和听闻，对老百姓产生的任何过失，责任都由君主一人承担。《左传·昭公·昭公七年》中说："国无政，不用善，则自取谪于日月之灾"① 等。天人感应与灾异天谴的内在逻辑表现为：自然的灾异现象是由于人的活动改变了宇宙自然中的阴阳和谐，阴阳失调导致灾异发生，要使阴阳和谐就必须纠正人世间引起阴阳失调的不正当的活动。当然，自然的灾异现象与人世间的不正当活动有一定的联系，但对这种联系的阐释如果缺乏科学的维度势必造成不同程度的主观任意性，历史地看，当天人感应观在传统政治运行中发生作用时，对"天人感应""灾异天谴"的话语权的掌握在一定程度上与个人的政治命运和国家的政治稳定紧密关联。

（三）天人感应与灾异天谴：传统中国生态与政治的历史回响

辩证地看，一方面，传统中国的天人感应与灾异天谴在一定程度上具有积极意义，主要表现在对君权任性有一定的限制，对不恰当的政策措施有一定的纠偏功效，对敬畏自然、协调人与自然之间的关系有一定的平衡作用。另一方面，对"天人感应""灾异天谴"现象的主观阐释却带来了不同程度的政治乱象。

第一，通过天人感应与灾异天谴而罪己思过。《后汉书》中有大量记载，汉文帝因日食下诏，责备自己"人主不德，布政不均"；汉武帝因陨霜杀草而大赦天下；汉宣帝因地震而引咎自责，从而反省"伤兵重屯，久劳百姓"之举，最后罢兵息武；汉顺帝时期野狼出没，伤害无辜百姓，顺帝下诏书说，望都、蒲阴地方发生狼吃人的事件，是因为"怠慢废典""淫刑放滥"，"政失厥中，狼灾为应"，为政者要"详思改救""举正以闻"。②

从《宋大诏令集》来看，北宋时期灾异发生频繁，每逢灾异发生，君主必下诏"罪己"，"罪己"的目的是收揽民心，谋求社会稳定、天下太平。宋太宗端拱二年（公元989年），春夏少雨，秋冬又无雨雪，导致旱灾严重，宋太宗于是下《罪己御札》："万方有罪，罪在联躬……当与卿等审刑政之阙失，念稼穑之艰难，恤物安人，以祈元祐。"③ 宋仁宗嘉祐元年（公元1056年），京师大雨不止，江河决溢，民多流亡，宋仁宗自责："此皆朕德不明，天意所谴，致兹灾

① 杨伯峻．春秋左传注：第4册［M］．北京：中华书局，1981：1288.
② 严可均．全后汉文：第7卷［M］．北京：中华书局，1958：508.
③ 宋大诏令集［M］．北京：中华书局，1962：561.

潦，害及下民。”并对自己的过失进行分析，“邦治未孚，王政多阙。赏罚有所不当”，自己的政治过失，殃及了老百姓、破坏了自然环境，引起了“民冤”和“天灾”，“既民冤失业者众，则天灾缘政而生”。①

明太祖朱元璋重视“天人感应”以及灾异的警戒作用，他经常告诫左右，“灾异乃上天示戒”，“嘉祥无征而灾异有验”，每逢灾害发生，朱元璋就自我反省，“日新其已”，洪武十年（公元1377年）十月，因出现荧惑犯舆鬼的星象，朱元璋告诫大臣务必“以德禳灾”。清康熙帝因“水旱频仍，灾异迭见”而反躬自省，向天下颁布“登进贤良，与民休息”的政纲。

雍正八年（公元1730年），京师大地震，由于“上天儆戒”，雍正“夙夜祗惧”，为了稳定灾后政局、安定民心、以戴天恩，雍正“假天道以推政事”，多次发布罪己诏。

在“灾异天谴论”的影响下，不仅皇帝在自然灾异面前罪己思过，大臣及各级官员都把自然灾害与自身的政治命运联系起来，面对自然灾害，大臣们往往对自身的官德、政声进行检讨。例如，两汉时期，汉成帝建始四年（公元前29年）冬十月，由于天涨大水，洪水冲垮河堤，大臣以死谢罪，“御史大夫尹忠以河决不忧职，自杀”（汉书·成帝纪）。唐代诗人白居易在杭州任刺史时，杭州地方旱情严重，老百姓生活困难，白居易心中忧虑，责备自己“愧无政术”，“不敢宁居”。② 元稹任地方官时，当地发生自然灾害，元稹感叹道：“吾闻上帝心，降命明且仁。臣稹苟有罪，胡不灾我身。胡为旱一州，祸此千万人。”③ 正如《韩诗外传》中说：“阴阳不和，四时不节，星辰失度，灾变非常，则责之司马；山陵崩竭，川谷不流，五谷不植，草木不茂，则责之司空。”司马、司空虽不是皇帝，但要担当责任，罪己思过。所以，清人赵翼在总结两汉的历史时说，“灾异天谴论”对两汉影响很大，从汉诏的内容来看，确实存在“汉诏多惧词”，这一现象反映了两汉时期的政治之域深深渗透着“天人感应”的文化理念，正因为“汉诏多惧词”，在一定程度上，君主有所“惧”，权力才有所制约，才出现了两汉时期的政治实践没有陷入历史上暴君当道的轮回，虽然两汉最终衰落了，但两汉之衰，有庸主，而无暴君。

---

① 宋大诏令集［M］．北京：中华书局，1962：571.

② 白居易．白居易集：第3卷［M］．北京：中华书局，1979：900.

③ 李军．自然灾害对唐代地方官员的政治影响论略［J］．郑州大学学报（哲学社会科学版），2014，47（4）：137-141.

第二，通过天人感应与灾异天谴而修正过失。除了君主通过“天人感应”罪己思过以外，自然灾害的发生在一定程度上与采取的政策措施有关，通过对政策措施的调整，能够解决人与自然的不和谐状况。两汉时期，根据自然灾异的情况，调整公共政策的政治现象比比皆是，比如，汉武帝元狩元年（公元前122年）冬十二月，时值大雪封冻，老百姓大多被冻死，武帝下诏，“年九十以上及鳏、寡、孤、独帛，人二匹，絮三斤；八十以上米，人三石”。元鼎三年（公元前114年）秋九月，关东大水，老百姓“饥寒不活”，成千上万的人被饿死，武帝下诏曰：“仁不异远，义不辞难”，诏告普天之下，凡“有振救饥民免其厄者，具举以闻”。（《汉书·武帝纪》）

汉宣帝本始四年（公元前70年）夏四月，大部分地区发生地震，“山崩水出”，老百姓受灾惨重，宣帝下诏罪己思过，说“朕承洪业”“未能和群生”，诏令全国，“被地震坏败甚者，勿收租赋”；地节四年（公元前66年）春，由于老百姓连年受灾，加之赋税太重，父母去世了都无钱安葬，宣帝下诏说：“父母丧者勿徭事”，把父母养老送终，“尽其子道”。（《汉书·宣帝纪》）

汉元帝初元元年（公元前48年）夏四月，由于关东受灾，五谷不丰，“民多困乏”，特颁布《免灾民租赋诏》，要求受灾百姓“毋出租赋”；九月，关东自然灾害十分严重，出现了“人相食”的悲惨状况，元帝下诏说，“黎民饥寒”“惟德浅薄”，下令“太仆减谷食马，水衡省肉食兽”。（《汉书·元帝纪》）

汉成帝鸿嘉元年（公元前20年）春二月，由于连年大水、干旱、地震等自然灾异现象不断发生，成帝下诏说，因为自己“德不能绥，刑罚不中”“寒暑失序”“百姓蒙辜”，所以诏告国民，“赐天下民爵一级”“加赐鳏、寡、孤、独、高年帛”。鸿嘉四年（公元前17年）春正月，由于青、幽、冀等地水旱特别严重，大多数农民流离失所，老百姓生活非常艰难，成帝诏告天下，“被灾害什四以上，民赀不满三万，勿出租赋。逋贷未入，皆勿收”。（《汉书·成帝纪》）

汉光武帝建武二十二年（公元46年）秋九月，南阳大地震，房屋倒塌无数，人员伤亡惨重，光武帝诏令天下，“赐郡中居人压死者棺钱，人三千。其口赋逋税而庐宅尤破坏者，勿收责”。建武三十一年（公元55年）夏五月，全国大部分地区发生大水灾，光武帝下诏，凡“鳏、寡、孤、独、笃癃、贫不能自存者粟，人六斛”。（《后汉书·光武帝纪下》）

汉和帝永元七年（公元95年）秋七月，易阳等地发生地裂，到了九月，京师等地发生地震，接连的地震灾荒给老百姓造成了严重饥荒。永元八年（公元96年）春二月，汉和帝诏告天下，“鳏、寡、孤、独、笃癃，贫不能自存者粟，人五斛”。永元九年（公元97年）春三月，陇西发生强烈地震；六月，多地发生蝗灾、旱灾，农业严重歉收，老百姓生活困难，和帝下诏，“秋稼为蝗虫所伤，皆勿收租”。（《后汉书·孝和孝殇帝纪》）

汉安帝永初元年（公元107年）冬十二月，各地发生地震、暴雨、狂风、雨雹等多种自然灾害。永初二年（公元108年）夏六月，京师等大部分地区发生大风、大水和雨雹，老百姓饥寒交迫、流离失所，到处呈现“万民饥流”的悲惨景象。永初三年（公元109年）春三月，百姓生活更加困难，京师等地出现大饥，“民相食”的人间惨剧，安帝罪己责己，哀痛长叹，面对人吃人的惨景“永怀悼叹”，责备自己“咎在朕躬”，诏告天下：“以鸿池假与贫民”，并免去司徒鲁恭的职务。（《后汉书·孝安帝纪》）安帝延光四年（公元125年）冬十一月，京师等地发生大地震，十二月“京师大疫”，自然灾害和疫病流行，百姓病死无数。

永建元年（公元126年）春正月，顺帝下诏曰：“鳏、寡、孤、独、笃癃、贫不能自存者粟，人五斛；贞妇帛，人三匹。坐法当徙，勿徙；亡徒当传，勿传。”永建三年（公元128年）春正月，京师发生大地震，汉阳土地陷裂。顺帝紧急下诏，凡在地震中受伤害的“赐年七岁以上钱，人二千”，凡全家遇难的“郡县为收敛”，免去受灾地区汉阳百姓的田租、田赋等。（《后汉书·孝顺孝冲孝质帝纪》）。

除两汉外，其余各代都有类似情形，比如，宋代在出现自然灾异时，为了防止社会动乱，维持社会稳定，收买百姓民心，皇帝会根据灾异的情况赦降天下，据《宋大诏令集》记载：灾异的程度不同，对应的赦降等级不同，分别对应为“大赦”“德音”“曲赦”“录囚”等，当出现彗星、星变之类的特殊天文现象及蝗灾、霖雨、宫禁火灾等严重的自然灾异时，对应的赦降是“大赦”（除了谋杀、贪赃、故意杀人等罪大恶极罪犯者之外，其余罪犯皆可释放）；当出现旱灾、雨灾、大风、雪灾、日食等比较严重的灾异现象时，对应的赦降是“德音”（除了十恶、贪赃、谋杀死罪不赦降外，其余死罪依次降为流罪、徒罪，徒罪以下免罪释放）；凡涉及旱灾、火灾等一般的自然灾异时，对应的赦降是“曲赦”，“曲赦”指因特殊情况而赦免罪犯的行为；凡遇大灾之年，统治阶级都要对囚徒所犯之罪重新审视，发现冤情立即予以更正，这种赦降方式称为“录囚”。[1] 比如，宋真宗天禧二年（公元1018年）四月，真宗因蝗灾而赦天下，“除十恶罪至死及已杀人不赦外，余死罪降从流，流以下并释之”。[2]

第三，通过天人感应与灾异天谴而敬畏自然。“自然”是一种客观存在，“自”者自主也，“然”者如此也，亚里士多德对“自然”的理解比较深刻，认为“自然”是自我实现的内在根据，是“自身具有运动源泉的事物的本质”。老子认为，自然有自身的运行法则，不以人的主观意志为转移，“辅万物之自然而不敢为”（《道德经·第六十四章》），亚里士多德和老子都认为，“自然”是一种自主之存在，既然是一种自主之存在，那么，“自然”运行的规律就不能被违背。庄子认为，“无以人灭天，无以故灭命”（《庄子·秋水》），如果人不遵循自然法则就会破坏自然，如果人的行为任意妄为就会破坏自然规律而毁灭天命。天人感应与灾异天谴的观念尽管有很多负面影响，但是，在“敬畏自然”这一点上，确实发挥很大的作用，“商汤祷雨”敬天敬地，担万夫之过，为万民祈福。传统中国的历代君主事迹中，像“商汤祷雨”的故事还比较多，在天人感应与灾异天谴的影响下，罪己思过者有之，重修朝纲者有之，大赦天下者有之，等等。总之，取财于地、取法于天、感恩天地、敬畏自然是中国传统文化的重要元素之一，尤其是在各种传统祭祀文化中体现得更为全面，敬天、敬地（土地神）、敬山川万物（五岳、四渎）等，传统中国的“祭祀”不仅仅是一种仪式，而是一种发自内心的、真诚的尊天亲地的敬仰之情。比如，西汉时期在郊外设坛祭祀天地山川的“郊祀”活动不仅仅是私人仪式更是国家仪式，先秦社会早已存在的“社祀”（“社”即土地神），表达了古代先民对土地养育之恩的感激，这一活动在西汉时期更加盛行，并上升到国家制度。汉武帝时期，山川郊祀得到很大重视，祭遍了五岳、四渎；汉宣帝时期，对五岳、四渎的祭祀逐步制度化、常规化。古代先民之所以尊天亲地、敬畏自然，除了统治阶级利用天人感应与灾异天谴这一观念获取统治的合法性外，关键是先民们有一个最直观、最朴素的感受，那就是人的所有生存之物均来自大自然。

当然，传统中国的天人感应与灾异天谴在一定程度上体现了对自然的敬畏

---

① 徐红，管延庆. 从儆灾诏令看北宋君主对天文灾异的应对［J］. 湖南科技大学学报（社会科学版），2012，15（1）：108-112.

② 宋大诏令集［M］. 北京：中华书局，1962：565.

和对政治的检省，但由于缺乏科学依据，对天人感应与灾异天谴的主观阐释容易产生含义的多样性，甚至歧义性。离开“科学”解释，“任性”就有很大的空间，对同一自然现象，不同的人站在不同的角度、出于不同的动机、谋求不同的目的，阐释的含义不可能完全一样，尤其在政治生活中，围绕政治权力的激烈争夺，谁牢牢掌握话语权，谁就会在政治权力斗争中占据一席之地。比如，日食现象，有时被解释为大臣专权、功高盖主；有时被解释为后宫放纵、后院不宁；有时被解释为皇帝赏罚不明、大臣冤屈；有时被解释为丞相不才、奸佞当道；等等。汉元帝时期，由于阐释自然灾异话语权的原因，以儒生身份为代表的萧望之集团与以宦官背景为代表的石显集团进行了长达五年的政治斗争，对自然灾异的不同阐释，直接导致了双方政治命运的起伏不定。①

二、古典文明视域中的自然神化与政治神化

人类古典文明中神-人-物的关系是通过自然神化与政治神化展现出来的。古希腊神话展现了人-神共体、人-神共居、人-神-物亲缘的关系演变；古埃及神话在万物皆神的理念中凸显了自然崇拜、亡灵崇拜以及人-神系统的转化、循环的认知模式；古印度神话彰显了诸神的位阶和等次，在婆罗门教中体现得尤为充分，婆罗门教所信奉的神涵括自然之神、祖先之神、英雄之神等，诸神之间有层次之分和等级之别，通过自然崇拜、祖先崇拜、英雄崇拜演绎出种姓歧视、阶层固化的政治现象。

（一）“人-神”共居与“人-神”亲和：古希腊神话中的人-神关系

古希腊神话中的“斯芬克斯”之谜和“那喀索斯”之死向人提出了严肃的忠告：“斯芬克斯”之谜提出了“人是什么”的认识论问题，人如何认识自己的问题一直以来都是一个亘古而又弥新的人类学命题，如果人自身都不能回答“人是什么”“什么是人”的问题，那么人就肯定会走向必然灭亡的命运；“那喀索斯”之死提出了“人该怎样存在”的生存论问题，人之所以能够生存、发展意味着人不能高高在上、不能自我独大、不能孤芳自赏、不能沉迷于自我镜像之中，人没有“自我独大”的权利，“只爱自己，不爱别人”的“那喀索斯”只好憔悴而死。人实际上是非常脆弱和柔软的生物，离开其他万物，人一刻也

① 蔡亮．政治权力绑架下的天人感应灾异说［J］．中国史研究，2017（2）：63-80.

不能生存，人最强大的方面是：人是一个有“思想”的存在，但是，人如果一旦有了“自我独大”的思想，那么，人的前方就会敞开“那喀索斯”之域。荷马神话所展现的是神人共居的时代，说明神的谱系是人类谱系的源头，《伊利亚特》《奥德赛》《工作和时日·神谱》从不同的方面描述了神-人之间的关系。《伊利亚特》主要描述的是神对人的支配和主宰，人世间的一切事务都由神来安排和主管，无论年龄、睡眠、遗忘还是爱情、争吵、欺骗等。但是，神对人的命运主宰也不是一个神说了算，神与神之间也有分歧和斗争，神也有不公正、不理性的一面，比如：普罗米修斯把宙斯扶上权力的宝座，但宙斯在权力的光环中，更加专制和邪恶。宙斯的专制和邪恶遭到了普罗米修斯的批判，但任何批判在专制和邪恶面前，都是无用和无力的。虽然普罗米修斯是宙斯权力的扶植者，但宙斯却用普罗米修斯“扶植”的权力来惩罚普罗米修斯。《奥德赛》主要描述的是神对人已经开始疏远，人的命运不再由神来决定，而是自己决定的，人一旦丧失了理智、违背了道德、损害了他人的利益，悲惨命运就会降临，神只能提出忠告而无法干涉。稍晚的荷马神话描述的是神-人之间的对立，赫思俄德在《工作和时日·神谱》中阐明了历史退步论的观点，历史退步论表明人和神的距离越遥远，人越堕落和不幸。人类的第一代是黄金种族，那时候土地肥沃、资源丰富，人人相亲，没有忧伤和劳累，没有衰老和死亡；第二代是白银种族；第三代是青铜种族；第四代是英雄种族；第五代是黑铁种族，此时土地贫瘠、资源短缺，人人相争，劳苦不堪，罪恶遍身。在赫思俄德的神话里神有好坏之分，一种是友好之神，一种是罪恶之神，友好之神给人和睦、幸福，普罗米修斯是友好之神的代表；罪恶之神给人战争、残酷，宙斯是罪恶之神的代表，宙斯制造的潘多拉盒子，把不幸放飞人间，却把希望留在瓶中。

总的来看，古希腊神话中虽然描绘了人-神之间的疏远、对立，但大多描绘的是神人共居与天地和谐的美好生活，大地女神盖亚是生态和谐的符号象征，盖亚的大地母亲的形象表明了人与自然万物是相互依存的生命整体。英国科学家詹伍斯·拉伍洛克（James Lovelock）把人与自然和谐共生的生命状态称为“盖亚定则”，“盖亚定则”是人类生存发展的“铁律”，任何时候都不能疏忽和违背。在古希腊神话体系中，大地女神盖亚造就并维持了大自然生机勃勃、自然生长的繁荣景象，让人与神“诗意地栖居”在美好的黄金时代。神的生活无忧无虑；人的生活也无忧无虑，神不知痛苦、没有恐惧，人也不知痛苦、没有恐惧。“土地不需耕种就长出丰饶的五谷，溪中流的是乳汁和甘美的仙露，青寒的棕树上流淌出黄蜡般的蜂蜜。”①

古希腊神话中，人、神与自然万物之间存在亲缘-养育关系。比如，从没药树中诞生出来的俊美男神阿多尼斯，阿多尼斯每年死而复生，永远俊美；被称为谷物女神的德墨忒尔与海神波塞冬生出神马阿瑞翁。母狼哺育了弥勒托斯，山羊喂养了众神之主宙斯，武士是蛇齿种到泥土里长出来的，等等。古希腊神话蕴含着深沉的生态环保意识，通过神话的形式谴责和惩罚了各种破坏生态的行为，比如，作为特洛伊战争中希腊联合远征军统帅的阿伽门农，因为射死了一只鹿，只能拿自己的女儿当祭品；特萨利亚王子厄律西克同为了扩大耕地，乱砍滥伐橡树，神对他进行了严厉惩罚，让他欲壑难填，永远吃不饱，当他吃完了所有的家产后，最终吃掉了自己；德律俄珀因摘下一棵树上的花枝，而变成一棵忘忧树。

古希腊神话中同样反映了人-神对自然规律的尊重，无论是谁，只要违背了自然规律，都会遭到大自然的严厉惩罚。太阳神赫利俄斯的儿子法松，因驾驶太阳车任意妄为，违背了太阳运行的规律，导致地面着火、水源枯竭、生命遭遇浩劫，最后宙斯用雷电击死了他。② 古希腊神话在一定程度上是古希腊政治、经济、社会的影射，在权力面前，诸神各展神通。雅典城邦是民主政治的城邦，谁对雅典城邦享有护卫权，不是由神自己来决定，而是由雅典公民通过投票来决定，雅典公民投票的行为是自由的，不受诸神的强制和命令控制。在诸神争夺雅典护卫权的过程中，雅典公民把票投给谁，取决于谁能满足雅典百姓的需求，帮助雅典人过上快乐而富足的生活。争夺雅典护卫权最终在海洋之神波塞冬和智慧女神雅典娜之间上演，这是一场强力与智慧的较量。海洋之神波塞冬用他的神力让雅典土地上冒出汩汩海水，海水的泛滥让雅典人非常害怕；智慧女神雅典娜用她的神力让希腊的农田长出一大片枝繁叶茂的橄榄树，橄榄树全身是宝，给雅典民众带来了好处，橄榄果既可食用又可榨油，橄榄枝可以在夜间作为火把来照明。雅典娜给希腊人带来了获得感和幸福感，最后雅典娜赢得了人民的爱戴，获得了护卫权，成为雅典城邦的守护神。

---

① 晏立农，马淑琴．古希腊罗马神话鉴赏辞典［M］．长春：吉林人民出版社，2006：253.

② 吴超平．生态整体主义思想的“史前史”——古希腊神话中的生态整体意识［J］．南京师范大学文学院学报，2012（1）：106-111.

（二）万物皆神与无限循环：古埃及神话中的“人-神”系统

如果说古希腊神话展现了人-神共居到人-神亲和的关系演变，那么古埃及神话更凸显了万物皆神以及人-神系统的无限循环的理念。古埃及人对自然非常崇拜，古埃及的神话体系建立在万物有灵和自然循环的基础之上，在古埃及的世界中，只要对人类有益，万物都是神的现身。比如，无花果树是神灵，棕榈树是神灵，黄瓜是神灵，葡萄、小白菜也是神灵。因为无花果可以充饥，棕榈树可以遮阴，各种蔬菜瓜果是人类生活的必需品。虽然万物都有神位，但埃及人最信奉的是三大神，一是太阳神，二是尼罗河神，三是亡灵之神。古埃及对太阳崇拜是因为太阳是创造之神，太阳创造了人世间的牛、羊、兔，花、草、树等，一切生命都是太阳创造的，对太阳的崇拜就是对自然的崇拜和对生命的崇拜。古埃及人对太阳神的崇拜是真诚的，对早、中、晚的太阳，都有不同的称谓，早上的太阳霞光万丈，称之为“凯普瑞”；中午的太阳当空直照，称之为“拉”；傍晚的夕阳红霞漫天，称之为“阿图姆”；在埃尔-阿玛纳陵墓的墙壁上雕刻着很多对太阳神的赞美诗，“太阳神”创造了山川河谷，创造了人间万物，太阳的出现“使牲畜们心花怒放，飞禽在沼泽中扇动着翅膀亮相”。①

尼罗河滋养了古埃及文明，是埃及文明的生命。尼罗河水周期性的涨落以及两岸植物的周期性枯荣，演绎出大自然生生不息、季节变迁的规律，尼罗河神正是自然周期性循环的象征。古埃及人对尼罗河的崇敬和赞美非同一般，在埃及第 19 王朝时期的“尼罗河颂歌”中得到鲜明的体现，尼罗河的乳汁哺育了埃及无数的生命，滋养了大地万物，培育了大麦、小麦，给埃及人带来了硕果累累的丰收喜悦，“赞美你啊！尼罗河！……一旦你的水流减少，埃及人就停止了呼吸”。② 在古埃及文明中，尼罗河确实是埃及文明的母亲，尼罗河的生态状况直接影响埃及文明的兴衰存亡，考古学家研究发现，在公元前 1279—公元前 1213 年，古埃及拉美西斯二世时期尼罗河发生过惨痛的自然灾难。这一时期，尼罗河流域高温干旱，导致尼罗河河床干涸、满是泥泞，有毒淡水藻大量繁殖，把浅浅的河水染成血红色，由于水藻泛滥、水源缺乏，青蛙灭亡，虱子、苍蝇暴生，瘟疫流行。对尼罗河神的崇拜是埃及文明的题中之义，无论是古埃及的神灵还是古埃及人都在共同维护人-神系统以及整个生态系统的正常循环。埃及

① ERMAN A. Life in Ancient Egypt［M］. New York：Dover blications，Inc.，1971：262.

② SAYCE A H. Records of the Past［M］. London：Samuel Bagster & Sons Ltd.，2012：46.

人通过对尼罗河河水的循环涨落情况的长期观察，认为一年由三个季节组成：洪水季、生长季、干旱季。埃及人生活一般很简陋，居住以土坯房为主，家具以石制的为主。

埃及人对动物的保护值得借鉴，在尼罗河和周边沼泽地区，鱼类特别丰富，鱼是人们最喜爱的美味佳肴，但并非人人都吃鱼，比如，神职人员不准吃鱼，为了表达对神的虔诚；老百姓进神庙前，较长时间内也不能吃鱼。

古埃及对亡灵之神的崇拜是对埃及王权政治的神化，而亡灵崇拜和自然崇拜是一脉相连的。古埃及人认为大自然中的各种动物都与各种神明联系在一起，由于各地区生存的动物不同，不同区域的古埃及人崇拜的地方神也不同。在古埃及的神话体系中，九神创世的传说表达了自然万物的神性地位和王权神化的合法性。传说中认为，世界之初是茫茫元海，海中有一座山叫赫里奥波利斯山，山上有一位阿图姆元神，元神孕育“气神”和“湿神”，众神结合，孕育和诞生出各路神灵，比如，俄塞里斯、塞特等。俄塞里斯、塞特、伊希斯的神话故事为古埃及法老的王权注入了神秘力量，为法老“二元身份”的确立和王权神化的合法性提供了最强有力的支持。作为冥界之主的俄塞里斯来到埃及作为国王，娶妻伊希斯，俄塞里斯之弟塞特杀死俄塞里斯，伊希斯在其他神的帮助下复活了俄塞里斯，后来俄塞里斯和伊希斯之子荷鲁斯打败塞特成了埃及国王。这个神话所表现出来的俄塞里斯在生时是埃及国王，死后是亡灵之主的双重身份（现世统治者和冥界统治者）体现了古埃及王权-神权体系的确立，这一神话为古埃及历代法老的王权神化提供了强力支撑。

其实，王权神化早在苏美尔文明时期就开始了，《苏美尔王表》比较详细地记录了各城市或城邦统治的国王。国王是神在人间的代理人，神创造了服务于神的子民，神用土地供养子民，国王代表神灵牧养神的子民，所以，国王又称“牧者”，国王可以与神比肩，达到“神即我、我即神”的信仰高度。由埃及金字塔、神庙、巨石雕像等汇集而成的王权神化的政治文化（巨石文化）形成了人类文明史上的独特风景，巨石文化最终演变为古埃及神权政治的“国家机器”。金字塔是巨石文化的重要组成部分，第一座金字塔是由古埃及的第二位法老乔塞尔所建，此后 800 年时间里，大规模的金字塔群出现在埃及的大地上，其中最大的金字塔是胡夫金字塔。金字塔是埃及政治科层化的结构象征，塔顶象征国王法老，塔底是广大的底层民众，金字塔形似山峰暗喻埃及人的山峰崇拜，对塔尖的仰望喻指对最高统治者的崇拜。如果说金字塔是古埃及神权政治的权力象征，那么，古埃及建造的规模宏大的神庙则是维护古埃及神权政治的“摄魂神器”，古埃及神庙的建筑极其宏伟壮观，体积宏大的神庙凸显了埃及对外扩张的欲望和拓展王权空间的无限遐想。在神庙中摆放的巨石雕像是古埃及法老权威的延伸，这些雕像放在神庙中，肃穆、冷冰而又威严，接受万民的崇拜，在广大的民众面前彰显法老的神圣与荣光。无论是金字塔、神庙还是巨石雕像都汇聚成古埃及亡灵崇拜和王权神化的巨石象征，一方面，古埃及人相信灵魂不死，相信有依附的亡灵才会永生；另一方面，巨石文化发挥着政治意识形态的功能，诠释着王权神化的合法性，以确保国家的政治安全和社会秩序的稳定。

（三）诸神崇拜与等级之分：古印度神话中的“人-神”结构

古印度哈拉巴文化时期主要是自然崇拜。公元前1500年左右，雅利安文化与土著文化融合形成婆罗门教，婆罗门教所信奉的神成千上万，不像基督教和伊斯兰教那样只信奉“唯一”的神。婆罗门教最高层次的神是梵，其次是梵天、湿婆、毗湿努三大主神以及他们的各种化身，再次是人格化了的神，如地母神、月亮神、太阳神等。婆罗门教的诸神体现了古印度人的自然崇拜、祖先崇拜和英雄崇拜。婆罗门教的神有层次之分，人也有等级之别。印度社会的结构由种姓组成，种姓越高离神越近，种姓越低离神越远。第一种姓是婆罗门，意为梵天所生，名字来源于梵天，是世俗社会中享有祭司特权的“地上的神”，与神灵最近；第二种姓是刹帝利，是世俗社会中享有军事特权的上等人物，与神灵略远；第三种姓是吠舍，是世俗人物中的农民、牧民、商人等，离神灵较远；第四种姓是首陀罗，是世俗人物中的雇工、奴隶等，因为卑贱，毫无神性可言。种姓越高，身上的污秽越少；种姓越低，身上的污秽越多。如果人的一辈子不安分守己、敬奉神祇，下辈子就会降生于首陀罗家族，变为贱民，甚至猪狗。古印度社会根据种姓制度（离神的远近）把人分为不同等级，在对人进行神化的同时对政治进行了更加强烈的神化，加固了社会阶层的僵化性，为统治阶级的严酷统治提供了合法性论证。古印度人的法律观念不同于西方，《摩奴法典》明确规定，在财产继承权方面，婆罗门妇女所生孩子的财产继承份额高于刹帝利、吠舍、首陀罗妇女所生的孩子。法律明文规定种姓低的族类辱骂种姓高的族类要罚款，罚款多少取决于所骂对象种姓的高低程度，如果最低种姓的人辱骂再生族，要割掉舌头。

古印度神话体系与古印度的生态环境有一定关联，虽然古印度河流域的冲积平原为农业发展提供了良好条件，孕育了哈巴拉文化，但古印度河容易泛滥成灾。面对印度河流域的环境挑战，哈巴拉文化的创造者们没有像黄河流域的先民那样动员社会力量兴修水利、治理黄河的泛滥；也没有像古希腊人那样，大兴工商，跨海移民，在跨海迁徙中创造民主的城邦制度；而是选择躲避、逃跑的方式逃向哈巴拉东方的雅木拿河、恒河等地。而迁徙之地恒河流域、德干高原与原所居之地印度河流域不属于同一气候带，迁徙之地属于热带气候，原所居之地属于亚热带气候，气候不一样，种植的植物、饲养的牲畜也不一样，加之频繁的自然灾害和外族的不断入侵，印度本土的哈巴拉文化从此消失。后来入侵的雅利安人重新建构了印度文化，吠陀经典的创造把当地的土著居民视为扁鼻子、黑皮肤的下等人。19 世纪末，在孟加拉国对种姓制度的形体人类学进行调查时发现，鼻型指数与社会地位的高低高度一致，鼻子越宽，社会地位越低。①

第二节　征服与掠夺：生态与政治的逻辑演变

如果说人类在采集文明、狩猎文明时期，自然环境的威力对人们的经济生活、政治生活产生决定性影响，生态与政治的关系充满了神学的玄妙，那么到了农业文明时期，由于人口的增加，生产力水平的低下，不同的自然环境决定了不同的物质生产方式，形成了不同的经济生活和政治生活，生态环境通过经济生活作用于政治生活，从而使政治与生态产生了相互依赖。而到了工业文明时期，当各种工具深入大自然深处的时候，大自然丰富的资源不再局限于固定的区域。从不同的利益出发，自然资源被人们无限地开采、交换、转化、掠夺、消耗甚至严重破坏。随着人类技术的迅猛发展，人类对经济生活、政治生活、社会生活提出了更高的要求，技术与生活的相互促进，改变了以往生态与政治的关系，生态与政治不再是神秘与浪漫的幻影。科技的发展和经济的发展离不

① 陈炎. 古希腊、古中国、古印度：人类早期文明的三种路径［J］. 中国文化研究，2003（4）：62-78.

开政治的强力保障，政治的发展同样离不开技术与经济的强力支撑。各种力量的发展必须以生态环境为基础和前提，因而，生态环境承受着强大的力量控制，最终受到人类的征服甚至严重破坏。

一、依赖与回应：自然生态对政治形成的影响

法国著名政治理论家让·波丹（Jean Bodin）认为，自然环境影响人们的性格和心态，从而影响政治的结构与形态。从雅典国家的政治派别来看，不同的政治派别对应不同的地理环境。北方、南方以及南北方之间的地理环境各不相同，所居民族的体格、性格和机智的程度也不同，北方民族体格强壮、性格豪放，南方民族体格较小、精明灵活，南北方之间的民族则兼容二者，因而成就了帝国的荣耀。虽然波丹的分析具有一定的片面性，但是16世纪的波丹却对当时的教会神学给予了致命的一击，把政治发展和社会发展的权力从天上还原到人间。

孟德斯鸠主要从气候、土壤以及生活方式的角度分析了生态与政治的关联，认为由于气候、土壤以及生活方式影响民族的性格和心态，从而产生了不同的政治运行方式。从气候来看，寒冷气候让人精力充沛，炎热气候让人萎靡怯懦，热带民族往往是以奴隶的身份现身于世的，一些"专制"的民族或国家都接近赤道，一些"自由"的民族或国家都处在寒冷地区，"差不多所有自由的小民族在过去和现在都是接近两极的"。① 从土壤来看，孟德斯鸠认为，土壤的肥沃程度同气候一样影响民族性格和政治形态。优良的土地容易让人柔弱、怠惰，贫瘠的土地容易让人耐劳、俭朴；柔弱、怠惰之人贪生怕死，耐劳、俭朴之人勇敢上进。从土地优劣与政体的关系来看，单人统治的政体往往产生于土地优良之地，数人统治的政体往往产生于土地贫瘠之地。孟德斯鸠不仅仅单从气候、土壤等地理环境中分析生态对政治的影响问题，还进一步从生活方式的角度分析生态与政治的相互关系，认为"不同气候的不同需要产生了不同的生活方式；不同的生活方式产生了不同种类的法律"。② 比如，炎热的地方为什么存在着多妻制的现象和相关的法律制度，气候温和的地方为什么存在着一妻制的现象和相关的法律制度；为什么商业民族、海洋民族比农耕民族需要的法律多，农耕

① 孟德斯鸠．论法的精神：上册［M］．张雁深，译．北京：商务印书馆，1963：326-327.
② 孟德斯鸠．论法的精神：上册［M］．张雁深，译．北京：商务印书馆，1963：280.

民族比畜牧民族、畜牧民族比狩猎民族需要的法律多——不同民族的不同的谋生方式决定和影响了法律的类型和内容。但孟德斯鸠对生活方式的分析并不深入，人们的生活方式的形成和多种因素密切相关，不仅仅是受到气候等天然因素的影响，而是与整个地理环境及其当时的生产力发展水平直接关联。

黑格尔对地理环境的认识超越了孟德斯鸠的历史局限性，如果说孟德斯鸠只是从朴素的、直接的地理环境的外在因素出发分析生态和政治社会的内在关联，那么，黑格尔不单单从气候、土壤等直接性因素出发，而是从构成地理环境的各种因素的整体性、关联性出发分析生态和政治社会的内在逻辑。黑格尔认为，"爱奥尼亚的明媚的天空固然大大地有助于荷马诗的优美，但是这个明媚的天空绝不能单独产生荷马"。①"明媚的天空"只是地理环境的构成元素之一，而"荷马"的产生是综合因素影响的结果。地理环境不仅仅是一种客观的物质环境，而且是精神"表演的场地"，是人类历史不断发展的"地理基础"，是人类"在他自身内能够取得自由的第一个立脚点"。② 地理环境的客观性同时也表现为精神或思想的客观性，地理环境的类型不同，人民的性格和类型也不同，地理环境与人民的类型之间有密切的联系，黑格尔从总体性出发，把全球地理环境划分为三种类型：高地、平原和海岸。高地民族大多是游牧民族，和牛羊一起漂泊。"漂泊"的民族由于不断变换生存生活的时空，由于不断面对很多不确定性的条件，缺乏一定的规则意识，没有固定的生存原则，没有严格的法律关系。平原民族大多是农耕民族，和庄稼一起生存，他们有固定的土地和四季有序的农活，其生存生活具有相对稳定性，他们需要一定的规制和约束防止各种各样的纠纷与争夺，比如，在土地上设置各种权能以及其他权利-义务关系等各种法律关系。海岸民族大多数是商业民族，面对茫茫大海，他们需要勇气和智慧去征服，"大海邀请人类从事征服、从事掠夺，但是同时也鼓励人类追求利润，从事商业"③。在以"交换"为特征的商业行为中，为了保证各种各样的商业行为的公正性、有效性等，商业民族需要大量的规则确保商事主体的责权利的完整统一。因而，不同的地理环境形成不同的经济生活，产生不同的生产方式、生活方式、思维方式，从而产生相应的法律制度和政治制度。但并不是所

---

① 黑格尔．历史哲学［M］．王造时，译．上海：上海书店出版社，2001：74.
② 黑格尔．历史哲学［M］．王造时，译．上海：上海书店出版社，2001：74.
③ 黑格尔．历史哲学［M］．王造时，译．上海：上海书店出版社，2001：83.

有的地理环境都是人类的“立脚点”和繁衍之地，有些恶劣的、不适应人类生存的环境“永远排斥在世界历史的运动之外”，比如，在极寒极热之地，不可能“找到世界民族的地盘”。① 尽管地理环境对人类生存和文明的进步如此重要，但是相似的地理环境也不一定能孕育相似的经济生活和政治生活、孕育相似的文明形式和文明内容，地理环境固然是孕育各种生活方式的重要因素，但绝不是唯一的。

阿诺德·汤因比（Arnold Toynbee）在孟德斯鸠、黑格尔等关于地理环境的研究的基础上进一步提出了文明的挑战-回应说。文明需要以地理环境为基础，但文明并非产生于优越的地理环境，过分优越的地理环境可能使人贪于安逸，“安逸”的地理环境容易让人安于现状、丧失奋发向上的斗志。人类文明是人类自身创造出来的，不是“上帝”恩赐的结果，也不是自然馈赠的“礼物”，如果文明主体缺乏创造文明的动力，文明之花是不可能随意“绽放”的。汤因比认为，文明的产生和生长是人类对环境的适度挑战而进行适度回应的一种能力。同黑格尔一样，汤因比认为，地理环境是形成文明的重要基础，但不是形成文明的唯一基础，相似的地理环境不一定孕育相似的文明。从历史上看，同是内陆海岛具有相似的地理环境，但不一定能产生文明。米诺斯文明产生于内陆海岛，而环日本的内陆海岛却从来没有产生日本文明，“占据日本的是来自产生于中国内陆的大陆文明”②；同是热带雨林具有相似的地理环境，热带雨林中产生的文明屈指可数，玛雅文明产生于热带雨林，但同样是热带雨林的亚马孙河流域、刚果河流域却没有产生相似的文明。优越的地理环境“天然”备足了文明产生的条件，但过分优越的地理环境不一定有利于文明的生长和繁荣。比如，古希腊的阿提卡和彼奥提亚，彼奥提亚地理环境优越、土壤肥沃，而阿提卡土地贫瘠、环境艰苦，但阿提卡却成为“希腊的希腊”“全希腊的学校”，而彼奥提亚却成为“粗野、顽固、呆板”的象征。③ 文明往往产生于对地理环境的适度挑战的回应，苏美尔文明面临着两河流域的林泽沼地的环境挑战，黄河文明面临着黄河流域的洪水、沼泽、酷夏、寒冬的挑战，玛雅文明面临着广袤的热带森林的挑战，安第斯文明面临着酷寒的高原气候和贫瘠土地的挑战，古印度

---

① 黑格尔．历史哲学［M］．王造时，译．上海：上海书店出版社，2001：74.
② 阿诺德·汤因比．历史研究［M］．郭小凌，等译．上海：上海人民出版社，2016：65.
③ 阿诺德·汤因比．历史研究［M］．郭小凌，等译．上海：上海人民出版社，2016：94.

文明面临着恒河流域热带雨林的挑战，赫梯文明面临着安那托利亚高原的挑战，希腊文明面临着神秘海洋的挑战，美洲尤卡坦文明面临着无水、无树、无土的石灰岩层的挑战，复活节岛文明面临着苦涩、宽阔的大海的挑战①等。虽然地理环境的适度挑战有利于文明的生长，但是地理环境的过度挑战却是文明衰败甚至消亡的重要推手。汤因比认为，从冰岛和格陵兰来看，冰岛的地理环境对斯堪的纳维亚文明提出了适度挑战，产生了文学、政治上的最高成果，而格陵兰严酷的自然环境却对文明的生长产生了严重的阻碍。美国的马萨诸塞州和缅因也是如此，马萨诸塞州的商业地位和文化优势一直在美国延续着，而缅因由于过于艰苦的自然环境而成为“城市化水平最低、变化最少的地区”。② 之所以无法与现代文明相对接，是因为它无法为文明提供生长的根基。

无论是波丹、孟德斯鸠还是黑格尔、汤因比，他们都从不同角度阐述了生态环境对政治的影响。从事实上看，在社会生产力水平欠发达时期，生态环境确实影响人们的生产、生活。自然生产力为人们提供的物质资源受到各种生态环境的制约，不同的气候、土壤、河流等生态环境影响基本的生产、生活资料，进而影响人们的生产方式、生活方式，甚至影响人们的性格、体格以及精神活动领域。而自然生产力水平并不是推动人类文明进步的唯一因素，自然生产力水平的高低取决于自然生态环境对人类文明的挑战程度。从历史上看，过分优良的生态环境并不一定有利于文明的产生与生长，但是，过分残酷的生态环境绝对不会生成发展人类文明。生态环境对人类的适度挑战取决于社会生产力和自然生产力之间的张力，社会生产力的发展离不开自然生产力提供的基本的物质条件，如果社会生产力和自然生产力之间相互协调，则有利于刺激和推动两种生产力水平的提高，从而提升人类文明的水平和质量；反之，如果社会生产力对自然生产力造成了严重破坏，或者说生态环境对人类的“适度挑战”演变成“过度挑战”，文明的生长和繁荣就会遭到严重“阻止”。在人类漫长的农业文明时期，社会生产力和自然生产力总体上处于动态和谐状态，社会生产力和自然生产力水平的总和及由此决定的生产关系共同构成了不同历史时期的经济基础。人类文明初期的经济基础确实在一定程度上依赖生态环境，而经济基础

---

① 阿诺德·汤因比．历史研究［M］．郭小凌，等译．上海：上海人民出版社，2016：75-84.

② 阿诺德·汤因比．历史研究［M］．郭小凌，等译．上海：上海人民出版社，2016：143.

对上层建筑的影响同样依赖生态环境，反过来，上层建筑通过反作用于经济基础从而对生态环境产生一定的回应。生态和政治构成了依赖-回应的关系路径，这种关系路径无论怎么发展都必须以生态环境为基础和前提。

二、征服与破坏：工业革命对生态与政治的分离

自工业革命以来，机器体系和商业体系的快速发展、技术的力量和资本的力量膨胀化了人们对财富的占有和对享受的欲求。在自然的深处，人们源源不断地挖掘和掠夺自然形成以来早已蓄积的丰富的宝藏，自然的机体和自然的系统在“贪欲”的驱使下遭到严重破坏。在向人类作出无私“奉献”之后，自然给自身留下千疮百孔的伤痛和衰败。自然机体的破坏导致自然创生能力的下降，创生能力的下降中断了自然持续的进程。人类一旦没有持续，一切的价值都是苍白。正如阿弗烈·诺夫·怀特海（Alfred North Whitehead）所说：“一切意义取决于持续。持续就是在时间过程中保持价值的达成态。”① 人类对自然的无情征服，造成生态与政治的严重疏离，这种疏离主要体现在以下三个方面：一是实体思维与父权制的相互依存，二是主人话语与关系话语的相互分离，三是物质主义与精神家园的严重对立。

（一）实体思维与父权制的相互依存

“实体”是西方传统哲学的重要概念，实体观念的形成是西方传统哲学中实体思维的结果，但并不是西方传统哲学家都完全认同这一观念。早在亚里士多德时期，亚里士多德就对原子论和理念论进行过调和。因为在亚里士多德以前，原子论和理念论各执一端，都坚信自己的东西是万物的始基和世界的本原，双方都把对方的本原看作是自己本原的派生物。原子论和理念论的长期对峙，引起了许多哲人的思考，亚里士多德是最先思考的哲人之一。在《形而上学》中，亚里士多德扬弃了苏格拉底的伦理实体理论，认为苏格拉底的伦理实体对人进行了充分关切，而对自然世界缺乏应有的关注，如果缺乏人与自然的整体性，想在伦理问题中追寻普遍真理是不可能的。对于柏拉图的理念论，亚里士多德也不完全认同。柏拉图认为感性事物是变动不居的，无法捉摸，只能专注于另

---

① 阿尔弗雷德·诺思·怀特海．科学与近代世界［M］．何钦，译．北京：商务印书馆，2012：214.

一类事物，名之曰“意式”（理念），认为事物之存在在于“参”于“意式”。①亚里士多德在此基础之上试图用形式和质料的分析把原子论和理念论协调和统一起来。亚里士多德认为，任何事物实际上都是质料和形式的统一，二者不可分离。质料实际上是原子论认为的基质和材料，形式实际上是理念论认为的范式和本质。虽然质料和形式构成了具体事物，但亚里士多德把这一具体事物依然看作是独立自存的实体，因为它先于事物的具体属性而存在，把形式与质料的共生关系曲解为线性的因果关系（先因后果），由此产生了对个别与一般、主体与客体、感性与理性的共生关系的分离，同原子论和理念论一样，对对立面强行否定而主观地肯定自身。因而，亚里士多德在调和原子论和理念论的实体范畴的基础上建构了新的实体范畴，实体范畴隔离了共相与殊相、主体与客体、形式与内容、现象与本质、感性与理性的辩证统一，把事物某一方面从统一性中抽象、孤立、凝聚起来，缺乏整体性、辩证性，形成非此即彼、水火不容的对立态势。

亚里士多德之后，许多西方哲学家也对传统实体思维产生怀疑并且展开批判，比如，勒内·笛卡尔（Rene Descartes）、巴鲁赫·德·斯宾诺莎（Baruch de Spinoza）、黑格尔等，但他们的批判最终仍然没有跳出实体思维的固有逻辑，实体思维依然在西方传统哲学的血脉之中一如既往地一直流淌着，因为实体思维虽屡遭批判，却并不彻底。笛卡尔为了打破实体孤立无依的僵局，认为世界的本原是两种实体：一是从经验论出发，认为世界本原是物质实体；二是从怀疑论出发，认为世界本原是心灵实体，两种实体不能代替，但谁是第一性，谁是最终决定两种实体的本体，而这种本体应该是绝对独立的、除了自己一无所求的存在。笛卡尔最终找到了一个完全自足的实体，那就是“上帝”，在笛卡尔看来，我“思”的东西不一定都是真实的，但有一样是“确定”的、不可怀疑的，那就是“上帝”，上帝是完满的，上帝对他物无所求。其实，对他物无所求的上帝，其“完满”性如何存在？笛卡尔承袭了奥古斯丁（Augustinus）对上帝的思考方式，奥古斯丁认为上帝在造人的时候，赋予人以“自由意志”，自由意志拓展了人的选择空间，对上帝的追求是人选择的结果，人如果承认自由意志，实际上就是承认上帝，因为人是否信仰上帝不是强制的结果而是自由意志的表

① 亚里士多德．形而上学［M］．吴寿彭，译．北京：商务印书馆，1997：16-17.

现，自由意志本质上是自由的，信仰是自由意志的选择，同样也是自由的。自由意志是理性思考的前提也是理性思考的结果，笛卡尔认为，外部世界的真实性是难以保证的，观念的东西也是值得怀疑的，唯有“我”自身和我的“思维”是真实的，而上帝存在于我们的思维之中，是我们思维中的一个观念，因而，上帝和“我”及其“我的思维”一样是真实的、不可怀疑的，笛卡尔最终找到了上帝这一个虚幻的实体统摄和调和了物质实体和精神实体的二元对立。

斯宾诺莎认为实体只有一个，它的本质必然包含存在，一切具体事物都是实体的特殊“样式”。这样的实体具有无限多样的属性，只有“神”才具有无限多样的属性，“神”这一实体是在自身之内通过自身而认识自身，人只能通过某一具体事物或某一层面感知神的存在，但不能真正地认识“神”，人是属于神的，万事万物都属于神，但人不是神、万事万物也不是神，人只能在“物质”和“思想”两种属性中认识世界，而神能在人无法理解的无限多样的属性中创生世界，一切具体事物都是“神”的无限属性中的一种面相。无论是“上帝”还是“神”，最终还是陷入了原子论和理念论的实体思维的泥潭。

黑格尔对实体思维进行过大胆地批判，他认为实体思维是一种有限思维，总是把自己捆绑在一个有限的框架内，而不能有效地对自身进行否定。实体思维没有反思的空间，因为它是孤立的、静止的、形而上学的思维方式。黑格尔用辩证法的智慧打破了实体思维的凝固空间，开启了事物发展的变化空间，但是，黑格尔的辩证法最终把他的理论引向一个具有绝对根据、最高尺度的绝对实体——绝对理念。绝对理念是一种“概念式的知识”，是“在精神形态中认识着它自己的精神”。① 它把人类历史的丰富发展简约化为具有“单向度”的绝对精神自我发展的历史，从而再一次把精神与物质、主体与客体、理性与感性等抽象地对立起来，彻底背离了他自己确立的辩证思维的逻辑。

实体思维的普遍流行，其原因在于，对于无机物来说，实体思维是最好的阐释和分析的工具。但是，人类栖居的世界绝不是一个无机的世界，而是一个复杂的有机世界。对于有机体而言，实体思维就无法展现阐释和分析的功能，因为它对事物之间以及事物内部之间的相互联系无法正确地理解和科学地揭示。实体思维的长期存在必然催生出父权制，父权制把自身当作独立无依的实体，与他人相孤立、与社会相分离、与自然相冷漠，虚构出一幅虚假的父权图景。

① 黑格尔．精神现象学：下卷［M］．贺麟，王玖兴，译．北京：商务印书馆，2012：301.

父权制把“父权”高高耸立在上，拔掉了自身生长的根基，因而，客观地看，父权制不可能是一种长期的存在，它在孤立“万物”的同时也孤立了自身。从人与自然的关系而言，父权制长期将人设置于“自然之顶”，让人游离于“自然之家”，把动物、植物、土壤、河流、岩石等大自然事物当作掠夺、榨取的对象，殊不知这些动物、植物、土壤、河流、岩石等是我们大家庭中居住的成员。人的存在都是一种向“他者”的存在，与“他者”的相互关联形成相互依存的“共在”，这种关联“已经在存在者状态上随此在的存在而存在着”。① 人类和大自然之间是“共生-共荣”的亲缘关系而不是“你死-我活”的敌我关系。在崇拜父权制的西方文化中，男人隶属于文明，女人隶属于自然。父权制的“高高在上”制造了人与自然关系的紧张冲突，父权制的“唯我独尊”执着于制造和粉饰“存在者”的“神秘”而遗忘了“在”的神秘。人对自然的戕杀破坏了历史发展的第一前提、丧失了人之为人的“幸福与美”的生存体验。

（二）主人话语与关系话语的相互分离

实体思维推动了父权制的主宰地位，把人塑造成世间唯一的“主体”神话，为“主人”话语的出场和在场奠定了基础。“主人”话语总是以绝对真理而自居并且为绝对真理的幻影寻找合法性空间。“主人”话语的在场，为暴力和极权营造了有利的环境。“主人”话语的背后隐藏着一双奴役之手和一张恐怖之网，在经济生活、政治生活中，“主人”话语对父权的执着和坚守、对理性的讴歌和张扬，使人与人之间的关系机械化、原子化、奴性化。主人话语所建立的“观念锁链”迫使奴隶臣服在主人脚下，正如米歇尔·福柯（Michel Foucault）所说，用“铁链”束缚奴隶的不是聪明的政治家，而是愚蠢的暴君，用“思想锁链”束缚奴隶的才是真正的政治家。② 在自然面前，“主人”话语赋予自身更多的特权，自然成为“主人”无情践踏的对象，对自然的“殖民”成为“主人”最高的价值追求。“主人”话语的幼稚专横破坏了人与自然之间的相依为命的关系，用主人话语把握的世界必然是一个孤立的世界、抽象的世界、冷漠的世界。世界是由各种事物相互依存、相互制约，共同创生而成的，所有存在的事物都

---

① 马丁·海德格尔．存在与时间［M］．陈嘉映，王庆节，译．北京：生活·读书·新知三联书店，2006：145.

② 米歇尔·福柯．规训与惩罚［M］．刘北成，杨远婴，译．北京：生活·读书·新知三联书店，2007：113.

有自身的内在价值，事物之间形成不可分割的关系链条，各种关系联结的形式与内容不一样，联结的深度、广度、程度不一样。孤立的自在之物在物质世界中并不存在，自在和他在是相互依存的。世界是在“关系”话语中不断创生的，“关系”话语是人与人、人与社会、人与自然共生共荣的血脉和纽带。如果“主人”话语长期挤占和扭曲“关系”话语的空间，世界将会因“主人”话语的长期存在而走向衰落。因为“主人”话语中断了事物之间的普遍联系。正因为事物之间的普遍联系，才形成了各种事物之间的相互影响，在相互影响中事物不断运动变化。通过辩证否定，新事物不断从旧事物的母胎中孕育、产生、发展、壮大，无限往复以至于无穷，而“主人”话语的独断性，阻滞了事物的发展变化、湮灭了事物不断创新的源头。

（三）物质主义与精神家园的严重对立

物质主义是工业革命以来人们一直追求的价值所在，尤其是在资本主义主导的全球化背景下，物质主义成为政治社会不断强大的基础。物质主义把物质享受量、资源消耗量与成功指数、幸福指数相对应。物质主义的肆意泛滥把人类的共同体利益碎片化、私有化，强化了对短期利润的拼命追逐和对“长远利益”的冷酷漠视，造成了物的增值与人的贬值的强烈反差以及物质欲望的极端疯狂与精神家园的严重荒芜。物质主义的生长土壤是私有制，只要私有制还处于主导地位，物质主义就会普遍生长，人类的共同体利益就会被强行分割，造成一种普遍的离散状态。利益的分散状态通过私有制而存在，私有制把人类的整体利益肢解成“原子”的单个利益。而且这种利益在相互排斥的以私人为中心的原子状态面前必然表现为金钱、财产的统治，金钱、财产的统治完成的是人与物的关系的颠倒，完成的是人成为物的奴隶。为了对物的疯狂占有和追求，物质主义通过对物的精心算计、对整体利益的强行分割、对“当下意识”的过分倚重，中断了过去、现在、未来的有机联系。在物质主义面前，一切所谓的公平正义和高尚的品德、信念等都会日渐失去力量。利益是物质主义的灵魂，它活在当下，与过去背向而行，最多活在预期的回报中，“与过去的断裂……逐渐使得意识集中到现在”①。凡是涉及可持续性的问题，或者需要几代人的时间才能恢复的生态环境问题，只要利益的索取不在当下，或者不可预期，物质主

① 戴维·弗里斯比．现代性的碎片——齐美尔、克拉考尔和本雅明作品中的现代性理论［M］．卢晖临，周怡，李林艳，译．北京：商务印书馆，2013：129.

义是不会介入的。物质主义对短期利润的追逐和对“长远利益”的放逐使物的增值与人的贬值成为现实，物质主义是一个自动的物神，它的“不可理喻”在于使世界实现“完全的物化、颠倒和疯狂”，它“好像是一个摩洛赫，要求整个世界成为献给它的祭品”。① 物质主义通过资本主宰劳动，资本主宰下的劳动是一种异化劳动，劳动者和劳动产品产生了对立。创造“财富”的劳动者与财富相对立，却与痛苦的“赤贫”常伴一生。修建华丽“宫殿”的工人，却与破烂的“棚舍”常伴一生；“美”由劳动所创造，但“畸形”的残缺却留给了创造“美”的劳动者，劳动者在其自身的作品中丧失自身，“劳动生产了智慧，但是给工人生产了愚钝和痴呆”。② “物的世界的增值同人的世界的贬值成正比。”③ 物质主义使人的劳动异化的同时催生了人的异化和自然的异化，人的异化和自然的异化使人丧失了自身生产的对象和赖以生存的自然界。以物质主义为价值追求的资本主义生产方式是人与人、人与社会、人与自然之间关系断裂的深层原因。当拜金主义成为最高价值的时候，“负责任的社会”和“道德的社会”就不可能有更多的存在空间。如果所谓的成功都建立在对道德的全面放逐的基础之上，那么对道德的无情践踏就会像瘟疫一样在全社会普遍流行，“意味着人们已经充分内化了与更高的不道德有关的那些价值标准”。④ 一种建立在“更高的不道德”的“满足文化”在资本主义社会普遍盛行，既得利益者是现存资本主义生产方式的坚决维护者，最不愿意听到改革的呼声，什么“道德革命”“生态革命”在既得利益者面前无疑是夺命神器。为了破除既得利益者的“藩篱”，必须找到环境的真正敌人，环境的真正敌人到底是谁？是人类吗？答案肯定是：不是！环境的真正敌人是特定历史阶段的资本的“恶行”，福斯特呼吁，只有找到环境的真正敌人，“我们才能够为拯救地球而进行的真正意义上的道德革命寻

---

① 戴维·弗里斯比．现代性的碎片——齐美尔、克拉考尔和本雅明作品中的现代性理论［M］．卢晖临，周怡，李林艳，译．北京：商务印书馆，2013：34-35.

② 中共中央马克思恩格斯列宁斯大林著作编译局．马克思恩格斯选集：第 1 卷［M］．北京：人民出版社，1995：43.

③ 中共中央马克思恩格斯列宁斯大林著作编译局．马克思恩格斯选集：第 1 卷［M］．北京：人民出版社，1995：40.

④ 约翰·贝拉米·福斯特．生态危机与资本主义［M］．耿建新，宋兴无，译．上海：上海译文出版社，2006：42.

找到充分的共同基础”。① 福斯特认为，对“不道德”的资本主义社会不能心存幻想，只有进行一场真正的革命，克服和战胜生态危机才不是天真的呓语。

物质主义掏空了精神家园的内在特质，对物质的过分沉迷造成了精神家园的荒芜，精神家园的荒芜同样给物质主义以致命的一击。人需要物质家园的保障，更需要精神家园的滋养，没有精神家园，无论被多么丰裕的物质包围，人也会处于一种无家可归的状态，因为人的“意义感”的缺失直接导致“存在感”的消亡。从一般的人类学意义来看，“意义感”和“存在感”紧密关联，“意义感”为“存在”敞开“好好活着”的价值空间，“存在感”为“意义”提供“活着很好”的实践空间；但从特殊的社会背景来看，比如，在“革命与战争”的时代主题之下，为了更高的“意义”会在一定程度上牺牲微观的个体之“存在”。从人与自然的关系看，人执着于对自然的无情征服和掠夺，却忘记了自己生存的根基；从人与社会的关系看，人专注于物质的主体性疯狂，却遭遇了社会精神崩溃的风险；从人与自身的关系看，人在物质的包围和重压之下，却因为精神家园缺少精神之光的照耀而荒凉。艾瑞克·弗洛姆（Erich Fromm）认为，现代性物质主义只能让人自我沦丧，虽然能解决一些科学和技术的难题，但不能释放出人类的创造能量和宝贵智慧，“从长远看，它正把人类推向自我毁灭的边缘”。② 现代性物质主义把肉体看作是生物机器，甚至是商业机器，对肉体进行“无人格”的商业化运作，资本、利润、权力、技术、交换等成为肉体空间追逐的主要元素，肉体成为“被操作、被塑造”的对象，可操纵的肉体是驯顺的，是一种“政治玩偶，是权力所能摆布的微缩模型”。③ 对肉体的占有、征服和厮杀驱逐了精神的空间，让肉体在历史舞台上进行各种“表演”其实是对肉体的痛苦折磨。肉体的有限性和精神的无限性的“分离”导致了对人的整体性的“肢解”，人的整体性在物质主义的“威逼”下产生了对“精神”的强烈召唤和对“精神家园”的迫切构建，没有精神家园或精神家园破败凋零，很

---

① 约翰·贝拉米·福斯特．生态危机与资本主义［M］．耿建新，宋兴无，译．上海：上海译文出版社，2006：43.

② 大卫·雷·格里芬．后现代科学——科学魅力的再现［M］．马季方，译．北京：中央编译出版社，1998：3.

③ 米歇尔·福柯．规训与惩罚［M］．刘北成，杨远婴，译．北京：生活·读书·新知三联书店，2007：154.

容易产生社会分裂和个体颓废。"精神能量的首要原则是第一原则。"① 所有政治的、经济的、文化的能量如果离开了精神能量的滋养，都是不可能持续增长的，精神家园一旦荒芜，再宏大、亮丽的物质家园都会失去价值和意义。

第三节　尊重与保护：生态与政治的逻辑必然

在人类思想史上，无论东方还是西方，随着人类智慧和力量的增长，人类对人与自然的共生逻辑有了深刻的认识。自然的外在必然性与对人类的束缚已通过人自身在一定程度上实现了和解，人的内在必然在人与自然的双向实践活动中突破了必然的限制，在一定程度上实现了人的行动的自由自觉性。在中国传统文化中，"天人合一"的生态智慧对解决全球生态危机提供了有益借鉴。马克思、恩格斯丰富的生态思想为实现人与自然的和谐共生提供了路径指引。20世纪以来当代西方的生态思潮虽然产生于发达资本主义社会，具有一定的历史局限性，但也为解决全球生态危机展示了可供参考的实践方式。

一、天人合一：中国传统文化中的生态智慧②

在中国传统文化中，如果说西周以前，"天"是上帝的指称，生态与政治充满神学的玄妙，那么，夏商周之后，"天"的神性色彩逐渐减弱。自从孔子发现并确立了"天"的自然意义以来，"天"的上帝权威发生动摇，生态与政治的关系回到了正常的逻辑轨道。尽管董仲舒试图恢复"天"的上帝地位，让生态与政治的关系回复到神学的叙事场景之中，但这一努力并没有成功。在儒家和道家的理论体系中，通过对天人关系的阐释和追求，深刻呈现了生态与政治的内在关联，尊重与共生成为生态与政治关系的逻辑必然。

（一）儒家"仁民爱物"的生态-政治智慧

先秦儒家孔、孟、荀子对天人合一的思想进行了系统总结，到了宋明理学

---

① 大卫·雷·格里芬．后现代精神［M］．王成兵，译．北京：中央编译出版社，1997：73.

② 部分观点已作为项目阶段性成果公开发表。参见张首先．天人感应与灾异天谴：传统中国自然与政治的逻辑关联及历史面相［J］．深圳大学学报（人文社会科学版），2019（1）：147-161.

时代，其理论体系更加圆润和丰满。作为儒家“群经之首”的《周易》以及《易传》对天之德性的阐释颇为深刻：“大哉乾‘元’，万物资始，乃统天。云行雨施，品物流形……至哉坤‘元’，万物资生，乃顺承天。坤厚载物，德合无疆。”（《周易·象上》）“天行健，君子以自强不息；地势坤，君子以厚德载物。”（《周易·象上》）“天地之大德曰生。”（《周易·条辞传》）在《周易》《易传》看来，“天地”代表宇宙自然，人与自然共处于统一的生命体中。“万物资始”表明自然是万物生存之源，“万物资生”表明自然是万物生命之本，“天地之大德”是什么？是“生”，“生”就是“生生不息”，“生生不息”是自然的内在价值和目的。自然有一种向善的目的性，这种“善”不同于人类之“善”，自然之善是天地化育、生生不息，人之善是通过内化自然之善并且用实践活动来彰显和实现自然之善。在生态与政治的关系中，《易传·系辞上》提出，“明于天之道，而察于民之故”，明天道，察民情，只有明晓自然运行的规律，才能真正体察老百姓的真实生活，因为人与自然是相互联系在一起的。“裁成天地之道，辅相天地之宜，以左右民”（《易传·象传上·泰》），“裁成”不是掠夺自然、污染自然的胡作非为，而是遵循自然规律的实践，按照自然的生生之道尊重自然、利用自然，“辅相”就是辅佐天地实现生生不息之大德，君主通过“裁成”和“辅相”等活动在获得自然提供的各种资源的同时完成人与自然的和谐相处，以此保佑天下老百姓，实现政治与生态的和谐共生。

如果说在《周易》中“天”还带着一些神秘色彩，那么真正揭开“天”的神秘外衣的是孔子。孔子认为，“天”遵循着自然规律，不是万能之神。“天何言哉？四时行焉，百物生焉。”（《论语·阳货》）“天”的运行是有规律的，它滋养万物、四季循环，“天”不是上帝，不具有上帝的功能，“天”的自然功能就是生长和运行。“天”虽不言，并不否认“天”的自然存在。天即自然，自然是一个有机的生命整体。万物之生长、四时之运行乃是天的存在方式，是天命、天理、天德、天性，命、理、德、性就是不断创生和无限运行的过程。孔子不仅重视天的运行规律，更重视人与自然的关系。“子钓而不纲，弋不射宿。”（《论语·述而》）孔子告诫人们不要用大网把大小鱼儿一网打尽，“鱼儿”为人类生存提供“美味佳肴”，但鱼儿一旦被“打尽”，或者说，鱼的物种一旦在地球上消失，人的生存之源就会受到损失；不要射杀傍晚回家的小鸟，小鸟是自然生态系统中的重要成员，像人类一样，小鸟也有自己的“亲情”“友情”。

“山梁雌雉，时哉时哉!”（《论语·乡党》）孔子关爱野生动物，有一天，孔子和弟子看见一群野雉在山中自由盘旋、奔跑，孔子说：“时哉时哉!”这表明孔子对野雉的尊重和关爱，野雉就应该这样自由自在地生活而不受世人的打扰。孔子对他的学生说：“小子何莫学夫《诗》?《诗》可以兴，可以观，可以群，可以怨。迩之事父，远之事君，多识于鸟兽草木之名”（《论语·阳货》），诗的功能和作用很多，可以“事父”“事君”，但诗的内容不是抽象的、空洞的，要到大自然中去体验情趣，去发现事理、物理，要“多识于鸟兽草木之名”，学会人与万物相处的道理，从自然之德中实践人类之仁。孔子认为，真正仁智之人是热爱大自然的，“知者乐水，仁者乐山”。（《论语·雍也》）仁智之人不仅有较好的道德情操，而且有较好的审美修养，以山水为乐，把生命融入大自然中，与“天”合一，达致最高境界。孔子的一生对政治非常关心，但从孔子与其弟子的对话中，我们可以发现，孔子的最高情趣却是对自然的亲近和关爱，与自然同乐、与自然同趣、与自然同在。孔子曾让弟子们表达未来志向，子路说治理千乘之国，冉有说可使老百姓丰衣足食，公西华说要学好礼乐之事，曾点说我愿在大自然中和大人、小孩子一起洗澡、吹风、唱歌，孔子喟然叹曰：“吾与点也!”（《论语·先进》），孔子没有对其他弟子的志向表示否定，但对曾点的人生志趣表示赞赏。自然为人类提供了生存的资源，但自然的资源是有限的。孔子提倡节约、反对浪费。孔子一生重视礼，在政治社会中，礼是很重要的，可以说，礼维护了整个封建社会的政治秩序，但孔子不看重礼的外在形式，不主张高贵华美的摆设，反对铺张浪费，节约各种资源，这样孔子把政治与生态（自然）紧紧连接起来，“礼，与其奢也，宁俭；丧，与其易也，宁戚”。（《论语·八佾》）铺张浪费是对资源的践踏，是让后代人走上不可持续之路，“饭疏食饮水，曲肱而枕之，乐亦在其中矣。不义而富且贵，于我如浮云”。（《论语·述而》）粗茶淡饭、生活俭朴是一种生活态度，是仁智之人的内在美德。孔子并不反对“富”和“贵”，但“富”“贵”有一个基本前提，那就是，“富”“贵”必须建立在“义”的基础之上。在孔子的理论叙事中，多处言及“义”，比如，“义之与比”“闻义不能从”“义以为质”“行义以达其道”“见得思义”等。孔子之“义”内涵丰富，而主要是指“应当”“合理”“恰当”。“义者宜也”“义、理也，故行”，凡是不合理、不恰当、不应当的言行都称之为“不义之举”，在对待人与自然、人与社会、人与自身的关系中应坚守

“合理、恰当、应当”之义。

孟子进一步强化了孔子关于“天”的自然性。孟子认为，自然之“天”不仅养育生命，而且创造生命。自然是“有机”的生命活动体，“天”的生命目的性通过人的生命活动体现出来。孟子提出：“莫之为而为者，天也；莫之致而至者，命也。”（《孟子·万章上》）“莫之为”“莫之致”表明了自然的先在性、本原性，“为”“至”表明了生命创造活动的价值意义。孟子主张尊重自然法则，重视自然的生长之道，“不违农时，谷不可胜食也；数罟不入洿池，鱼鳖不可胜食也；斧斤以时入山林，材木不可胜用也”。（《孟子·梁惠王上》）种植不违农时，细网不入湖泊，斧斤以时入林，自然对我们的馈赠、提供的资源就会取之不尽、用之不竭，如果乱砍滥伐、破坏自然，就会遭到自然的惩罚。不仅要保护山林动物，还要注意水土保养。孟子反对任意开荒种地，要合理地利用土地，注意土地的休养生息，如果为了聚敛财物，一味地“辟草莱、任土地”（《孟子·离娄上》），就会造成对土地的破坏。土地、水、森林等是紧密联系的生态之链，水是生命之源，水无源则竭、有源则流，水源何来？孟子认为水的源头在于良好的生态循环，在于森林、草地、河流的完整生态。对生态系统的完整保护要“尽其心者，知其性也。知其性，则知天矣。存其心，养其性，所以事天也”。（《孟子·尽心上》）人对待万物要存仁义之心，养护万物要尽仁义之性，不要凌驾于万物之上。在生态与政治的关系上，孟子明确提出“仁民爱物”的主张，“仁民”是政治上的价值取向，“爱物”是生态上的价值选择，生态上的资源丰富、物质富裕、环境优美为政治发展奠定了坚实的物质基础。“谷与鱼鳖不可胜食，材木不可胜用，是使民养生丧死无憾也。养生丧死无憾，王道之始也。”（《孟子·梁惠王上》）“王道之始”在于物质不可胜用、在于“养生丧死无憾”。孟子反对统治者的骄奢淫逸，主张“与民同乐”和“与山水同乐”，主张“察于人伦”和“明于庶物”，以实现政治层面与生态层面的和谐统一。

荀子在“天人合一”的基础上提出了“天人之分”的思想，但荀子的“天人之分”并不是提倡人对自然的主宰，而是以追求人与自然的和谐共生为最高目的。荀子的“天”是“天行有常”“变化代兴”之“天”，是以生长、养成为本质的自然界。“万物各得其和以生，各得其养以成。”（《荀子·天论》）荀子认为，列星、日月、四时、阴阳、风雨相互依存、大化流行，以“和”滋生万物，以“养”养育万物，“和”“养”供济以成就万物。荀子的“人”不是站在自然之外的人，而是依靠自然养育的人，是尊重自然、顺应自然的人。“备其天养，顺其天政，养其天情，以全其天功。”（《荀子·天论》）人要生存、发展必须以自然为基础，人在改造自然、利用自然的时候，不能“与天争职”，要“制天命而用之”。天有四时运行，地有财富宝藏，人有治理之道，治理之道要合天时、地利，才能与自然一起参赞化育。天之象、地之宜、四时之数、阴阳之和等，都是自然秩序、自然法则。人在社会治理的实践活动中必然需要自然的支撑和受到自然的制约，人不能改变自然规律，只能运用自然规律而“知天守道”。荀子主张富国裕民，富国裕民需要开发和利用大量的自然资源，在开发和利用中难免要改造自然，甚至破坏自然，在对自然索取的同时，必须树立保护生态系统的意识，要开源节流、护生养生，合理利用和开发自然资源。“不夭其生，不绝其长也”（《荀子·王制》），山林草木、池沼鱼鳖是生产生活的重要资源，不能夭其生长，尽可能“尽其天年”、成长成材，一方面满足人类之需，另一方面维持生态系统的顺畅循环。在治理水土流失、养护山林沼泽方面，孟子提出了许多在当时看来切实可行的措施①，比如，修筑堤梁，开沟通渠，养护山林，等等。荀子在利用自然和保护自然方面的思想，在当今时代值得深思。在政治和生态的关系方面，荀子认为，“圣王之制”应以天地为本②，天地之本就是自然法则，自然法则在“圣王之制”中通过“礼”的形式表现出来，礼有三本，即天地、先祖和君师。礼是人为而设，人是天地所生，是先祖所续，是君师所用。人性在一定程度上总有显“恶”藏“伪”的一面，纠恶辨伪需合于礼，礼的作用在于养情而节欲。在政治运行中，人遵礼而行，使人间活动与自然的运行变化和谐一致，才能使礼达到真正的极致，“万变不乱，贰之则丧也，礼岂不至矣哉!”（《荀子·礼论》），表面看来，礼体现的是人道，但实际上人道需合于天道，礼不仅仅要解决好人与人、人与社会之间的关系，关键要解决好人与自然之间的关系，人与人、人与社会的关系最终通过人与自然的关

① “修堤梁，通沟浍，行水潦，安水臧，以时决塞，岁虽凶败水旱，使民有所耘艾”，“修火宪，养山林薮泽草木鱼鳖百索，以时禁发，使国家足用，而财物不屈”。（《荀子·王制》）

② “天地者，生之本也；先祖者，类之本也；君师者，治之本也。无天地，恶生？无先祖，恶出？无君师，恶治？三者偏亡，焉无安人。故礼上事天、下事地，尊先祖而隆君师。”（《荀子·礼论》）

系体现出来。

儒学发展到宋明时期，周敦颐、工程、张载、朱熹、王阳明等人进一步剖析了人与自然的关系。周敦颐认为，阴阳二气的相互交合、金木水火土五行的交感杂陈生成了人与万事万物甚至整个宇宙自然，在阴阳二气、五行交感中，人与自然合一为乐，这种天人合一之乐是大乐不是小乐，是祥和之乐不是苟且之乐。“乐”不仅仅是一种主观感受，不仅仅是心中的美好想象，更是与自然万物和谐交感之乐。在政治与生态的关系上，周敦颐认为，统治者要实现政善民乐，需要实现政善民安①，民安需要建立人与自然的关系之和、生态之安，天地和万物顺则民安，民安是民乐的前提条件。与民同乐的条件是与民同安、与天地同和。程颢继承和发展了周敦颐的“气”的理念，认为“气”贯穿整个宇宙自然，气的运行流畅使宇宙万物相互联系、生生不息，生生不息的宇宙自然体现了“仁”的必然性，“仁”把自然万物凝为一体，“仁者浑然与物同体”表明生态大系统的整体性、生命性。程颢以理为最高范畴，提出“天者理也”的命题。程颢的“理”不是建立在主客二分的基础之上，而是建立在主客统一、人与自然和谐共生的基础之上，不仅是一种哲学之思，更是一种生命体验。要实现“万物一体”之理，不仅仅是生理上的相互依存，更是理念上、行动上实现“体”的完整性。体是全体、整体之义，不分物我、内外、天地，物我、内外、天地都以“生”为统帅，以“生”为内在目的。程颢有深沉宽广的宇宙情怀，他认为，通过“观天地生物气象”，能够体仁、识仁、达理，以仁为标准，能够“观理之是非”，能够实现“万物生意最可观”的境界。张载哲学以“天人一气”为逻辑起点，他认为，日月星辰等“圆转之物”是阴阳二气相互作用的结果。太虚和万物都是物质之“气”的不断运动和变化的内容和状态，“太虚”“气”“万物”相互依存、相互贯通、相互转化。花草树木、风雨霜雪、山河大地、日月星辰等自然景观皆为“气”聚集而成，气之散时便为太虚。“气”聚为物、“气”散为虚，聚亦吾体，散亦吾体。② 个体生命与宇宙自然相比是渺小的，但人是一个小宇宙，个体生命融贯着整个天地的气性。构成人的身体的

① “政善民安，则天下之心和，故圣人作乐，以宣畅其和心。达于天地，天地之气感而大和焉。天地和，则万物顺。”（周敦颐．周敦颐集［M］．陈克明，点校．北京：中华书局，1990：63.）

② 徐刚．试论张载自然哲学对朱熹的影响［J］．华东师范大学学报（哲学社会科学版），1995（4）：59-64.

成分与自然万物的成分一样，天地之气充满人的身体，也充满万物之体。天地生生不息之性统帅天地万物变化，也统帅人的发展变化，天地之本性就是人之本性，“民，吾同胞；物，吾与也”① 凸显了人与人、人与万物之间的关系是一种依存关系、生命关系、同胞兄弟关系、朋友伴侣关系。

朱熹在继承周敦颐、张载、二程哲学思想的基础上进一步阐述了“理一分殊”的观点。朱熹认为，人与万物是有区分的统一。“理一”是以“万物一体”为本体，“分殊”是人的具体性与万物具体性的差异。在朱熹看来，虽然有分殊的差异，但“仁”能把万物统一起来。“仁”是天地之性，也是人心之性，是人心所蕴含的“天理”，“天理”的本性则是自然的生生不息。“天地之生气”是“仁”，“仁”的结果是万物一体，但“仁”的实现并不是一帆风顺的而是一个曲折的过程。仁的实现要克己奉公，克“己”而后“公”，“公”而后“仁”，仁是“无所不爱”达致万物于一体，“仁”具体体现在人与自然的实践关系中。如果人的实践活动不能做到“致中和”“参化育”，就不能实现“天地位、万物育”，生态系统遭到破坏，就会出现山崩川竭、胎夭失所的危险。被认为是儒家主体哲学的最后完成者的王阳明认为人与天地万物同心共仁，“心外无物”，物我一体。此处之“心”，是生命之理，“心即理也”，心之本体是天理、自然之理，是生生不息之仁，是明道去欲，是人心之“明觉”。“明觉”达致良知，良知是一种“召唤”，是对“恶”（“善”的背离）的抑制与反拔，良知之灵明是自然生命创造的结果，去人欲是生生之理的自然实现。“人欲”分为“应当”之欲和“不应当”之欲，何为应当？何为不应当？从整体而言，凡违背“生生不息”之“道”者、凡“伤天害理”者，谓之“不应当”，因而，“去人欲”主要是指去不当之欲②。王阳明的“心外无物”建立在人与自然的生命整体的基础之上，从生命整体观出发，认为人与自然是“一气流行”的，人的良知“灵明”与万物同体。蒙培元先生认为，良知之灵不是灵魂实体，而是人与自然共同存在的生之“意”、生之“理”，良知是“真己”，“真己”即“大我”，也就是与自然万物同体之我。③ 人与万物一体，并不是说人没有需要，人要生存发展需要自然提供基本之需，因而“声色货利”不可避免。一方面，“声色货利”

---

① “天地之塞，吾其体；天地之帅，吾其性。民，吾同胞；物，吾与也。”（张载《西铭》）

② “静时念念去人欲，存天理。动时念念去人欲，存天理”（《传习录·卷上》）；“无私心，即是当理。未当理，便是私心”。（《传习录·卷上》）

③ 蒙培元．人与自然——中国哲学生态观［M］．北京：人民出版社，2004：354.

可以满足人，实现人的幸福本能（完成人的“生”）；另一方面，“声色货利”可以迷惑人，催生人的侵犯本能（造成人的“死”）。因而，“声色货利”需要良知为价值引领，否则，人的行为就可能“利害相攻”“愤怒相激”，人与自然的关系就会出现“分割隘陋”的悲剧状态。总之，儒家以“德”为根、以“仁”为本，以万物一体为目的，在生态与政治的关系上，达到仁民爱物的“天人合一”的境界。

（二）道家“顺物自然”的生态-政治智慧

道家以“道法自然”为理论前提揭示了人与自然和谐共生的规律。自然是“道”效法的对象，“道”不是孤立的、静止的、片面的实体，“道”生成于变化之中，既不独立于变化之外又不超越于变化之上；既以自然为法则，又以自然为过程；既被自然所指引，又被生命所创造等。“人法地，地法天，天法道，道法自然”（《道德经·第二十五章》），道、天、地、人是“域中四大”，“四大”需以自然为总根据，自然是全体，道以自然之功能创生万物、养育万物，道不滋生主宰万物的权力，通过“法自然”而运行。老子不主张过分夸大仁义礼智的作用，因为这些明显带有人的主观目的，在一定程度上破坏了人与自然的关系。人有可能成为自然的敌人而不是朋友，人的活动可能随着自身的主观意志而转移而不是以遵守自然法则为最高准则，自然法则是人生命的根源和发展的根本原则。“道”效法自然，体现生命的价值本源，“道”不仅是规律之道，关键是生命之根，规律是可以重复的，而生命是不可重复的，生命只能“周行”而不能“复制”。自然是客观实在的，是万物之根，因而“道”不是玄虚的，而是客观实在的，是万物之根。人之德是通过得“道”而形成的内在“德”性，“德”和“道”具有同样的万物之性，道德是尊贵的，因为道德是成己成物的前提，道德之所以尊贵，是因为“自然”而尊贵①，自然生成了万物、养育了万物，但自然不是主宰者，不是上帝，自然默默无闻。“生而不有，为而不恃，长而不宰”（《道德经·第五十一章》），自然成就万物，但自然不居功、不自恃、不发号施令。道德是尊贵的，道德不容破坏，对道德的破坏意味着对自然的破坏和对“生”的破坏。老子主张：“见素抱朴，少私寡欲”（《道德经·第十九章》），人的朴素本性有利于自然目的的真正实现，个体生命总是有

① “道生之，德畜之，物形之，势成之。是以万物莫不尊道而贵德。”（《道德经·第五十一章》）

限的，如果返回到“朴”“素”而与自然合一，就会与自然同大、与天地同久，“朴”“素”就要少私寡欲，因为人的欲望会影响“无私”的品质，会扰人害生，同自然的生命整体性相分离。虽然老子主张“回到自然”“见素抱朴”，但老子同样具有社会批判精神，老子理想的社会政治是“无为”而治，“无为”并不是不作为，而是不要乱作为，人的实践要以遵循自然法则为前提①。自然之为并不是茫然的、闲散的，而是有秩序、有目的的，是在遵循自然规律的基础上发挥主观能动性，“以辅万物之自然”（《道德经·第六十四章》），圣人之治是“以辅万物”为目的而不是以个人之私为目的的。老子并不反对社会政治中的“仁义”，而是反对“伪诈”。楚简《老子·甲》中记载，“绝伪弃诈，民复孝慈”。“伪诈”是“仁义”的对立面，“伪诈”之人是违背“大道”的，违背“大道”就违背了自然的生命之道。老子也并不一味反对知识和技艺，他认为，人之“知”有两类：“大知”和“小知”。“大知”具有目的性、整体性等特征，是对生命整体的认知，与天道、厚德相联系；“小知”具有工具性、片面性等特征，是对外在手段的认知，与欲望、功利相联系。老子反对工具性、功利性的“小知”，“小知”会破坏生命整体的完整性；主张丰富性、完满性的“大知”，“大知”会实现生生不息的持续性。实现生生不息要对欲望的无限性加以限制，老子主张“知止”，“知止”“阻断”了人的自大性，确立了个体的有限性，表达了“适可”的“度”的智慧，提示了“而止”的“行”的策略。任何事物都有自身存在的区间和限度，超过一定的区间和限度，事物的“质”就会发生变化。为了保持事物的“质”，人的行为就要在“适可”面前“而止”，如果不“知止”，就会打破“度”的界限，从而破坏事物本身。在处理人与自然的关系中，“知止”表明了人在自然面前不能太任性，要把握好一定的度，与物同在、与物同体、与道谐和。

庄子在“天人合一”的基础上提出了“人与天一”的命题，以“万物一齐”的生态理念，以“天地之大美”的审美追求，进一步丰富了中国传统生态哲学的内容。在《齐物论》中，庄子表达了“万物一齐”“天地一指”的平等观。人之所以认为人与人、人与万物不平等，是因为每个人的主观成见不同，每个人的需要层次不一样，那么是非标准也不一样。这就涉及我与“他者”的

① “圣人处无为之事，行不言之教；万物作而弗始，生而弗有，为而弗恃，功成而不居”（《道德经·第二章》），“功成事遂，百姓皆谓我自然”。（《道德经·第十七章》）

关系问题，如果我只是把“他者”看作外在的、异己之存在，那么，我与“他者”的关系就会长期处于对立和冲突之中。实际上，万物之间是相互联系、相互依存、相互贯通的，从天地之位来看，万物无不处在天地之中，无不处在自然之中。在自然之道的关照下，万物相互尊重、和谐共生，虽然万物有差别，各有自己的生存权利和内在价值，但从“道通为一”的境界来看，“以道观之，物无贵贱；以物观之，自贵而相贱”（《庄子·秋水》），如果以自身为本位，就会贵己而贱他。道者，自然也，自然之道在万物之中，东郭子问庄子“道”如何存在？在哪里存在？庄子说：“无所不在”（《庄子·知北游》），在“道”的视域中，不分贵贱，即使诸如“蝼蚁”“稊稗”“瓦甓”，甚至在“屎溺”等所谓卑下的事物中，都是“道”的存在之所，离开万物，“道”就无安身之地。庄子主张人要从“道”的视域尊重万物，不能以人之功利衡量万物、对待万物，“功利机巧必忘夫人之心”（《庄子·天地》），功利之心必役使万物，人之真心必善待万物。在社会政治方面，庄子主张明王之治在于“顺物自然而无容私焉，则天下治矣”（《庄子·应帝王》），社会政治应以顺应自然为最高原则，以不伤害自然之性为基本标准，不能以人的好恶、是非标准要求自然。在《庄子·至乐》中，庄子讲了鲁侯热情养鸟鸟儿却三日而亡的故事。鲁侯自以为自己的喜好就是鸟儿的喜好，“奏九韶以为乐，具太牢以为膳”。但鸟儿有自身的生活习性，鸟儿对鲁侯的“热情款待”不仅不喜欢、不感激，反而悲伤至极，“眩视忧悲，不敢食一脔，不敢饮一杯”（《庄子·至乐》），以养己之法而养鸟体现了人对鸟儿的“主人”地位，实际上，鸟儿的生存法则不同于人之生存法则，鲁侯对鸟儿的“热情”是对鸟儿的强制和伤害。故事告诉我们，只有顺物自然才能实现“族与万物并”的生态蓝图，只有遵循自然规律才能避免自然对人的报复而产生的自然之难。

从价值层面上看，道家和儒家思想为人与自然和谐共生提供了坚实的理论基础，无论是儒家的人道切合天道还是道家的人道效法天道，实际上都坚持了人与自然不可分裂、休戚与共的价值信念。为解决现代人类的主体性疯狂开出了一剂良方，在生态与政治的关系上，也从一定维度上剖析了生态自然对政治的影响，以及政治行为对生态自然的重视与关切，阐释了“至德之世”与“天地大美”的内在关联。

二、人类同自然的和解：马克思、恩格斯的生态思想①

马克思、恩格斯对人与自然和谐共生的深刻分析为解决全球生态危机提供了重要的价值指引，正如詹姆斯·奥康纳（James O'Connor）所说，我们只有充分关注马克思主义理论，充分运用马克思主义的方法，才能对"生态危机的真正根源作出阐释"。② 在马克思、恩格斯博大精深的理论体系中并没有明确提及"生态"一词，但是，马克思恩格斯理论体系的逻辑起点必然是人与自然的共荣共生。早在《1844年经济学哲学手稿》中，马克思就从经济学哲学层面精辟地分析了人与自然的关系，无论是理论领域还是实践领域，人和自然都不可能分裂。在理论领域，自然是人生存的直接资源、是人的精神的无机界；在实践领域，自然是人实践的对象、是人依存的"无机身体"。自然价值的普遍性通过人的普遍性展现出来，而人的价值的普遍性通过自然价值得到体现。自然既是人的生产资料又是人的生产对象，科学技术的发展既不断优化生产资料又不断扩大生产对象，从而使自然、人和社会变得更加"美好"，没有自然的"美好"，就不可能有人和社会的"美好"，自然、人、社会构成相互依存的"生生不息"的社会有机体。马克思、恩格斯以人类社会为立足点，从现实的人、全面的人的实践活动出发对人与自然的二元逻辑观展开哲学批判，对资本主义生产方式、社会制度展开生态批判和政治批判，确立了人类社会发展的最高价值目标，那就是实现"人类同自然的和解以及人类本身的和解"。

第一，马克思、恩格斯的生态思想从实践唯物主义自然观出发，继承、批判和超越了黑格尔的唯心主义自然观和费尔巴哈的旧唯物主义自然观。

马克思、恩格斯通过对黑格尔、路德维斯·费尔巴哈（Ludwig Feuerbach）等各式各样"超现实"和"非现实"的批判，提出了实践唯物主义自然观才是解决人与自然的关系问题的一把"钥匙"。在黑格尔的"绝对精神"和费尔巴哈"单纯的直观"中，人与自然的关系始终在"精神"与"物质"中抽象地分裂。

黑格尔认为自然是外在的，是绝对精神的产物，绝对精神在自我实现的过

① 张首先，张俊．继承、批判与超越：马克思恩格斯生态文明思想的理论基础［J］．理论导刊，2011（8）：43-45.

② 詹姆斯·奥康纳．自然的理由——生态学马克思主义研究［M］．唐正东，臧佩洪，译．南京：南京大学出版社，2003：298.

程中，自然只是一个环节，是绝对精神沉沦于物的中介，自然的存在是“他在形式中的理念产生出来的”。① 黑格尔唯心主义自然观片面地发挥了人的能动性，隔离了人的能动性和受动性的统一，从而分离了人与自然的“亲密”关系，把“自然”引向了神秘主义，形成了物质的自然与精神的历史相互对立的神话。诚然，人类历史是“人”能动地创造出来的，“自然”无法自动地生成历史。但是，人的能动性不是没有条件的，它无法摆脱“自然”对“人”的制约，一方面，人的能动性必须遵循自然规律；另一方面，作为“肉体、感性”的人的生存发展必须依赖自然、利用自然，人既是能动的又是受动的自然存在物。

费尔巴哈对黑格尔唯心主义自然观进行了严肃的批判，应该说，“真正克服”黑格尔唯心主义自然观的是费尔巴哈，但费尔巴哈的“批判”和“克服”并不彻底。费尔巴哈从形式和内容上摈弃了黑格尔运用“抽象思维”把握“人与自然”的世界图景，试图通过“单纯的直观”来完成对“人与自然”关系的复杂性理解。但这种“单纯的直观”离开了人的实践活动同样是神秘的，“单纯的直观”和人的实践活动是不相符的，甚至是自相矛盾的。“单纯的直观”完成的是对客观世界的“静止”的判断，而客观世界本身是不断发展变化的，人的意识的变化和实践活动的变化不仅要受到客观世界的影响，同时自身也有自我运动的过程。在“直观”判断世界的过程中，费尔巴哈是困惑的，因为他意识中“假定的和谐”和实际感觉到的并不一样。虽然费尔巴哈对黑格尔自然观的批判改变了“心”与“物”的位置，但是费尔巴哈同黑格尔一样，同样割裂了自然的“人的本质”与人的“自然本质”、人的能动性与受动性的高度统一，费尔巴哈突出了人对自然的依赖性，却遮蔽了人的能动性。费尔巴哈承认人与自然的统一性，但他的统一性是“直观”的、“静态”的统一性，而不是“实践”的、“动态”的统一性。费尔巴哈旧唯物主义自然观不是从“主体”“实践”方面去理解感性、对象与现实，同样造成了人与自然关系的“隔离”和人与自然关系的“神秘”。

马克思、恩格斯撕开了黑格尔、费尔巴哈关于人与自然的“神秘”面纱，批驳了黑格尔唯心主义自然观、费尔巴哈旧唯物主义自然观的“非真理性”和“非现实性”。马克思认为，一切神秘的东西“都能在人的实践中以及对这个实

---

① 黑格尔．自然哲学［M］．梁志学，薛华，钱广华，等译．北京：商务印书馆，1980：19-20.

践的理解中得到合理的解决”。① 人的能动性和受动性的统一决定了人的实践都是在人与自然的关系场域中进行的，人要生存发展一刻也不能离开实践、一刻也不能离开自然。人作为自然存在物，总是以自然为生存之基，任何实践活动始终是源于自然、归于自然，通过实践认识世界、改造世界，并按照美的规律建构世界。人作为有意识的类存在物，生产的“全面性”不同于动物生产的“片面性”。人的任何生产活动都必须把自然界作为自己的无机的身体，人的生产既满足单个个体的“个人生产”又满足整个社会的“全面生产”，既满足人的“肉体需要”又不完全受制于“肉体需要”的直接支配，并且“只有不受这种需要的影响才进行真正的生产”。② 人的实践活动不能局限于“动物”或“个人”的片面性，需要运用“美的规律”实现人的“类存在”“类本质”。如果不以人的“类存在”“类本质”为价值取向，那么，自然的“人的本质”就无法充分体现。否则，自然的“非人”的本质就会无情地割断人与自然的天然联系，人在丧失自己对象性存在的同时也就丧失了人自身。无论黑格尔唯心主义自然观还是费尔巴哈旧唯物主义自然观，都从整体上割裂了自然的“人的本质”与人的“自然本质”、人的能动性与受动性的高度统一。把自然仅仅当作“绝对精神”的产物或者把自然仅仅当作离开人的实践活动的“单纯的直观”，都会给人与自然的“天然”依存涂上一层神秘色彩。

第二，马克思、恩格斯的生态思想从批判资本主义生产方式出发，继承、批判和超越了查尔斯·达尔文（Charles Darwin）的自然进化论、尤斯图斯·冯·李比希（Justus von Liebig）的新陈代谢思想、路易斯·亨利·摩尔根（Lewis Henry Morgan）史前社会的唯物史观、托马斯·马尔萨斯（Thomas Malthus）的人口理论。

马克思、恩格斯的生态思想吸收了18、19世纪自然科学和哲学社会科学的丰富养料，在继承达尔文、李比希、摩尔根、马尔萨斯等人的生态思想的基础上，对资本主义生产方式展开生态批判。

18、19世纪自然科学中的生态思想对马克思恩格斯生态思想的形成具有很

---

① 中共中央马克思恩格斯列宁斯大林著作编译局．马克思恩格斯选集：第1卷［M］．北京：人民出版社，1995：56.

② 中共中央马克思恩格斯列宁斯大林著作编译局．马克思恩格斯文集：第1卷［M］．北京：人民出版社，2009：162.

大影响，其中影响较大的是达尔文和李比希的。达尔文从小热爱自然、热爱科学，对自然历史具有强烈的求知欲。大自然对于他来说，是一个快乐无比的乐园，凡是亲眼看见的动植物，他都非常感兴趣，甚至陶醉和痴迷。他沉醉于兰花构造的精美，着迷于变种家鸽的神奇，好奇于蚯蚓的缓慢移动，执着于珊瑚礁的形成机理，专注于藤壶的内部构造，艰苦地探究大多数动植物的生长规律和进化历程，“努力从整体上去探寻生命的真谛和演进”。①

达尔文的进化论思想打破了物种不变论、传统神创论对人们思想的禁锢，以实证的方式而不是以逻辑推演的方式揭示了自然生物进化不是“神定”安排而是“自然选择”的结果。它所引起的人类学革命在科学层面完成了自然观和历史观的高度统一，自然观和历史观在“传统神创论”的影响下长期处于分裂状态，达尔文的进化论所奠定的“自然与历史”紧密联结的基石为历史唯物主义开辟了道路。但是，自然进化与人类进化是有区别的，如果说自然进化是以“自然选择”为基础，那么，人类进化的基础是什么呢？马克思、恩格斯认为，人类进化是以以制造工具和使用工具为特征的“劳动”为基础的，劳动为人与自然的物质变换、为人类进化与自然进化的双重演进、为人类史与自然史的相互依存提供了广阔空间。在马克思、恩格斯看来，劳动是时代的“普照之光”，劳动是人类文明进步的基石；“劳动创造了人本身”②，是人自由而全面发展的基因。恩格斯揭示了劳动和人本身的内在同一性，劳动对于人来说，是人成就自身的基本条件，劳动完成了主观世界和客观世界的“向人而在”的生动改造，人通过劳动使人与自然发生一种共在关系。但是，在人类漫长的历史进程中，在人类自身完全成为自然的主人、社会的主人和自身的主人之前，人的劳动是在各种“强制”下的劳动，是与劳动本身相异化的劳动，异化劳动容易造成人的异化和自然的异化。马克思、恩格斯认为，只有彻底地“扬弃”异化劳动，形成“真正意义上的劳动”，才能彻底消除异化劳动对人与自然的双重异化。

在批判地继承达尔文进化论的基础上，马克思、恩格斯对李比希的新陈代谢思想同样给予了高度赞赏。在李比希所处的时代，农业中最大的问题是土壤贫瘠的问题，为什么会产生土壤贫瘠，从表面上看，是人和自然之间的物质变

---

① 达尔文．物种起源［M］．舒德干，等译．西安：陕西人民出版社，2006：中译本前言．

② 中共中央马克思恩格斯列宁斯大林著作编译局．马克思恩格斯选集：第4卷［M］．北京：人民出版社，1995：373-374.

换的断裂；但从根源上讲，是资本主义生产方式造成的。资本主义的土地私有制、资源资本化、利润最大化造成了城乡之间的严重分离和掠夺式的农业耕种，对农业的疯狂掠夺致使对土地的有效养料无法收集并返回农业，农业的非理性疯狂迫切需要“理性农业”的回归。李比希认为，资本主义生产方式下的农业不可能是“理性农业”，土壤贫瘠问题要从根本上得到解决必须依靠建立在“归还原则”基础上的理性农业。李比希通过对资本主义农业中土壤贫瘠问题的分析，所展开的对资本主义掠夺式农业制度的批判，不可避免地会遭到当时许多特殊利益集团的反对。马克思、恩格斯对李比希批判资本主义反生态的本质表示高度认同并从中得到诸多启示。马克思、恩格斯认为，资本主义的土地私有制破坏了土地“公有”的天然秉性，任何人都只是土地的使用者而不是土地的所有者，土地不仅仅属于活着的“当代人”，也属于世世代代的“未来人”。资本主义的资源资本化和利润最大化，必然把土地当作“取款机”，当作资本的“奴婢”，利润的最大化必然加速土壤贫瘠、农业的非理性疯狂以及对土地的残酷榨取、掠夺和破坏。资本主义反生态的本质所造成的“人与自然”新陈代谢的断裂最大限度地损害了后代人的需要和利益，造成了代与代之间难以克服的可持续发展的困境。

马克思、恩格斯不仅吸收达尔文的进化论、李比希的新陈代谢思想等自然科学的丰富养料，而且也全面考察和仔细研习了摩尔根的历史唯物主义、马尔萨斯的人口理论等社会科学的重要成果。摩尔根在“原始历史学”上的成就，在他所处的时代确实达到了应用的时代高度。在《古代社会》中，摩尔根把人类社会划分为三个阶段：蒙昧时代、野蛮时代和文明时代。通过大量的、令人信服的历史材料，分析了易洛魁人、希腊人、罗马人的氏族、胞族、部落、联盟的发展演变历程，阐述了血婚制家族、伙婚制家族、偶婚制家族、父权制家族、专偶制家族的亲属关系和制度安排，以及人类财产观念的发生机制等，比较完整地勾画了人类早期社会的发展图景，进而提出了人类社会从低级向高级不断发展的一般规律。马克思、恩格斯完全同意摩尔根在对史前社会的阐释中始终坚持的历史唯物主义观点，人类历史是不断向前进步的历史，并不是“倒退”的历史，赫思俄德（Hesiodos）的“历史倒退论”并不符合考古学的逻辑。赫思俄德认为，神创造了五代人，最好的第一代人是“黄金种族”，最差的第五代人是“黑铁种族”。摩尔根运用大量的资料否定了历史倒退论，认为历史的

"前进性"和"曲折性"取决于"生产上的技能"，人类是所有生物中唯一能"绝对控制食物"的生物。马克思、恩格斯在摩尔根的基础上提出了"全部人类历史的第一个前提"，认为人类的两种生产和再生产直接决定历史的发展，一种是指人自身的生产和再生产，一种是指生活资料和生产资料的生产和再生产。人与自然之间的生态关系通过"两种生产"全面生动地展开，同时，人与人、人与社会之间的历史关系同样在"两种生产"中不断向前推进。但是，马克思、恩格斯不同意摩尔根对人类已经实现了对食物的"绝对控制"的判断，尽管生产力水平的提高可以创造丰富的生活资料，但财富的创造和财富的分配不一定是完全同步的。马克思、恩格斯认为，资本主义社会的基本矛盾所导致的周期性的经济危机就是一个明显的例证，少数人的"财富的积累"与绝大多数人"贫困的积累"之间的矛盾致使绝大多数人产生对基本生存资料的巨大渴望。

1798 年，马尔萨斯的人口理论在社会上引起了强烈反响，马尔萨斯的人口理论的理论价值在于，它"是一个推动我们不断前进的、绝对必要的中转站"①。围绕"人口过剩"这一事实，马尔萨斯的解决办法在一定程度上揭示了资本主义生产方式的残酷性。人口为什么会过剩？马尔萨斯认为，人类生活资料的增长和人口数量的增长是按照不同的"级数"增长的，生活资料按照算术级数增长的速度增长，人口的数量按照几何级数增长的速度增长，"几何级数"和"算术级数"之差表明生活资料远远不能满足人口的需要。马克思、恩格斯对这两个增长的科学性产生怀疑，凭什么生活资料按照算术级数增长速度、人口数量按照几何级数增长速度增长呢？它们存在的根据何在呢？几何级数和算术级数的差额是"明显的、触目惊心的"，"1+2+4+8+16+32……"的值肯定远远大于"1+2+3+4+5+6……"，"这样的计算方式存在的合理性在哪儿呢？在什么地方证明过土地的生产能力是按算术级数增加的呢？"②。马尔萨斯没有看到科学技术的巨大促进作用，他并不像摩尔根那样，站在历史唯物主义立场，考察科学技术对人类控制食物能力的影响，仅以抽象数字进行所谓的逻辑推演，描绘出食物短缺对人类生存、发展造成恐慌的图景。恩格斯对马尔萨斯的"级数"理论予以反驳，他认为，科学对促进生活资料的增长的作用是非常巨大的，

① 中共中央马克思恩格斯列宁斯大林著作编译局．马克思恩格斯文集：第 1 卷［M］．北京：人民出版社，2009：81.

② 中共中央马克思恩格斯列宁斯大林著作编译局．马克思恩格斯文集：第 1 卷［M］．北京：人民出版社，2009：82.

在李比希和戴维爵士的时代，仅仅一门化学就可以让农业取得很大成就，何况，随着人类“知识量”的积累，科学发展的速度是很惊人的。马尔萨斯对人口过剩的形而上学分析是不合理的，更为痛心的是马尔萨斯对人口过剩的解决办法，马尔萨斯把人口过剩的原因直接指向穷人，认为穷人不能多生孩子，“每一个工人家庭只能有两个半小孩，超过此数的孩子用无痛苦的办法杀死”①。多生的孩子必须杀掉，“杀死”穷人的孩子是不“公道”的，更是不“人道”的，无论是以“国家机构”的名义还是以“特殊集团”的名义，无论是用“痛苦的办法”还是“无痛苦的办法”。为什么要“杀死”穷人的孩子，穷人一来到这个世界上就注定是穷人吗？富人是怎么富起来的，是什么让一个人“注定”为穷人或富人？穷人或富人不是“命中注定”的，而是由“不合理的制度”注定的。马克思、恩格斯在批驳马尔萨斯人口理论的过程中，第一次使用了无产阶级的概念，在资本逻辑和雇佣劳动制度下，无产阶级注定是一个“普遍苦难”的阶级，“人口过剩”是“就业不足”造成的，不是“食物不足”造成的，人口过剩是穷人（或者说无产阶级）的过剩，绝对不是资本家的过剩，“无产阶级集所有罪恶于一身，它生活在一种极端贫困的状态”②。在资本主义主导的世界里，到处都出现了人口过剩，要消除人口过剩就要实现无产阶级的解放，而无产阶级解放是一个只有通过解放全人类才能解放自己的阶级的过程。

第三，马克思、恩格斯的生态思想从批判资本主义社会制度出发，对“历史之谜”作出了科学解答。

马克思、恩格斯的生态思想从全球发展、人类文明的视角出发，批判了资本逻辑和资本主义制度对人与自然关系的无情破坏。

首先，从全球发展来看，马克思、恩格斯的生态思想不是只关注某一区域、某一国家、某一方面的局部发展，而是站在全球发展的视角关注国际社会的系统发展、整体发展、协调发展。马克思、恩格斯的生态思想是在资本主义大工业代替工场手工业的资本全球化时代出场的，无疑，全球化是马克思恩格斯生态思想的出场背景，全球发展是马克思恩格斯生态思想的价值取向。虽然，19世纪的资本全球化与当今世界的经济全球化有很大区别，但是，资本自我生成

---

① 中共中央马克思恩格斯列宁斯大林著作编译局．马克思恩格斯文集：第1卷［M］．北京：人民出版社，2009：79.

② 安东尼·吉登斯．资本主义与现代社会理论——对马克思、涂尔干和韦伯著作的分析［M］．郭忠华，潘华凌，译．上海：上海译文出版社，2007：11.

的逻辑和资本的本性没有发生变化，正因为马克思、恩格斯抓住了资本的本质，才在19世纪40年代的《共产党宣言》中对未来社会的经济全球化做出了准确的预测。马克思、恩格斯对资本的思考是辩证的、科学的。资本是社会在一定发展阶段的产物。在人类历史上，资本对全球生产力的发展起到了巨大的促进作用。资本来到人间，就开始以自己的方式塑造全球世界。资本逻辑以不可阻挡的力量向全球扩散，其生产方式与交换方式逐渐渗透到全球社会的政治、经济、文化的血脉之中，它祛魅化了一切“神圣光环”、撕去了一切神秘面纱，把各种关系“变成了纯粹的金钱关系”①。它在金钱至上的驱使下，“迫使一切民族——如果它们不想灭亡的话——采用资产阶级的生产方式”②。资本逻辑在展现它的积极作用的同时，利己性、渗透性、残酷性等“恶”的本性，已暴露无遗。历史事实表明，资本“恶”的本性在造成经济危机的同时也造成生态危机，在造成人的异化的同时也造成对自然的异化，而资本主义制度恰好为资本的“恶”的发挥提供了广阔的制度空间。马克思、恩格斯在对资本的“恶”进行批判的同时，更对资本主义制度进行了无情批判。马克思、恩格斯的批判是尖锐的也是彻底的，而批判的最终目的就是要促进全球社会的全面发展和人的自由而全面的发展。因而，马克思、恩格斯对资本的批判不是区域性、地方性的，不仅仅只针对英国、法国、德国，而且也指向俄国、印度甚至资本主义刚刚萌芽的中国社会；不是只针对某一个或某一些资本家，而是针对整个资产阶级。资本没有国界、没有浪漫可言，资本赤裸裸的本性就是要按照自己的逻辑无情地改变各个地方几百年甚至几千年编织的各种社会关系，并且把各种社会关系“淹没在利己主义打算的冰水之中”③。马克思、恩格斯站在全球发展的视角，通过对资本逻辑和资本主义制度的批判，在唯物史观的视域中，形成了自身独特的生态思想。

其次，从人类文明的进程来看，马克思、恩格斯的生态思想始终从整个人类文明的发展进程出发，摆脱了抽象的个人主义、民族主义、地方主义的种种

---

① 中共中央马克思恩格斯列宁斯大林著作编译局．马克思恩格斯文集：第2卷［M］．人民出版社，2009：34.

② 中共中央马克思恩格斯列宁斯大林著作编译局．马克思恩格斯文集：第2卷［M］．人民出版社，2009：35-36.

③ 中共中央马克思恩格斯列宁斯大林著作编译局．马克思恩格斯文集：第2卷［M］．人民出版社，2009：34.

束缚。它不是只关注某一历史时期、某一发展阶段、某一个人或民族的发展，而是总结过去、立足现实、着眼未来，站在人类文明的视角关注人类社会的健康发展、文明发展、可持续发展。在《关于费尔巴哈的提纲》中，马克思指出："旧唯物主义的立脚点是市民社会，新唯物主义的立脚点则是人类社会或社会的人类。"① 从人类文明的视角出发，马克思、恩格斯系统分析了自然与人、自然与社会、自然与历史的辩证关系，论证了人类文明的发展必须以自然为根基，批判了形形色色的理论对自然-人-历史的无情割离。人类文明离不开科学技术的推动，科学技术是人的本质力量的彰显和确证。无论哲学社会科学还是自然科学都应该成为"人的科学"，而"人的科学"的直接对象就是自然界。自然科学的客观物质性将"抛弃唯心主义方向，从而成为人的科学的基础"②。人揭示和发现自然规律，并严格地遵循自然规律，进而掌握和运用科学技术获得丰富的物质财富和精神财富，不断地把人类文明推进向前。科学技术必将打破唯心主义所塑造的主观幻想和"彼岸世界"的神秘想象，也必将通过"革命"的实践重新改造旧唯物主义对世界的"单纯的直观"判断。

马克思、恩格斯的生态思想最终的价值取向是实现人与自然、人与社会的和谐共生，其理想状态是"人的实现了的自然主义和自然界的实现了的人道主义"。③ 人类在创造历史的过程中留下了许多"历史之谜"，各种各样的"唯心史观"和旧唯物史观对"历史之谜"作出了不同的解答，但这些回答无法解决人与自然、人与人、人与社会的紧张、对抗与冲突，"历史之谜"的真正解答在于"人和自然界之间、人和人之间的矛盾的真正解决"④，在于人的自由全面发展和人类文明的全面进步。

---

① 中共中央马克思恩格斯列宁斯大林著作编译局．马克思恩格斯文集：第1卷［M］．人民出版社，2009：502.

② 中共中央马克思恩格斯列宁斯大林著作编译局．马克思恩格斯文集：第1卷［M］．人民出版社，2009：193.

③ 中共中央马克思恩格斯列宁斯大林著作编译局．马克思恩格斯文集：第1卷［M］．人民出版社，2009：187.

④ 中共中央马克思恩格斯列宁斯大林著作编译局．马克思恩格斯文集：第1卷［M］．人民出版社，2009：185-186.

三、20世纪以来当代西方的生态思潮①

20世纪以来当代西方的生态思潮兴起于后工业社会，成为全球生态危机背景下具有较强影响力的绿色思潮。当代西方的生态思潮对西方国家的生态环境保护、经济发展方式产生了深刻影响。由于西方各国的发展程度、发展方式、体制机制等存在差异，西方的生态思潮内容丰富、形态多样、价值多维，但当代西方的生态思潮大多生成于发达资本主义国家，对解决全球性生态危机虽然具有一定的借鉴意义，但仍然存在着一定的局限性。西方生态思潮的理论形态主要有生态主义、生态社会主义、生态马克思主义、环境正义理论等，在生态思潮的影响下，各种环境学科也应运而生。西方生态思潮的主要流派、主要观点和价值取向主要表现在：

生态主义。生态主义兴起于20世纪40年代。20世纪40年代以来，环境公害事件在发达国家相继发生（尤其是美国、英国和日本），惨痛的环境灾难引发了人们的集体恐慌和深刻思考，“人类中心主义”对自然的残酷榨取、无情掠夺最终导致大自然的反击和报复，马丁·海德格尔（Martin Heidegger）、加勒特·哈丁（Garrett James Hardin）、莱斯利·阿尔文·怀特（Leslie Alvin White）等为代表的哲学家从世界观、价值观、发展观、技术观、意识观等层面对人类中心主义进行了深刻反思和理性批判，指出人类中心主义的“人类中心化”“意识一元化”“思维线性化”等是造成全球生态危机的重要因素。反对极端二元论、机械还原论，主张彻底否定现代主义的世界观②；反对金钱至上、财富至上，主张生态优先、生命优先；反对人是存在的主宰者、统治者，主张人是存在的看护者、参与者；反对人是形象、自然是底色的观点，主张人与自然共荣共生、互为一体等。生态主义从存在的角度进行对人与自然关系的深度思考是正确的，但生态主义并没有找到生态危机产生的根本原因，因而，生态主义寻求的解决方案在全球严峻的生态危机面前是软弱无力的。

生态社会主义。生态社会主义的兴起晚于生态主义，它兴起于20世纪70

① 该部分内容参见张首先．生态文明研究——马克思恩格斯生态文明思想的中国化进程［D］．成都：西南交通大学，2010.

② 徐崇温．评当代西方社会的生态社会主义思潮［J］．中共天津市委党校学报，2009(4)：78-84，96.

年代。长期以来，生态主义试图从一般的世界观、价值观、发展观等层面去探究全球生态危机产生的原因和寻求全球生态危机的解决方案，但生态主义的各种努力和尝试，并没有减轻生态危机的全球蔓延和危害程度，那么，生态危机产生的真正原因是什么？如何解决全球日益严重的生态危机？以马克斯·霍克海默（Max Horkheimer）、赫伯特·马尔库塞（Herbert Marcuse）、鲁道夫·巴罗（Rudolf Bahro）、亚当·沙夫（Adam Schaff）、阿恩·奈斯（Arne Naess）、本·阿格尔（Ben Ager）等为代表的生态社会主义者从马克思主义的思想宝库中寻求解决生态危机的路径。生态社会主义揭示了生态危机产生的根本原因是资本主义制度的施行，反对资本主义的生态殖民主义和霸权主义，主张改造资本主义，实现全球环境平等、生态良好、公平正义的社会主义社会；反对规模化、集中化的生产体系，主张分散化、稳态化的经济模式；反对官僚化、技术化的社会统治，主张地方民主、工人自治、非暴力政治原则等。生态社会主义对资本主义制度的批判是正确的，但批判得并不彻底，比如，生态社会主义试图用“生态危机”替代“经济危机”，用“自然矛盾”替代“阶级矛盾”，否定了体现资本主义本质的社会基本矛盾；试图用分散的“小生产”替代“现代化”大生产，不反对资本主义私有制本身，用“小资产阶级社会主义”歪曲了科学社会主义的基本原理。

生态马克思主义。生态马克思主义成熟于20世纪90年代，其研究方法主要是把马克思主义理论与现代生态学相结合，通过研究马克思主义经典著作，运用马克思主义基本原理分析、解决当代严重的生态危机问题。生态马克思主义的代表人物主要是以北美学者为主，比如：奥康纳、福斯特、保尔·伯克特（Paul Burkett）、乔尔·克沃尔（Joel Kovel）等。生态马克思主义者认为，自然真正的敌人是资本主义制度，资本主义的双重危机（经济危机与生态危机）是由资本主义的双重矛盾（生产力与生产关系、生产力与生产条件矛盾）决定的。生态马克思主义者反对资本积累、劳动异化、消费异化、价值异化，主张推翻资本、消除劳动异化、确立新型财产关系、用使用价值替代交换价值；反对资本主义的生产方式、生活方式，主张打破资本主义对商品的崇拜，建立生产资料的公共所有和劳动者的自由联合；反对资本主义使人的生活世界商品化、殖民化、物役化，主张用生态理性替代经济理性；反对资本主义是一个有组织的、不负责任的社会和“更高的不道德”的社会，明确资本主义的文化危机、生态危机、经济危机具有内在的一致性①，主张以“人类尺度”以及以“更少地劳动、更好地生活”实现人与自然的和谐统一。生态马克思主义对解决生态危机具有重要的理论价值，但同样具有理论局限性，比如说，用生态理性取代经济理性，用使用价值取代交换价值等。

环境正义理论。环境正义理论兴起于20世纪90年代，在全球普遍遭受生态危机的严峻形势下，不同国家、种族、阶层等存在着不同程度的环境歧视，环境歧视的事实呼唤着环境正义理论的“出场”。以班杨·布赖恩特（Bunyan Bryant）、罗伯特·布勒德（Robert Bullard）、拉姆昌德拉·古哈（Ramachandra Guha）、彼得·温茨（Peter S. Wenz）为主要代表的学者从环境正义存在的问题、原因及对策等方面，全面系统地阐释了环境正义的性质、环境正义的原则、环境正义的权利、环境正义的实现路径等有关环境正义的理论热点、难点问题。环境正义理论认为，环境正义不是抽象的逻辑演绎，具有可操作性和具体实效性，环境正义主要由程序正义、地理正义和社会正义三种类型组成；在环境正义的权利方面，所有社会公众享有环境正义的权利，社会公众对环境事实、环境纠纷、环境治理等环境信息享有“信息知情权”，对环境决策的意见征询、环境措施的执行监督、环境绩效的评价评估等享有“民主参与权”，对环境事件的公开处理等享有“公开听证权”，对遭受各种环境损害、环境歧视等享有“损害赔偿权”，等等；在环境正义原则方面，1991年美国“首届全国有色人种环境保护领导人峰会”通过了17条环境正义原则，主要为了确保地球生态系统的完整性和地球母亲的神圣性，确保人民在政治、经济、文化和环境自决方面的基本权利，等等；在环境正义的实现路径方面，温茨从“公地悲剧”出发，提出了试图实现环境正义的“同心圆理论”。

---

① 詹姆斯·奥康纳．自然的理由——生态学马克思主义研究［M］．唐正东，臧佩洪，译．南京：南京大学出版社，2003：253-282.

表 2-1 西方部分生态思潮的主要观点

	生态主义	生态社会主义	生态马克思主义	环境正义理论
代表人物	怀特、哈丁、彼得·辛格(Peter Singer)、汤姆·雷根(Tom Regan)、阿尔贝特·史怀泽(Albert Schweitzer)、卡洛琳·麦茜特(Carolyn Merchant)等	赫伯特·马尔库塞(Herbert Marcuse)、威廉·莱易斯(William Leiss)、阿格尔、安德烈·高兹(Andre Gorz)等	奥康纳、福斯特、伯克特、克沃尔、洛威等	布赖恩特、布勒德、古哈、温茨等
代表作品	《生态危机的历史根源》《公地的悲剧》《敬畏生命》《动物解放》《自然之死》《动物权利研究》等	《满足的极限》《自然的控制》《生态主义——从深生态学到社会正义》《激进生态学与阶级斗争》《从红到绿》等	《自然的理由——生态学马克思主义研究》《生态危机与资本主义》《马克思的生态学》《无休止的危机》《自然的敌人》等	《环境正义:问题、政策及解决办法》《美国南部的倾废:种族、阶级和环境》《环境正义论》等
主要观点	①主张以生态为中心,反对以人类为中心;②主张反技术、反增长的发展观,反对线性思维、二元论,彻底否定现代主义的世界观;③主张人与自然是相互依存的整体关联,而不是"形象与底色"的关系;④主张生命优先、生态优先、基层民主、非暴力的政治原则;⑤主张用非历史的等级概念取代阶级剥削概念	①在价值观上,反对的不是人类中心主义本身,而是人类中心主义的资本主义形式;②在世界观上,否定的不是现代主义世界观,而是要求走向"更现代主义的世界观";③在发展观上,主张建立稳态经济模式;④在政治观上,主张在未来建立由工人进行自我管理的、地方分权的、非官僚化的"没有官员的网络系统思想"的社会主义社会	①从政治层面上看,批判了生态危机与资本主义之间的固有矛盾,把生态学的民主思想引入社会主义理论;②从经济层面上看,提出了人与自然和谐发展的"稳态经济"模式,主张创立一个"较易于生存的社会";③从文化、道德层面上看,明确提出资本主义文化、道德的反生态性质,指出资本主义道德是人和自然之间物质变换过程断裂的深层原因	①环境正义的类型主要有:程序正义、地理正义和社会正义;②环境正义的权利主要有:信息知情权、民主参与权、公开听证权、损害赔偿权等;③环境正义的原则主要有:确保地球母亲的神圣和生态系统的统一;确保人民在政治、经济、文化和环境自决的权利等

随着西方生态思潮的蓬勃兴起，有关环境方面的交叉学科、新兴学科便迅速发展起来，比如：环境伦理学、环境美学、环境社会学、环境史学等。

环境伦理学。环境伦理学最早兴起于19世纪，成熟于20世纪70年代。以亨利·戴维·梭罗（Henry David Thoreau）、巴勒斯、辛格、雷根、阿尔贝特·史怀泽（Albert Schweitzer）、奥尔多·利奥波德（Aldo Leopold）、霍尔姆斯·罗尔斯顿（Holmes Rolston）、阿恩·奈斯（Arne Naess）等为主要代表的学者提出了很多产生深远影响的关于“环境伦理”的重要观点，比如：辛格的“动物解放论”、雷根的“动物权利论”、施韦泽的“生命伦理论”、利奥波德的“大地伦理论”、罗尔斯顿的“自然价值论”、奈斯的“深层生态学”等，这些重要的伦理观点深刻揭示了人与自然万物之间不断发展的伦理图景。通过论证动物的道德地位、动物的正当权利，阐明了人与自然动物之间应当保持关爱、不伤害的伦理关系；通过论证人对生命负责的道德义务、人应当负有保持生态系统完整性的伦理关切，阐明了“敬畏生命”的伦理价值和“大地伦理”的伦理义务；通过论证自然万物、生态系统的客观价值和对人类中心主义的深刻批判，阐明了“自然价值论”和“深层生态学”的伦理构造。环境伦理学对人与自然关系的整体性与和谐性的伦理关照，在一定程度上对解决全球生态环境危机具有重要的价值和启示。

环境美学。环境美学兴起于20世纪70年代，环境是人塑造的，人按照“美的规律”改变环境，以“美的眼睛”欣赏环境，以“美的生活”感受环境。以罗纳德·赫伯恩（Ronald Hepburn）、约·瑟帕玛（Yrjö Sepänmaa）、艾伦·卡尔松（Allen Carlson）、阿诺德·伯林特（Arnold Berleant）等为主要代表的环境美学家通过对环境美学的研究对象、环境美学的主要内容、环境美学的结构体系、环境美学的审美模式、环境美学的生态整体观、环境美学与审美教育的关系、环境美学与环境保护的关系等方面的深入研究，全面系统地构建了“环境美学”的学科体系。环境美学涉及很多学科门类，比如说，生态学、心理学、生理学、物理学、化学、艺术学、文学、哲学等。环境美学不仅要研究自然环境也要研究社会环境，不仅要研究人对美的感悟也要研究自然对美的展现（无论是天然自然还是人工自然）以及人与自然之间的美的融合。环境美学颠覆了西方古典美学的美学范式、扬弃了传统美学的“人类中心主义”立场，以“自然美学”“参与美学”为价值导向，引起了人们对大自然的“介入”式的美学关注。

环境社会学。20世纪中期以来，以约翰·汉尼根（John Hannigan）、邓肯·沃茨（Duncan Watts）等为主要代表的学者从研究视角、研究范式等方面充实、丰富、深化了环境社会学研究的形式和内容，主要的范式或视角有：生态学研究范式、系统论研究范式、整合性研究范式、建构主义视角、政治经济学视角等。生态学研究范式主要从生态资源有限、环境承载力、生态法则等方面把环境变量直接引入社会学的分析框架之中；系统论研究范式主要研究政治、经济、文化等社会系统对生态系统的影响和作用以及生态系统与社会系统的相互制约所产生的不同变量对社会发展的系统影响；整合性研究范式把生物物理、微观社会、宏观社会三大子系统进行整合研究，分析各大系统之间的复杂性关系问题；建构主义视角主要通过对个人或组织（比如，科学家团队、知识分子、大众媒体等）的系统“建构”有效输出环境知识、环境风险、环境干预等内容；政治经济学视角主要从经济规模扩张、生态资源紧张、生态系统衰退等方面分析和破解经济发展与环境破坏的难题和困局。环境社会学通过对研究范式的探索，揭示了生态环境保护是一个复杂的、系统的社会工程，为寻求生态危机的解决提供了有效的理论和实践路径。

环境史学。环境史学成熟于20世纪60年代，在生态危机的严峻形势下，发达国家更加注重环境史研究，尤其是英国环境史、美国环境史研究的成效更为显著。以吕西安·费弗尔（Lucien Febvre）、费尔南·布罗代尔（Fernand Braudel）、卡洛琳·麦茜特（Carolyn Merchant）、威廉·麦克尼尔（William McNeill）、T. C. 斯莫特（T. C. Smout）、彼得·布林布尔科姆（Peter Brimblecombe）、克里斯蒂安·普菲斯特（Christian Pfister）、托马斯·R. 陶德曼（Thomas R. Trautmann）、克莱夫·庞廷（Clive Ponting）、伊恩·西蒙斯（Ian Simmons）等学者主要从历史学与地理学、土壤与田野史、空气污染史、河流史、自然变化与人类影响等方面系统构建环境史学，著名的代表作有：麦克尼尔的《欧洲史新论》①，西蒙斯的《环境史概说》《全球环境史》②，庞廷的《绿色世界史：环境与伟大文明的衰落》，等等。国外环境史学研究的主要内容为：史前环境史、环境污染史（空

① 高国荣．年鉴学派与环境史学［J］．史学理论研究，2005（3）：127-136.

② 贾珺．英国环境史学管窥——研究领域与时空特色［J］．国外社会科学，2010（4）：49-55.

气、河流、田野等）、城市环境史、种族与环境、性别与环境、文明与环境、自然地理与文明结构等。环境史学的研究与传统的历史研究不同，主要侧重于人与自然的关系史研究或自然史与人类史的结合，当然，一切自然的变迁都离不开人类的活动，一切人类的活动都处于自然环境之中，由于各民族-国家的经济发展水平不同、历史文化相异、体制机制有别，环境史研究的方法、内容、成效各呈异彩。对人类环境史的梳理、研究，“以史为镜”“以史为鉴”，为当前生态环境危机的克服提供有益的历史借鉴。

环境保护运动。人类的实践活动始终处在自然环境之中，有史以来，人类爱护环境的理念和行动早已有之，二战以后，由于生态环境危机的日益严峻，环境保护运动的理论和实践才更加成熟。环境保护运动大致经历三个阶段：19世纪中、后期到20世纪上半叶的“自然保护运动”阶段，20世纪上半叶到20世纪60年代的“环境保护主义”阶段，20世纪60年代以后的“生态保护主义”阶段。在人们的日常生活中，无论“自然保护”还是“生态保护”，都统称为环境保护，在理论和实践中，环境保护运动具有自身的特性，一是环境保护运动的主体具有多元性，除了一般的环保组织、草根团体以外，还有农场工人运动、学生运动、福利运动等；二是环境保护运动具有自身的目的性，环境保护运动者认为生态资源具有有限性，主张人类应该合理开放和利用有限的自然资源，认为自然万物本身具有实用、美学、娱乐等客观价值，主张人类应该保持自然生态系统的完整性、完美性；三是环境保护问题具有长期性、复杂性。环境保护并非一日之功，各个民族-国家的历史和现实千差万别，环境保护与政治、经济、文化等紧密相连。尽管环境保护运动对缓解全球生态环境危机产生了积极的作用，但是，西方的环境保护运动无法动摇资本主义的根基，资本主义社会中“财富的利己主义”与“生态共同体的土地伦理”是势不两立的，资本主义社会就像一个患有“忧郁症”的患者，由于“过度迷恋经济健康而丧失了保持健康的能力”①；由于过度迷恋无限“利润”和“增长”的神话而丧失了人之为人的健康的理智。

当代西方的生态思潮，虽然流派众多、思潮林立、学科比较完善，但在解决全球生态危机的效果方面并不理想，主要是由于当代西方的生态思潮大多是

① 约翰·贝拉米·福斯特．生态危机与资本主义［M］．耿建新，宋兴无，译．上海：上海译文出版社，2006：82.

在发达资本主义社会中生长起来的，对发展中国家而言，这些思潮、理论不一定符合本国实际。当资本主义社会把“金钱”塑造成为“真正的共同体”的时候，在道德上的表现不是“冷酷无情”就是“更高的不道德”①，由于资本主义制度无法对自身的“基本矛盾”进行自我革命，在一定程度上只能为解决生态危机提供具有一定“局限性”的却并不具有“普遍性”的操作路径，因而，尽管西方的生态思潮种类繁多、形式多样，事实上，却无力为解决全球性生态危机带来乐观主义的实践方案。

① 约翰·贝拉米·福斯特. 生态危机与资本主义［M］. 耿建新，宋兴无，译. 上海：上海译文出版社，2006：82-83.

第三章

生态危机与政治危机的历史叙事

人类文明兴衰的历史叙事承载着辉煌和苦难的两大历史主题，如何在辉煌的历史记忆中铭刻苦难的历史教训，如何从历史的灾难中寻求文明发展的动力，是克服当代社会“历史虚无主义”和“价值虚无主义”的基本前提。历史的经验和教训告诉我们，要记住苦难的创伤，在苦难中磨砺意志，不要仅仅“从久远的美好东西出发”，而要在历史的痛苦中思考。“久远的美好”虽然能够激荡起心中的历史自豪感，但是，如果忘却了对苦难的反思，就会使人过度虚荣、精神懈怠以及意志软弱。在人类文明发展史上，由自然因素、社会因素、技术因素、制度因素等所引发的生态危机、灾荒苦难、残酷战争、政治衰败等痛苦记忆，需要唤醒人们从痛苦的否定性出发，启动对历史视野中生态、战争、政治的理性之思，在肯定与否定、历史与逻辑、自然与社会、辉煌与苦难的理论和实践张力中审视和开启现代社会生态安全与政治安全相互促进的历史进程。

第一节　生态危机与政治危机：传统中国的生态、战争与政治[①]

在传统中国的历史视野中，表面上看，生态危机导致灾荒苦难，继而引起战乱频发、加剧政治危机，但实质上，生态危机与政治危机有密切的逻辑关联，正如李翱有言：“古之人修人事以应天数，故有九七年之厄而民不病。”而“后

① 该部分已作为项目阶段性成果公开发表。参见张首先．生态危机与政治危机：传统中国的生态、战争与政治［J］．天津行政学院学报，2017（6）：38-43.

之人委天数而废人事，故一二年之灾，而民已转于沟壑矣。”①

一、灾荒之重与民生之痛：传统中国的生态危机

传统中国的生态危机与现代社会的生态危机本质相同，而表现形式不一样。所谓本质相同，就是剥夺了民众最基本的生存之源和生命之需；传统中国的生态危机所造成的物质短缺、资源破坏通过灾荒（我饿）的形式表现出来，现代社会的生态危机所造成的环境污染、生态破坏通过风险（我怕）的形式表现出来。无论是“我饿”还是“我怕”都对老百姓的生命健康构成巨大威胁。灾荒的频频发生是传统中国的民生之痛，也催生了中国历史长河中连绵不断的生命悲歌、社会动荡和政权颠覆。据《汉书·五行志》记载，中国历代的灾害种类非常繁多，达 60 余种，如水灾、火灾、风灾、旱灾、蝗灾、兽害、草妖、阴霾、地震、山崩②等，其中最严重、最频发的是水、旱、蝗、疫四大灾害，自然灾害的严重后果在一定程度上生成了饥荒四起、民不聊生的社会乱象，中国古代对饥荒有各种称谓，饥、馑、荒、歉、馈、侵、凶等，《墨子·七患》从粮食收成的量的角度对馑、旱、凶、馈、饥进行了描述：“一谷不收谓之馑，二谷不收谓之旱，三谷不收谓之凶，四谷不收谓之馈，五谷不收谓之饥。”同样，《穀梁传》对嗛、饥、馑、康、侵也作出了一定的区分：“一谷不升谓之嗛，二谷不升谓之饥，三谷不升谓之馑，四谷不升谓之康，五谷不升谓之大侵。”当然，从历史上看，自然灾害的发生并不一定必然导致遍野哀鸿、满目疮痍。从灾荒发生的原因来看，既有自然的原因又有人为的原因，天数也？人事也？邓云特在《中国救荒史》中记载，我国灾荒之多，载满史册，被西方学者称为“饥荒的国度”③，据不完全估计，从商汤十八年（公元前 1766 年）到 1937 年，受灾达 5258 次。其中：秦汉 440 年，灾荒 375 次之多；三国两晋 200 年，灾荒 304 次；唐代 289 年，灾荒 493 次；两宋前后 487 年，灾荒 874 次；元代百余年间，灾荒 513 次；明代 276 年，灾荒 1011 次；清代 296 年，灾荒 1121 次。④ 历史在灾荒中曲折前行，灾荒在给民族带来苦难的同时，也砥砺了民族坚强不屈的意志，

---

① 李穀．稼亭集：卷一［M］．首尔：韩国景仁文化社，1993：101.
② 班固．汉书［M］．北京：中华书局，1997：360-365.
③ 邓云特．中国救荒史［M］．北京：商务印书馆，2011：9.
④ 邓云特．中国救荒史［M］．北京：商务印书馆，2011：9-47.

但灾荒的频发多发，也给历史留下了更多的反思的空间。无论是“饥、馑、荒、歉”还是“嗛、馈、侵、凶”，都是源起于生态链条的破坏和自然新陈代谢的断裂；无论是“飞蝗蔽日”还是“黄河决堤”，都是源起于人与自然的矛盾冲突和大自然对我们的无情报复。

（一）灾荒与民庶流离

灾荒的降临，迫使老百姓远离故土、流离失所、抛妻别子、流浪异乡，在中国历史上，每次大灾荒之后，长途迁徙的流民不计其数，少则数千人，多则百万之众，其数量之多、规模之大、场面之惨戚，世之罕见。史料表明，灾荒程度越严重，民庶流离人数越多。据史料记载，灾荒之后，流民饥民流浪讨乞数万之众者，比比皆是。《资治通鉴·晋纪·晋纪十六》记载：咸和四年（公元329年），从江陵到建康三千余里的路程中，“流民万计，布在江州”。① 《资治通鉴·汉纪·汉纪三十》记载：“蝗从东方来，飞蔽天。流民入关者数十万人。”② 《元史·本纪·卷三十三》记载，天历二年（公元1329年）夏四月，“陕西诸路饥民百二十三万四千余口”③ 等。

（二）灾荒与白骨蔽野

灾荒不仅造成成千上万的人无家可归，更为惨痛的是，大灾荒之后，流民饥民饿死的、病死的更是难以统计，尸骨成堆、白骨蔽野、哀鸿遍地，已成为中国灾荒史上挥之不去的苦难记忆。清代以前，由于各种原因，历代对灾荒死亡人数的统计不够详细，大多以“不可胜计”“饥死者众”“什七八”“民存无几”等描述性文字而不是以数字的形式进行统计，清代对灾荒死亡人数的统计相比前代较为详细，仅清代两百多年的历史中，因灾荒死亡人数确实触目惊心，仅是嘉庆十六年（公元1811年）这一年，受灾死亡人数竟高达2000万之众。邓云特先生在《中国救荒史》中统计，从嘉庆十五年（公元1810年）到光绪十四年（公元1888年），灾荒死亡人数6000多万④，其中，受灾死亡人数达1000万以上的年份有：嘉庆十六年，道光二十九年（公元1849年），光绪二年（公元1876年）—光绪四年（公元1878年）。嘉庆十六年，山东大旱、河北大水、

① 宋涛．资治通鉴：第4卷［M］．沈阳：辽海出版社，2009：1537.
② 宋涛．资治通鉴：第2卷［M］．沈阳：辽海出版社，2009：617.
③ 宋濂，等．元史［M］．北京：中华书局，1997：206.
④ 邓云特．中国救荒史［M］．北京：商务印书馆，2011：117-119.

甘肃大疫、四川大震，死亡人数2000万有余；道光二十九年（公元1849年），浙江大疫、直隶地震、湖北大水、浙江大水、甘肃大旱，受灾死亡人数达1500万；光绪二至四年，遭遇丁戊奇荒，北方五省：山西、陕西、河南、河北、山东及部分南方地区遭遇中国历史上极其罕见的特大旱灾，“天祸晋豫，一年不雨，二年不雨，三年不雨，水泉枯，岁洊饥”，“食草根，食树皮，食牛皮，食石粉，食泥，食纸，食丝絮，食死人肉，食死人骨”。① 受灾而死者1000万有余。

（三）灾荒与人伦背失

鲁迅先生在《狂人日记》中深刻揭示了封建专制社会的“人吃人”的本质，而人吃人的事件在中国灾荒史上却是不容争辩的事实，当我们看到文学作品中关于战争的残酷场景的时候，我们难免为之惊恐，然而，当我们翻开史书，看到灾荒场域下人吃人的各种“面相”时，我们是什么样的感受呢，历史是一本深刻的教科书，它会时时警醒我们，当大自然无法给我们提供基本的生存之需的时候，我们再也不会高傲地认为人是万物中最高贵的动物。在求生本能的驱使下，各种人伦规范、道德框架在残酷的“求生”过程中迅速坍塌，王锡纶在《怡青堂文集》中描述道：“死者窃而食之，或肢割以取肉；或大脔如宰猪羊者”，“有妇人枕死人之身，嚼其肉者”，“甚至有父子相食，母子相食，较之易子而食、析骸以爨为尤酷。”② “路人相食，家人相食，食人者为人食，亲友不敢相过……饿殍载途，百骨盈野。”③

从浩瀚的中国灾荒史料中，我们可以查阅到大量的关于人吃人的资料。比如，《资治通鉴·汉纪·汉纪一》中记载：“关中大饥，米斛万钱，人相食。”④《资治通鉴·梁纪·梁纪十三》中记载：“魏关中大饥，人相食，死者什七八。”⑤《资治通鉴·唐纪·唐纪十九》中记载：“关中先水后旱、蝗，继以疾疫，米斗四百，两京间死者相枕于路，人相食。”⑥《续资治通鉴》《晋书》《魏书》《隋书》《旧唐书》《新唐书》《明季北略》等史籍中均有详尽记载。人的

① 刘仰东，夏明方．灾荒史话［M］．北京：社会科学文献出版社，2011：41-42.
② 刘仰东，夏明方．灾荒史话［M］．北京：社会科学文献出版社，2011：43.
③ 刘仰东，夏明方．灾荒史话［M］．北京：社会科学文献出版社，2011：41-42.
④ 宋涛．资治通鉴：第1卷［M］．沈阳：辽海出版社，2009：133.
⑤ 宋涛．资治通鉴：第7卷［M］．沈阳：辽海出版社，2009：2509.
⑥ 宋涛．资治通鉴：第9卷［M］．沈阳：辽海出版社，2009：3292.

求生本能加剧了人伦框架的坍塌，失去生命支撑的人伦框架就不可能有存在的意义，对生的向往、对身的维护迫使“身”之“心”进入死亡状态，“哀莫大于心死”表明人之理性的完全丧失，个体理性的丧失必然导致非理性的个体行动，集体理性的丧失必然导致非理性的集体行动的发生，中国灾荒史上“人相食”的历史惨剧是在人的生命极限受到残酷威胁时的非理性的集体选择，非理性的集体选择又进一步催生“心之死”的广度和深度，“心之死”的结果最终只能导致“身”与“心”的双重毁灭，“人相食”这一人间悲剧在历史舞台上的反复“上演”不断向历史、现实和未来提出人类一直追问的首要的基本的问题：人是什么？什么是人？丧失人伦的人还能成为人吗？答案肯定是不能。那么，是什么让人丧失了基本的人伦呢？答案也是肯定的：人。人是“人伦”的立法者和执行者，破坏人伦、丧失人伦的只能是人，不可能是其他动物，因为人伦和其他动物无关。由传统生态危机导致的灾荒苦难继而引发的“人相食”的历史记忆在给现代人以强烈震撼的同时，也开启了人们对现代生态危机的反思之门。

二、生态破坏与吏治腐败：传统中国的生态与政治

灾荒是生态系统被破坏的结果，而生态系统的破坏究其原因有二：一是天之变，二是人之祸。人之祸既加快了灾荒发生的频率又加重了灾荒破坏的程度，在传统中国漫长的历史中，人之祸主要与政治因素有关，孙中山认为：“贪污是产生饥荒、水灾、疫病的主要原因”“所有的一切的灾难只有一个原因，那就是普遍的又是有系统的贪污。”① 灾荒的防范与救治确实与吏治密切关联，灾荒与吏治关系的处理直接影响到政治秩序和政治安全。早在西周时期，我国著名的儒家经典《周礼》中的《地官司徒·大司徒》一章就详尽阐述了“聚万民”“养万民”等思想，第一次提出了“荒政十二”的主张，列举了备灾、救灾、抗灾的十二条措施：散利、薄征、缓刑、弛力、舍禁、去几、眚礼、杀哀、蕃乐、多昏、索鬼神、除盗贼，并在荒政的基础上提出了“慈幼、养老、振穷、恤贫、宽疾、安富”六项规定以保障万民的繁衍生息。尽管传统中国的统治阶级认识到灾荒对民心得失、政治统治的重要影响，但是，在具体的政治实践中，

① 广东省社会科学院历史研究所，中国社会科学院近代史研究所中华民国研究室，中山大学历史系孙中山研究室．孙中山全集：第1卷［M］．北京：中华书局，1986：89.

由于政策失当、吏治腐败大大加重了灾荒的破坏程度和民生的艰难程度，从而，也为民心丧失、政治动荡、政权颠覆提供了广阔的可能性空间。

（一）人为因素与生态破坏

由于人口增加和生产力水平的低下，人与自然的关系逐渐开始紧张，生态系统在“人为”因素的影响下，正常的新陈代谢开始出现断裂，加之历代统治阶级为了自身利益和政治统治的需要，出台的部分公共政策缺乏一定的科学性、合理性，比如，过度的土地开发、水利的废弃不修、森林的乱砍滥伐、战争的频繁爆发等，破坏了生态环境正常的循环、修复和能量交换系统，衍生出旱、涝、虫、疫等各种自然灾害。

第一，垦荒无度，生态失衡。孟子曰：“诸侯之宝三：土地、人民、政事。”（《孟子·尽心章句下》）土地是人类生存、发展的根基，每一代人都应该像好家长一样照管好土地、保养好土地，然后把精心护理好的土地传给下一代，千万不能让土地在某一代人手中被破坏，那样就可能中断人类生生不息的持续。为了更好地生存，人对土地的开发是必要的，也是必需的，人在土地面前既是能动的又是受动的自然存在物，人的能动性的发挥必然受到自然规律的制约，正如马克思所说，人之所以具有能动性是因为人具有“自然力、生命力”，人之所以具有受动性是因为“人作为自然的、肉体的、感性的、对象性的存在物，同动植物一样，是受动的，受制约和受限制的存在物”。① 因而，适度的垦荒有利于经济社会的发展，如果垦荒过度，破坏了生态平衡，大自然对人类的惩罚就会不期而至。在中国传统历史文献中可以看到，历代统治阶级都很重视垦荒，劝民垦荒、赏以官资的举措甚多。凡垦荒者都享受各种优惠政策，比如，免交税赋、免差役，甚至加官晋爵等，但是，由于过度垦荒，大量植被破坏，水土流失、旱涝成灾，土地沙漠化、盐碱化。明代以来，北方移民不断增多，人均土地越来越少，垦荒规模不断增大，垦荒政策比前代更加宽松，但大多垦荒都是粗耕劣作，只求数量不重质量，西北地区地势险要，山高谷底，但垦荒之势并不亚于平原地方，河西走廊、黄土高原等地，虽是高山峭壁之处，也有移民开垦种地。而华北平原等地，虽地势平坦，垦荒成本不高，但是，生态脆弱，植被稀少，容易被破坏，加之常年风高，土质干燥，水土难以保持，但由于生

① 中共中央马克思恩格斯列宁斯大林著作编译局．马克思恩格斯文集：第1卷［M］．北京：人民出版社，2009：209.

存之需、政策之利、巧夺之便，垦荒屯田，时已成风，让本身脆弱的北方生态雪上加霜，破坏至极，致使北方地区土地“三化”（荒漠化、沙漠化、盐碱化）异常严重，远远望去，“荒沙漠漠”弥漫天野。明穆宗时，华北平原凡是屯田的地方，要么沟壑纵横，要么卤碱严重，要么成为沙碛之滩，总之，“瘠薄之地”“沮洳之场”随处可见，后人叹曰：“屯田坏矣，务贪多者失于鲁莽。”

第二，林业不兴，万物不繁。《周礼》认为“五物”是安天下的基本，“五物”指“山林、川泽、丘陵、坟衍、原隰”，“山林”居“五物”之首，山林的繁茂有利于生物多样性的生长，其繁茂程度与人的行为密切相关，《荀子·王制》告诫人们：“草木荣华滋硕之时，则斧斤不入山林，不夭其生，不绝其长也。”①《汉书·货殖传》也强调：“育之以时，而用之有节。草木未落，斧斤不入于山林；豺獭未祭，罝网不布于野泽；鹰隼未击，矰弋不施于徯隧。”如果人的行为不遵循山林自身的规律，山林一旦被破坏，就会产生一系列的连锁反应，最终殃及人自身。林业不兴、则万物不繁；万物不繁，则人难以其继。《韩非子》《淮南子》等诸多典籍中详尽地揭示了林业不兴，万物不繁的逻辑关联，《韩非子·难一》中说：“焚林而田，偷取多兽，后必无兽”②，《淮南子·本经训》中也多次告诫：“刳胎杀夭，麒麟不游，覆巢毁卵，凤凰不翔……焚林而田，竭泽而渔。”③ 中国历史上对森林的破坏主要是统治阶级的大兴土木、豪强之家的林木滥伐、对外战争的烧荒政策、手工业中的木材燃料、日常生活的柴炭采伐等。秦始皇修阿房宫、建骊山墓，砍伐森林、劳民伤财、民怨沸腾。汉武帝大兴土木，修建桂宫、明光宫等，耗用大量木材，所建宫室之奢侈，林木用之不足。元、明以来，修建各种宫殿、官邸、王府、皇陵等大型工程，耗资巨大，大量林木被砍伐，比如，正德六年（公元1511年）建乾清宫，嘉靖十九年（公元1540年）建献庙，嘉靖三十六年（公元1557年）建三殿，万历十一年（公元1583年）建慈宁、慈庆宫等，著名佛教圣地五台山一直是林木苍翠，而到了万历年间，却变成一片光山秃岭。豪强之家对森林的破坏力度也很大，汉代崇尚厚葬之风，富贵人家的棺椁很讲究制式和质地，从出土的文物来看，墓主人的棺身都是由整块大木头刳凿而成，耗材达至数百立方米。在对外战争

① 张觉．荀子译注［M］．上海：上海古籍出版社，2012：107.
② 韩非子［M］．赵沛，注说．开封：河南大学出版社，2008：360.
③ 淮南子［M］．杨有礼，注说．开封：河南大学出版社，2010：313.

的烧荒政策方面，明英宗天顺年间提出“御边莫善于烧荒”“积粮莫善于电田”的主张，制定一系列的烧荒政策，兵部竟按照烧荒的多少论功行赏，凡边境之地，所生林木尽相斩伐，致使辽、元以来的参天古树全部砍伐殆尽。明清以来冶铁厂、砖瓦厂、纸厂大量涌现，它们都以木材作为燃料或原材料，耗费了丰富的森林资源，万历九年（公元1581年），朝廷不得不将铁厂与山场同时关闭。日常生活中的柴炭采伐，所耗树木数量巨大，明清以来，炭厂林立，凡有树木之处都建有炭厂，老百姓以烧炭、贩炭营生，而烧炭所需林木，无论大小，皆可用之。

森林的持续破坏，致使水土严重流失、水文状况恶化、水旱灾害频繁，仅从“永定河”之名的由来，我们便知林业不兴、万物不繁的道理，“永定河”在汉魏时期因为河水清澈见底被称为“清泉河”；辽金时期由于森林砍伐河水变黑被称为“卢沟河”；元代时因为森林破坏河水浑浊被称为“浑河”；后来太行山森林被持续破坏，“浑河”泥沙泛滥、河床改道频繁，被称为“无定河”；康熙帝希望“无定河”安定下来，赐名为“永定河”。但永定河并不“永定”，清朝时期，平均三年半泛决一次。

第三，水利失修，旱涝无备。水是生命之源，《管子·水地》中说：“水者何也？万物之本原也，诸生之宗室也。”① 水的“利”与“害”与人的治理有关，最早把水之性提升到国家治理层面的是管子，在《管子·度地》中，管仲曾对桓公说，水为“五害”之最，“水之性，行至曲必留退，满则后推前，地下则平行，地高即控，杜曲则捣毁”，“水妄行则伤人，伤人则困，困则轻法，轻法则难治”。水的治理成功关系到经济发展、国民安全、社会稳定，历代仁人志士、明君贤臣都非常重视水的治理，荀子认为水利工程的修建是防“岁凶”的安民之策，“修堤梁，通沟浍，行水潦，安水臧，以时决塞”。明景泰年间，徐贞明在《请亟修水利以预储蓄酌议军班以停勾补疏》中认为：“惟水利不修，则旱涝无备，旱涝无备，则田里日荒，遂使千里沃壤莽然弥望。”② 水利不仅可以防灾，还是强国、裕民、聚民之道，水利之策，流芳万世。中国是水利大国，长江、黄河孕育、滋养着中华文明，但长江、黄河在历史上也带来了一定的水害之灾，尤其是黄河，在中国历史上，黄河从周定王五年（公元前602年）第

---

① 管子译注［M］. 耿振东，译注. 上海：上海三联书店，2014：218.

② 陈子龙，等. 明经世文编［M］. 北京：中华书局，1962：4306.

一次改道开始，迄今2000多年以来，其改道或决口不计其数，所造成的灾害损失也是触目惊心的，其中，黄河重大改道时间主要有：周定王五年（公元前602年），汉武帝元光三年（公元前132年），王莽始建国三年（公元11年），南宋建炎二年（公元1128年），清咸丰五年（公元1855年），民国时期（公元1938年），等等。据《史记·河渠书》记载：汉武帝元光三年，黄河决口于瓠子，汉武帝亲临黄河决口现场，悲感之余，即兴作诗抒怀，悼其治理黄河功之不就，歌词感情真挚、委婉凄楚、悲切动人，流传至今而令人深思，全诗充满责己之意、恤民之心、治水之切。①

（二）吏治腐败与灾荒丛生

封建社会吏治之腐败，往往发生在王朝中后期，王朝之初励精图治，王朝中期开始享乐腐化，王朝末期腐败奢靡。王春瑜先生在《中国反贪史》的序言中有“三叹”：一叹贪官何其多也，二叹清官何其少也，三叹改革家怎能忘记赃乱死多门②。就贪官而言，历代贪官之多、贪官之狠，难以言说，梁武帝时大贪官鱼弘曾得意忘形地说：“我为郡，所谓四尽：水中鱼鳖尽，山中麞鹿尽，田中米谷尽，村里民庶尽。”《梁书·夏侯亶传》对民脂民膏的无情搜刮已是历代贪官的不二选择，只是程度不同而已；就清官而言，历代清官之少，屈指可数，清官徐九经曾在大堂上画一颗菜，题曰：“民不可有此色，士不可无此味。”《夜航船》如果民“有此色”，那当官就没有为民作主，至少不是一名好官；如果士“无此味”，而民“有此色”，那至少不是一名清官，清官虽然能受到老百姓的尊重，清官之名虽然历史上能千古流芳，但清官在官场的政治生态中，其生存空间、发展空间非常有限；就历代改革家而言，历代改革家中清正廉洁者有之，但为数不多，比如，北宋改革家范仲淹、王安石等；而大多数改革家们虽功绩卓著，却难洗污泥之浊，如西汉改革家桑弘羊、明代改革家张居正等。

由于吏治腐败，官员们大多疲玩废堕，置民生于不顾，在“民生”与“官运”之间，“官运”比“民生”更重要，慷“民生”之慨，盗“民生”之财，打通官场关节、铺平“青云”之路，而“民生”之财正好在“防灾”“报灾”“赈灾”中轻易获得，因而，防灾不力、报灾不实、赈灾不为的“三不”现象在历代灾荒治理中比比皆是，防灾、报灾、赈灾不仅不能降低灾荒的程度反而

---

① 司马迁．史记：第1卷［M］．韩兆琦，译．北京：中华书局，2008：620.

② 王春瑜．中国反贪史：上卷［M］．成都：四川人民出版社，2007：1-13.

成为贪官们的生财之道、奢靡之时。在防灾过程中，贪官污吏们并不希望减灾、防灾，而是希望更大的灾情发生，他们才能从中牟利，比如，在黄河治理中，贪官污吏并不希望把黄河治理好，而是希望黄河决口，才能骗取、贪污更多的河防经费，“黄河决口，黄金万斗”，如果黄河久不决堤，河官就很着急，他们甚至人为地破坏河堤，私穿小洞，让黄河决口，造成大患，《魏源集·筹河篇》中记载了这样一个事例，河官竟然故意在黄河水急处私开小洞造成黄河决口，“久不溃决，则河员与书办及丁役，必从水急处私穿一小洞，不出一月，必决矣，决则彼辈私欢，谓从此侵吞有路矣”。① 负责河防的官员不是治理河道，而是希望黄河决口，黄河决口造成灾难是河官的期盼，只有这样，河官才能“侵吞有路”，防灾不利，放任河患，故意让水利失修，水利失修致使中国北方许多地区“旱则赤地千里，涝则洪流万顷”。② 在报灾过程中，地方官遇灾不报，或谎报、虚报，苛捐杂税照征不误，“遇灾不行申报，既灾之后，犹照旧惯，催征岁粮”。③ 官吏对灾民放任不管，或强行驱逐，致使灾民流离四方，路有死骨，对外地饥民，不施救济，强行驱赶，“各处有司，遇有外县逃民到来，一切驱逐，不容在境潜住”。④ 在赈灾过程中，更是花样百出、腐败丛生、荒唐至极，赈灾分两类，一曰“清灾”，一曰“浑灾”。“清灾”者，清正廉洁也，官员以救灾为己任；“浑灾”者，贪污腐化也，官员以“办灾为利数”。明万历年间，明神宗作为最高统治者对当时的荒政腐败严加痛斥，四方吏治，不求荒政，“止以搏击风力为名声，交际趋承为职业，费用侈于公庭，追呼遍于闾里，嚣讼者不能禁止，流亡者不能招徕”，“目前之事，不知汰一苛吏，革一弊法，痛裁冗费，务省虚文，乃永远便民之本，如此上下相蒙，酿成大乱，朕甚忧之”。⑤ 乾隆三十九年（公元 1774 年），藩司王宜望一案，令乾隆帝非常震惊，称此案“奇贪肆黩，真有出于意想之外者”，下令处死各级贪官 56 人，发遣 46 人。光绪八年（公元 1882 年），安徽水灾，民不聊生，直隶候补道周金章领取 17 万两赈灾款，仅拿 2 万两赈灾，贪污 15 万两“发商生息”。各级官员，阳奉阴违，

---

① 魏源．魏源集：上册［M］．北京：中华书局，1976：388.
② 陈子龙，等．明经世文编［M］．北京：中华书局，1962：4309.
③ 陈子龙，等．明经世文编［M］．北京：中华书局，1962：1482.
④ 陈子龙，等．明经世文编［M］．北京：中华书局，1962：290.
⑤ 瞿九思．明神宗实录：第 269 卷［M］．台北：“中央研究院”历史语言研究所，1962：5000.

欺上瞒下，“专事蒙蔽，视民饥馑而不恤”。① 正如近代诗人高旭在《甘肃大旱灾荒感赋》中所言：“天既灾于前，官复厄于后……官心狠豺狼，民命贱鸡狗。”

三、灾荒与战争：传统中国的政治危机

“由灾荒所逼发的战争，主要形式是农民暴动；而招致灾荒的战争，主要形式是进行封建掠夺的战争。”② 灾荒引起的民生之艰，必然导致民心之变，《诗经》中早已记载：“民之无食，相怨一方”“天方荐瘥，丧乱弘多”。历代很多诗歌真实地描写了灾荒中老百姓的凄惨生活，清朝晚期一首《路旁儿》，至今读来令人肝肠断裂、泪如泉涌：去冬卖儿有人要，今春卖儿空绝叫。儿无人要弃路旁，哭无长声闻者伤。朝见啼饥儿猬缩，暮见横尸饥鸟啄。食儿肉，饱鸟腹，他人见之犹惨目。③ 与此形成鲜明对比的是贪官们的骄奢淫逸。历代掌管水利治理经费的河官大多贪污腐化，过着花天酒地的生活。清代道光以后，河工支出经费巨大，可以说“竭天下之财赋以事河”。然而，河防经费越多，决堤、溃坝越多。河防经费往往被河官奢靡殆尽，他们偷工减料、谎报漏报、层层克扣，各种卑鄙手段用之不竭。据资料记载，河官宴客奢华无度，虽酒阑人倦，但“从未有终席者”。河官的衣食住行之排场远远超过广东之洋商，斗奇竞巧，奢侈至极；河员厅署之内必蓄梨园，从早晨到深夜、从元旦到除夕，嬉游歌舞、四季不停，无论寒暑；河防经费大肆挥霍，买官卖官、招养食客、贿赂官员，各方官商、游士“皆以河工为金穴”，与河官交往“千金可立致”。乾隆末年，大贪官和珅与河道总督相互勾结、大肆贪污，致使河防松懈、河患频发。④

生态危机、灾荒频繁、政治腐败、阶级冲突、战争不断，形成了生态危机与政治危机相互影响、相互依存的逻辑之链。据史料记载，自秦以来，到“民国”九年（公元1920年），两千多年来战乱不断，早在西周时期，连年干旱引发了大规模的饥民起义；西汉、东汉时期，因灾而饥的饥民聚众数百人、数千人、数万人不等，或杀吏或攻城、或为寇；魏晋时期，政治颓废、天灾频发，饥民起义、遍及全国；隋朝时期，水旱不断，各地饥民，纷纷暴乱，仅大业九

① 林俊．见素集：第1卷［M］．上海：上海古籍出版社，1991：325-326.
② 邓云特．中国救荒史［M］．北京：商务印书馆，2011：85.
③ 李文海．晚清诗歌中的灾荒描写［J］．清史研究，1992（4）：103-108.
④ 邓云特．中国救荒史［M］．北京：商务印书馆，2011：83.

年（公元613年），从正月到十二月，月月有骚乱，称王称帝者皆有之；唐代后期，尤其是从乾符元年（公元874年）到光启元年（公元885年）期间，水旱饥馑，连年不断，人民困苦，斗争绵绵；宋代灾荒频繁，饥民起义，声势浩大，尤其是神宗、哲宗时，四方饥馑，民变四起；元代贫民起义，风起云涌，从西南到东北，聚众暴动，史不绝书；明代正德三年（公元1508年）、嘉靖元年（公元1522年）—嘉靖三十八年（公元1559年）、万历十五（公元1587年）—万历十六年（公元1588年）、崇祯六年（公元1633年）—崇祯十四年（公元1641年），各地灾荒深重，很多地方出现人相食的惨剧，饥民起义，一呼百应；清朝灾荒繁多，百姓饥穷，尤其是顺治二年（公元1645年）、顺治五年（公元1648年）、康熙十八年（公元1679年）、康熙三十七年（公元1698年）、康熙四十三年（公元1704年）、道光十二年（公元1832年）、同治七年（公元1868年），灾荒、瘟疫四起，流民、饥民为生而战，大小起义，此起彼伏。历代因灾而起的各种规模的战争对当时的政治统治造成了一定的影响，甚至严重动摇了统治阶级的政治根基，在传统中国的历史视野中，由生态危机引起的灾荒与战争始终与各个历史时期的政治危机相伴而行、共存共生。

第二节　生态兴衰与文明消长：古典文明的生态-政治之链

黑格尔认为，历史的真正舞台不是在极寒、极热之地，而是在温带。① 因为极寒、极热之地无法为人类提供基本的生存条件。人类最基本的生存需要是历史发展的第一前提，只有在基本的生存需要得到基本满足的时候，历史才有存在和发展的可能，历史记录着人类文明生长发育的轨迹。在温带地区，适合农作物丰茂生长的各种地理环境、气候条件等，为人类早期文明的生长提供了良好的自然生态。

一、文明之光与生态之根：文明兴起中生态与政治的相互依存

人类的文明之光都与生态良好密切相关。根据通行的观点，人类的早期文明发源于不同的大河流域，水是生命之源和文明之始基，大河是生命和文明的

---

① 黑格尔．历史哲学［M］．王造时，译．上海：上海书店出版社，2001：75.

摇篮。公元前5000年—前2000年，人类早期文明分别在两河流域、尼罗河流域、印度河流域、黄河流域等不同的地方绽放异彩。由两条大河（幼发拉底河和底格里斯河）滋养的人类最早的文明之一——苏美尔文明，开启了人类较早的城市文明之光。如果说苏美尔文明开启了人类文明之窗，那么，埃及文明、印度河文明、黄河文明等对人类文明的影响是很深远的。所有的早期文明都深受生态环境的影响，生态环境是人类早期文明的生长根基。幼发拉底河和底格里斯河在美索不达米亚区域的生成和流淌，造就了苏美尔文明的文明类型是城市文明而非帝国文明。由大河冲击形成的若干小平原从空间上自然划分成以苏美尔为中心的不同的小城邦，在人类文明史上成功实现了从部落文化向城市文明的转型。苏美尔古典文明最鲜明的特征是楔形文字，楔形文字的出现与幼发拉底河、底格里斯河长期滋养、灌溉这一片土地密切相关。在漫长的农耕生产实践中，出现了最初的楔形文字。楔形文字既不是艺术想象也不是智力游戏，而是人们生产劳动的精神结晶和文化积淀。但是，幼发拉底河、底格里斯河每年都要爆发特大的洪水，被称为恶毒之神的特大洪水给苏美尔人带来了焦虑和不安全感，因而，苏美尔古典文明中的宗教观、人生观、价值观都具有明显的悲观色彩。

如果说苏美尔文明是城市文明，那么，埃及文明则是帝国文明。无论是城市文明还是帝国文明，都是由当时的自然环境决定的。埃及文明的帝国性质得益于埃及优越的地理环境，尼罗河不像幼发拉底河、底格里斯河那样暴力和任性，它恰似一位温和的母亲把整个埃及滋润成一个稳定、有效的整体。幼发拉底河、底格里斯河被称为恶毒之神，而尼罗河则被称为欢乐之神。尼罗河流域东面、南面、西面是沙漠，北面是海岸，这一安全的地理环境能够有效防止外来的入侵，为帝国文明的兴起创设了基本条件。古埃及文明的帝国特征在政治上的主要表现是对王权的崇拜迷信，古埃及没有真正的法律，法老的话就是法律，古埃及金字塔就是对法老王权神威崇拜迷信的历史明证，在经济上的主要表现是国家对经济生活的全面干预，王权的权力渗透在生产过程、产品分配、赋税缴纳、徭役劳役等生产生活的方方面面。古埃及的文字是象形文字，文化产品主要表现在奢侈艺术方面，在珠宝制艺、玻璃着色、美容化妆等领域达到了较高的成就。

约公元前2500年，在“温和气候时代”，印度河流淌的地方生长着郁郁葱葱的热带森林，良好的生态环境为印度河文明的诞生奠定了坚实基础。印度河文明与苏美尔文明、埃及文明一样都具有农业文明的共性，但也有自身独特的个性。印度河文明的宗教气息浓厚，其浓厚的宗教气息源起于优越的生态环境。古印度河流域气候温和、土壤肥沃、物产丰富，这里盛产珍珠、香料、玫瑰精等天然珍宝，成为外部世界向往和想象的地方。印度先民和其他地方的先民不完全一样，由于优越天然宝藏的先天馈赠，他们不需要过度劳碌而对大自然心生感激。在对大自然神秘想象的同时也对自身血缘关系进行神秘建构，在过度神秘化的过程中印度成了“狂想和敏感的区域”。① 黑格尔认为，印度把一切事物都泛神化，但这种泛神化是“想象”的而不是“思想”的泛神化。② 想象虽然没有边界，但浓厚的宗教确是严密的精神控制和社会控制。据考证，古印度河流域的城市布局一致，连建筑所用的砖块都只有两种标准尺寸。古印度河文明区别于其他古代文明的标志之一是没有城防工事和军事装备，这与宗教的严密控制是分不开的。

黄河是人类最早的文明发源地之一，据《汉书》记载：“中国川原以百数，莫著于四渎，而河为宗。”黄河被誉为百水之首、四渎之宗。黄河流域水量充足、土壤肥沃、供水及时，适宜种植旱地作物。约公元前 6000 年，黄河流域的先民们已成功种植粟、黍等作物，逐步扩大到小麦、高粱、大豆等作物的栽培，从河西走廊的东灰山遗址（新石器时代遗址）中发现的小麦、大麦、小米、黄米等农作物的碳化种子足以充分证实。从现已出土的多种遗址发现，约公元前 5000 年，黄河流域便出现了仰韶文化（黄河中游）、大汶口文化（黄河下游），家族财富开始聚集，中心部落开始形成，贫富分化开始产生，石器、玉器、陶器等手工制造技术比以前大有进步。约公元前 3000 年，黄河流域产生了龙山文化，物质生产水平逐渐提高，财富积累逐渐增多，财富掠夺加剧，族群战争频繁，酋邦社会开始形成。龙山文化之后，黄河中游出现了夏文化（二里头文化）、商文化（下七垣文化），黄河下游出现了夷人文化（岳石文化），生产力水平比前期大大提高，青铜文化达到高峰，城邦、军事城堡频繁出现，王国社会开始形成，到了秦代，王国社会正式进入帝国时代。③ 黄河文明区别于苏美

① 黑格尔．历史哲学［M］．王造时，译．上海：上海书店出版社，2001：129.
② 黑格尔．历史哲学［M］．王造时，译．上海：上海书店出版社，2001：131.
③ 严文明．黄河流域文明的发祥与发展［J］．华夏考古，1997（1）：49-54，113.

尔文明、埃及文明、印度河文明最大的独特之处在于，黄河文明是包容性文明、连续性文明，是人类文明中从未中断的文明，正如勒芬·斯塔夫罗斯·斯塔夫里阿诺斯（Leften Stavros Stavrianos）所说，以黄河文明为起源的中华文明是“从未遭毁灭或得到彻底的改造”的文明。① 仅从文字渊源来看，楔形文字（苏美尔文明体现）、埃及的象形文字（埃及文明体现）、古印度文字（印度河文明体现）都没有得到历史的延续，只有中国的甲骨文（黄河文明体现）虽经过多次演变，在结构和表意方面仍然得到传承，从篆书—隶书—楷书的文字体系到现代文字的书写体系都离不开“六书”的根源。

二、生态之殇与政治衰败：文明衰落中生态与政治的耦合效应

作为人类文明之光的苏美尔文明在建立了两个帝国（阿卡德和乌尔第三王朝）之后，到了公元前2004年，开始走向衰落，一方面是由于希腊和伊斯兰文明对苏美尔文明的征服；另一方面，苏美尔地区生态环境（主要是土地盐碱化）的恶化是这一文明之光消失的重要原因。法国考古队在苏美尔城吉尔苏的遗址中发现，苏美尔地区土地盐碱化非常严重，出土的大量农业泥板文书记载，在苏美尔城邦争霸时期，不同区域的农田盐化面积不断攀升，从1%到100%不等，小麦（小麦不耐盐）产量不断减少，约公元前1600年，吉尔苏城的土地严重盐化已无法种植小麦，最后完全变成废墟。② 苏美尔地区是冲积黏土，气候多旱少雨，农业生产方式主要是以灌溉为主，长期灌溉使土地和河水中的盐渗入地下水，地下水中的盐逐年聚集增多，侵蚀地表层从而使土地盐碱化。土地盐碱化导致粮食产量迅速减少，人类基本的生存之需受到严峻挑战，在当时的知识和技术条件下，即使大自然已经多次给予人类严重警告，但是文明之初的先民们确实是无法认知和无法解决的，文明之花只好在生态悲歌中无情凋谢了。

印度河文明到底是怎么衰落的，史学家们众说纷纭，有的认为是雅利安人入侵造成的，有的认为是印度河流域生态环境的恶化破坏了印度河文明赖以生成的自然基础。史料证明，印度河文明衰落在前，雅利安人入侵在后，当雅利安人（公元前1750年前后）入侵印度河流域时，代表印度河文明的两座古城

---

① 斯塔夫里阿诺斯．全球通史：从史前史到21世纪［M］．吴象婴，梁赤民，董书慧，等译．北京：北京大学出版社，2016：80.

② 吴宇虹．生态环境的破坏和苏美尔文明的灭亡［J］．世界历史，2001（3）：114-116.

（哈拉帕和达罗）几乎是一片不毛之地。从印度河文明中心的达罗古城的层层淤泥来看，达罗古城确实发生过被泥浆所淹没的生态灾难，据推断，“这一灾难至少发生过5次以上”。① 实际上，由于人口不断增多，生产生活压力增大，森林砍伐严重，水土流失加快，耕地无法灌溉，沙漠化问题越来越严重，印度河流域的生态平衡遭到严重破坏，加之地下火山活动频繁，印度河流域的泥浆、淤泥层层堆积，给当地的生产生活造成了致命性的打击，曾经辉煌一时的布满红砖、彩陶的古典文明在生态悲歌中翻开了沉重的一页。

古埃及文明在历史学上大致分为30个王朝，由于埃及特殊的地理环境，很长时间内，埃及都是由同一王朝统治的大一统的国家，埃及的法老没有神圣与世俗之分，没有生与死的分界，法老即使死了，也在决定埃及先民的命运。从第1王朝（公元前3100年）开始，统治阶级便动用老百姓建造金字塔，最大的金字塔（法老胡夫的）于第4王朝成功建立。埃及神秘的王权统治、庞大的官僚机构、严密的社会控制，形成了强大的帝国文明，这个稳定而保守、自信而乐观的古老文明到底是怎么崩塌的？有学者认为是外族入侵导致的，拉美西斯十一世之后，埃及进入混乱的第三中间期，公元前525年被波斯人征服，公元前331年被希腊人征服，之后埃及丢掉了属于自己的文字、语言和宗教，最终丢掉了丰富的文明遗产。② 有学者认为埃及文明是政治改革失败造成的，埃及是一个君主制国家，法老在整个王权体系中至高无上，法老的权力来自神的委托，法老死后，其威权仍然存在，新的法老采用世袭制，埃及王朝传到法老拉美西斯十一世，拉美西斯十一世把年号更改为“复兴时代”，开始进行政治改革，政治改革的主要内容是分解法老的专制大权，把行政权力与法老的象征权力分开，结果法老失去了实质性的权力，埃及进入混乱状态。其实，埃及遭遇的外族入侵和政治改革都发生在埃及文明的中后期，早在埃及帝国的第6王朝之后，埃及文明的根基就受到严重影响，据考古发现，在第6王朝前后，埃及11位国王记录了63次尼罗河的水量情况，尼罗河水位下降明显，水量减少约30%。公元前2200年前后，尼罗河流域遭遇大面积干旱，整个非洲的干旱都非常严重，埃塞俄比亚的湖泊水位创历史新低，图尔卡纳湖水位明显降低，北非、

① 斯塔夫里阿诺斯．全球通史：从史前史到21世纪［M］．吴象婴，梁赤民，董书慧，等译．北京：北京大学出版社，2016：69.

② 李晓东．“复兴时代”与古埃及文明的衰落［J］．外国问题研究，2016（2）：72-77，119.

西非的湖水水位发生突变。① 由于干旱少雨，老百姓生存非常艰难，加之统治阶级的剥削变本加厉，在第7王朝到第11王朝之间，在生态环境恶变的情况下，埃及多处爆发了农民起义。因而，埃及文明在第6王朝之后就已经出现了衰败迹象，其衰败的主要原因就是文明的根基遭到严重破坏，当然，生态环境的破坏既有自然原因也有人为原因，不过，在古埃及法老专制的帝国文明之下，人为原因更会加重生态环境的破坏。既然文明的根基遭到破坏，那么，后来的外族入侵、政治失败只不过是进一步加快了埃及文明消失的进程。

第三节 历史视野中生态危机与政治危机的双向涵摄

考察和反思历史视野中生态与政治的双向涵摄问题是一项复杂的系统工程，人类文明发展过程中生态与政治的地位如何？二者到底是如何依存的？人类文明有没有终结？这是人类思想家必须面临和思考的问题。

人类最初发展过程中生态与政治都是屈服于神的意志的，从古希腊神话到中世纪神学，从盘古开天地到中国近代神话，神对于生态（一般指自然）、政治而言，都处于最高地位。较早打破人类文明是神的意志的体现的观点的思想家是伊壁鸠鲁（Epicurus）、撒母耳·卢瑟福（Samuel Rutherford）、托马斯·霍布斯（Thomas Hobbes）、弗朗西斯·培根（Francis Bacon）、勒内·笛卡尔（René Pescartes）、弗里德里希·威廉·尼采（Friedrich Wilhelm Nietzsche）等。伊壁鸠鲁通过否定宗教、否定神的权力阐释了人的灵魂的原子不是神的先天定在，它具有运动的属性，这种运动不是简单的直线运动，而是具有“偏斜”直线运动的倾向，因为这种“偏斜”，人在一定程度上会摆脱“先天定在”的束缚，获得多种偶然性的“自由”，但也得到了命运的“不确定性”，这一不确定性在一定程度上解除了神对人的绝对控制。卢瑟福在《法律与君王》中进一步解除了君权神授的特权，破除了未成熟的人类对神秘力量的幻想和崇拜，开始把人类

---

① 王绍武. 2200—2000BC的气候突变与古文明的衰落 [J]. 自然科学进展，2005，15 (9)：1094-1099.

文明的历史还给人自身，而人自身必须把自己“托付给世界”①，个体的“有限”相对世界来说是极其短暂和脆弱的，虽然卢瑟福在解释圣经的基础上把神的权力还给了人为的政治，但是仍然保留了教会的权力。霍布斯提出了人的自然状态的假设，认为在自然状态中，每一个人都在竞争、猜疑、荣誉等提供的无限可能性空间中拼搏和撕裂自身，在拼搏和撕裂中人与人处于一种战争状态，同样，人与社会、人与自然也处于一种战争状态。但是，霍布斯自然状态中的人不是现实的人而是抽象的个体，况且，霍布斯的理论并没有摆脱神学的纠缠，在对待上帝的问题上，霍布斯认为：“很显然，我们应当认为他（指上帝）是存在的。”② 培根通过否定“第五类实体”（用来指称星球和天体中的某种元素）确定了培根式的新唯物主义，在培根哲学中，他清除了上帝创世的力量，认为一切神秘世界，甚至亚里士多德的宇宙观都是一种“异想天开”之物，所有新生事物只有在政治世界中才能被创造，人作为世界的中心，通过对知识和技术的掌握所展现的巨大力量可以把一切古老的宗教迷信完全摆脱。培根乐于用知识和技术征服自然，他认为，自然一旦被人类所驾驭和控制，“世界性社会之建立就指日可待”③。笛卡尔通过“我思”高扬了人类理性的大旗，向人的主体性发出了第一声呐喊，他相信培根式的科学神话，认为万物的主宰不是上帝而是科学，科学的进步能给人类带来无限的美好，这些美好的东西“并不是传统、自然或上帝的功劳”④。人的主体性的充分发挥直接威胁到上帝的存在，而最直截了当宣布“上帝之死”的是尼采。上帝之死是人们醒悟到上帝是人们的创造物的时候出现的，人类理性的凸显杀死了上帝，上帝死了，而人并不快乐，相反，“随着上帝的死亡人发现自己置身于荒漠中”⑤。上帝死了，再也没有人热爱或憎恨上帝，没有了上帝，人的堕落就成为最大的可能；没有了上帝，人的

① 科斯洛夫斯基．后现代文化——技术发展的社会文化后果［M］．毛怡红，译．北京：中央编译出版社，1999：100.

② 施特劳斯，克罗波西．政治哲学史［M］．李洪润，等译．北京：法律出版社，2012：415.

③ 施特劳斯，克罗波西．政治哲学史［M］．李洪润，等译．北京：法律出版社，2012：382.

④ 施特劳斯，克罗波西．政治哲学史［M］．李洪润，等译．北京：法律出版社，2012：435.

⑤ 施特劳斯，克罗波西．政治哲学史［M］．李洪润，等译．北京：法律出版社，2012：838.

创造力的发挥也成为最大的可能，于是，尼采建构了权力意志和超人学说。尼采的“超人”是对未来人的理想设计，但尼采的“超人”是游离于政治之外的，因为政治需要体现公共利益和公共责任，而尼采设计的“超人”都是自己的立法者，“超人”漫游世界，燃烧着极端个人主义的火苗，这种极端个人主义显示了尼采时代虚无主义的蔓延。从上帝创世到上帝死了，人类成功地把自己的命运交给了自身，但是，人类理性的过分傲慢和权力意志的过分彰显，不仅宣布了上帝之死，而且预告了“人”之死和“自然”之死。福柯认为，“人”只是18世纪以后的发明，18世纪以前真正的“人”并不存在，但是，近代资本主义社会的规训机制、圆形监狱、全景敞视和普遍惩罚等，使“真正的人”不再真实，“真正的人”在抽象的理论推演中还活着，在现实生活中已经死了。在密集的监狱网络中，规训和惩罚的机制都精密地嵌入、分配在每一个人的肉体、姿势、行为和态度之中①，人之为人的人性的光辉不再闪耀。福柯对“人之死”的宣告，表明了人不一定是上帝的密友和低等动物的帝王，人之“高贵”和“自大”只是理论上的空洞话语。麦茜特在《自然之死》中认为，当观念世界中人们把自然“母亲”的隐喻转换成“女巫”的时候，当行为世界中人们把技术和金属深入“母亲”子宫的时候，当金钱至上和不道德成为成功的风向标的时候，人类的无知和残暴必然痛失养育我们的自然“母亲”。

上帝死了，人该怎么办？人作为自然存在物，自然的命运如何？实际上，人与自然相互依存，自然的命运就等于人的命运，自然与人的依存关系构成完整的生态，而生态问题始终与政治问题密切关联。人类早期的哲学家、思想家主要从人的命运出发考察政治的差别性与人类利益以及自然生态的关系。政治决定人与自然的命运，政治科学在所有科学中占主导地位，亚里士多德认为，所有的学术和科学都要服从于政治科学或政治知识，因为政治科学或政治知识代表着广义上的人类利益，人类的生活方式主要包括政治生活、快乐生活、理论或哲学生活，政治生活的最高层次主题是个人的和政治共同体的利益或有益的生活。②

人为什么要建立政治社会？因为在所有的动物中，人虽然为天下之贵，是

---

① 米歇尔·福柯．规训与惩罚［M］．刘北成，杨远婴，译．北京：生活·读书·新知三联书店，2012：349-350.

② 施特劳斯，克罗波西．政治哲学史［M］．李洪润，等译．北京：法律出版社，2012：111.

自然中的杰出生物，但他刚来到人间时，是最可怜的动物，一丝不挂（没有羽毛遮覆）、一无所有（没有生存能力），最无助、最贫困，人天生必须依靠社会，尤其是政治社会（城邦），“城邦是实践理性的最完善的作品”，脱离政治社会的人“不是像动物一样缺乏人的完善，就是已经超越人的完善而达到了神一样自足的状态”①。人离开了政治社会是无法趋于完善的，“政治组织不但要消除人类的罪恶”，“而且还应当成为人类完善的一种条件”②。

人如何建立政治社会？政治社会是人类的发明和巧设，但政治社会不是随意发明的。大多数思想家认为政治社会中的政治权力主要是通过契约的途径获得的。在伊壁鸠鲁的哲学洞见中曾经闪现出通过订立契约的途径形成正义社会和国家的灵感，伊壁鸠鲁认为，人是追求快乐的生物，但是一个人的快乐并不一定意味着另一个人也同样感受到快乐，如何在追求快乐中不相互侵害，如何在“自由”状态中消除命运的“不确定性”，伊壁鸠鲁设想原子式的个人的“自由”必须镶嵌于正义的社会和国家之中。伊壁鸠鲁的契约思想只不过是灵光一闪，真正的契约思想的系统阐述者是约翰·洛克（John Locke）、让-雅克·卢梭（Jean-Jacgues Rousseau）。洛克认为只有建构一种相互约束、天性节制的契约状态才能超越野蛮的外在的战争状态。洛克在反对君权神授的基础上提出天赋人权的思想，而要保障人权需要社会契约为支撑，社会契约的核心就是要区分自然权利与政治权力的关系。人们通过契约的形式让渡的政治权力，其主要目的是保障人的自然权利（生存权、自由权、财产权），而自然权利的顺利实现取决于政治权力的正确运行，如果政治权力一旦失去制约，就会像瘟疫一样毁坏自然权利，因而政治权力必须分解为立法权、行政权和对外权，立法权作为最高权力需要掌握在人民的手中并受到人民的制约。卢梭在反对君权神授、坚持天赋人权的基础上确立了人民主权的思想，而人民主权是通过契约的形式体现出来的，契约的主体是人民，政治权力是人民意志的体现。但是，洛克、卢梭的契约社会只能解决显性的外在纷争，而对于潜藏在个体内心的诸如嫉妒、仇视等内在斗争如何解决呢？孟德斯鸠等人认为，要解决个体内心的“战争”必须结束个体人的原子般的游离状态，把散状的个体镶嵌于国家这一共同体之

① 施特劳斯，克罗波西．政治哲学史［M］．李洪润，等译．北京：法律出版社，2012：238.

② 施特劳斯，克罗波西．政治哲学史［M］．李洪润，等译．北京：法律出版社，2012：356.

中，把共同体的命运与个体的命运紧紧联系在一起。

政治社会有它自身的本性，“当它的所作所为是为了保存共同体时，它的所作所为便是合于自己的本性的”①。政治运行也不是任性的，必须遵循政治规律，政府的政治行为“必须足够强大以便控制公民的特殊意志，但又不能过于强大以致控制了公意或法律”。② 政治应该在特殊意志和公共意志之间建立一种适当关系。政治的本性和政治运行的规律表明了政治和共同体的利益是紧紧联系在一起的，从狭义来说，政治代表了城邦或集团的利益；从广义来说，政治代表了人类的利益，无论是城邦或集团的利益还是人类的利益，都是建立在和谐生态基础之上的。对生态与政治的关系问题分析比较详细的是培根、孟德斯鸠，尽管他们的理论叙事中没有出现“生态”一词，但“自然”的内涵与现代“生态”的内涵大部分是重合的。培根对自然和政治很关切，他认为，真正完整的哲学是自然哲学和政治哲学的结合，不过培根自然哲学中的“自然”是应该被征服和控制的自然，培根政治哲学中的“政治”是难以理解的政治，需要小心谨慎地传播，因为政治可能会摧毁人们所珍视的价值。③ 很显然，培根侧重政治对自然的影响，培根的政治是征服自然、控制自然的人为设计，在培根的理论视域中暗含着政治对自然的强制、破坏甚至毁灭。而孟德斯鸠主要论述了生态（主要是气候、地理环境等）对政治的影响，而不太重视政治对生态的影响以及它们之间的相互作用。孟德斯鸠认为，气候、地理环境等对人的身体、心灵产生影响，同时也影响人的精神和性格，甚至对政治（政体）、美德（勇敢、正义、节制）等产生影响。在一定程度上，孟德斯鸠承认自然状况的多样性决定了民族性格的多样性和政治设计的多样性。事实上，生态与政治的影响是相互的，是同一过程的两个方面，在人类文明发展的视野中，历史客观地展现了文明的衰落是生态危机和政治危机的双向涵摄造成的。

从文明的历史学起源来看，任何文明的产生都有具体的时间、地点和特殊的环境，从文明的社会学起源来看，文明的产生、发展及其变化与生态-政治的

---

① 施特劳斯，克罗波西．政治哲学史［M］．李洪润，等译．北京：法律出版社，2012：498.

② 施特劳斯，克罗波西．政治哲学史［M］．李洪润，等译．北京：法律出版社，2012：576.

③ 施特劳斯，克罗波西．政治哲学史［M］．李洪润，等译．北京：法律出版社，2012：381.

变化具有直接的逻辑关联，无论是历史学起源还是社会学起源，文明变化的生成元素都离不开生态-政治的关系维度，可以说，生态-政治的关系如何直接决定文明的内容甚至文明的兴衰存亡。从初期政治的发生模式（健者为豪、巫师为长、德高为君、年长为王等）到君主制、民主制及现代政党政治的形成，政治权力的最终价值取向必然是对各种资源的占有、控制、分配、整合、利用等，各种资源都是建立在自然资源的基础之上并最终以自然资源的物质形式表现出来，生态与政治相互影响，而政治对生态的形塑具有重要的力量（除非发生极端的生态灾难，而大多数生态灾难都和人为因素密切相关）。

众所周知，美洲三大文明之一玛雅文明兴起于公元前1600年消失于16世纪，玛雅文明的消失同样在于生态-政治之链的中断。尽管勤劳的玛雅人用智慧和汗水创造了独特的物质文化和精神文化，比如，文字、历法、数学、天文、神庙、皇宫、石碑等，但是，当生态和政治的关系无法协调且相互为害的时候，任何强大的政治体系在生态危机面前都无法逃脱崩溃的命运。据对玛雅石碑的考古发现，玛雅石碑上记录着玛雅文明发展的政治历史，玛雅的政治昌盛与当时良好的生态环境呈正相关。公元300—600年，玛雅雨量充沛、生态良好、人口增长，相应地，玛雅政治安定、社会稳定；公元660—1000年，玛雅气候干旱、农业减产、百姓饥荒、流落迁徙，相应地，玛雅政治动荡、政权争夺、战争频发，政权争夺进一步加剧了统治阶级对自然资源的掠夺，战争频发进一步加重了对生态环境的破坏；公元1020—1100年，玛雅的生态环境进一步恶化，玛雅人不得不远走他乡，寻求生存之路，从此，玛雅文明走向衰落。其实，玛雅生态环境的恶化不是一夜之间形成的，当玛雅考潘山坡上的最后一棵松树被砍下时，玛雅的国王、贵族及其他统治阶级们，还在为自己的财富、宫殿、权力、纪念碑而拼命争夺，他们万万没有想到，他们的拼命争夺和对生态环境的破坏、漠视也为他们种下了灭亡的祸根。

同样，中国“神秘”的古楼兰文明也难以挣脱生态危机与政治危机的魔力。汉魏时期，古楼兰被誉为西域的“粮仓”，是西域的繁华之地。古楼兰文明在公元500年左右“神秘”消失了，其实，古楼兰文明的消失并不“神秘”，与其他古文明一样，古楼兰文明的消失具有必然性。古楼兰本是水网交织、森林密布、人口众多、商旅云集的交通枢纽和文明繁华之所，对楼兰墓地的考古发现，楼兰的墓葬大多为太阳形墓葬，墓棺大多为船形木棺，建一个墓葬需要砍伐上百棵大树，砍伐的大树直径达30厘米左右，可见，当时的楼兰植被良好，林木参天。从考古发现的渔网、鱼网坠、木舟等遗迹，可见楼兰古城沿河而建，河道纵横交错，大多东西走向，少数南北走向，楼兰先民们生活在水乡泽国，在日常生活中，或扬帆捕鱼或泛舟划船，难怪楼兰又有“海头”之称。良好的生态环境支撑着繁华的楼兰文明，但是，到了西晋泰始年以后，楼兰文明开始衰落，据出土的文书记载，楼兰水源减少、植被破坏、耕地荒漠、粮食减产，从官员到士兵乃至一般老百姓，都要求减少口粮。为了防止乱砍滥伐，楼兰人曾颁布了我国第一个森林法，禁止乱砍树木，“若连根砍断者，无论谁都罚马一匹；若砍断树枝者，则罚母牛一头”。① 尽管有禁伐令，但对于统治阶级来说，其只不过是一纸空文，据《水经注》记载，当楼兰发生生态危机的时候，统治阶级依然屯田戍守、设官置署，官员们在楼兰任意屯田、任意阻断河流、任意砍伐林木、任意修建豪宅、任意建造陵墓，为了搜刮民脂民膏，对楼兰自然资源进行掠夺性开发，政治权力对脆弱生态进行无情戕杀，加之风沙的强劲侵蚀，不能不说今日楼兰之雅丹地貌是当时政治与生态相互加害的结果。

如果说大陆文明无法逃离生态危机与政治危机的魔咒，那么，海洋文明也是同样如此。著名的复活节岛文明是怎么倒下的，后来的考古发现揭开了复活节岛文明消失的谜团。复活节岛是世界上神秘的岛屿之一，巨大的石头人像述说着远古之谜。据考古发现，复活节岛曾被当地人想象为“世界的中心”，这儿曾经是一个生态环境舒适、海产丰富（盛产海豚、海豹、海鸟以及其他海产品等）、植被茂密的文明之地。但是，复活节岛有一个严重的生态缺陷，那就是长期缺少淡水资源，随着人口的增加、欲望的增多，政治权力肆无忌惮地掠夺岛上有限的资源。巨型石像的兴建，耗费了大量的木材，加快了资源枯竭的进程，当资源枯竭无法满足基本之需的时候，岛上居民一片混战，随着岛上最后几棵灌木的倒下，复活节岛文明也就随之“倒下”了。

① 陈汝国．文明古城楼兰毁灭的历史教训［J］．新疆环境保护，1982（3）：10-13.

第四章

生态文明建设：国家政治安全、政治认同的生成根基

从话语形态来看，我国生态文明建设的三种话语形态已完全形成：学术话语以事理探究和规律揭示为主旨，政治话语以制度建构和政治保障为中心，公众话语以实践创新和集体行动为基础，三种话语形态相互依存、相互促进，共同推进生态文明建设进入崭新阶段。从政治安全、政治认同来看，政治安全、政治认同是同一运动过程的两个方面，它们有共同的生成基础和运行场域。从生态文明建设与政治安全、政治认同的关系来看，我国生态文明建设所构建的制度之美、生态之美、经济之美、文化之美、社会之美等为国家政治安全、政治认同奠定了坚实基础。随着我国生态文明建设科学体系的建立，美丽中国的巨大成就早已为世界瞩目，全球生态文明建设的重要贡献者、引领者的责任担当，为我国政治安全、政治认同提供了更为广阔、深厚的政治资源。

第一节　我国生态文明建设的话语形态及动力机制

话语形态不同于一般的日常生活语言，它是一定历史时期，学术主体、政治主体、社会公众主体对自身与世界关系的感性体验、理性反思的一种外在表达，这种表达以不同语言特有的“规范性”去显露和揭示话语主体与世界的交往关系、实践关系和生活关系等，与此同时，话语形态也在不同程度上彰显着话语主体认识和改造客观世界、主观世界的能力与动力。不同的话语形态体现不同的思维方式和行为方式。话语形态反映时代特征，具有明确的时间指向，对话语的真正理解必须和话语所处的时代结合起来，脱离了话语的“时代背景”

就难以达致对话语内涵的真正把握。话语与时代具有同构的趋向，不同时代建构的“话语形态”所表达的内容既不是抽象的主观观念也不是具体的经验对象，而是与时代同步的公共的客观内容，“只有从话语的时间性出发，亦即从一般此在的时间性出发，才能澄清‘含义’的‘发生’”。① 话语形态体现自我反思，具有明显的自我批判意识，话语形态不同于一般个体的生活语言，一旦形成就具有相对的稳定性，它是某一群体在特定历史时期对某一事物的我思-反思的结果，这一结果蕴含着寻找“自己的原因”的踪迹，正如理查德·罗蒂（Richard Rorty）所说：“要追根究底使自己成为自己的原因，其唯一的方式是用新的语言诉说一个关于自己的原因的故事。”② 话语形态是对知识的表达，伯特兰·阿瑟·威廉·罗素（Bertrand Arthur William Russell）认为，话语形态表达的知识分为两类，一类是“亲知”的知识，一类是“描述”的知识。“亲知”的知识通过感官直接感知，因而是真实的知识；“描述”的知识是通过推理而获得的，因而是派生的知识。“亲知”的知识是一切知识的基础，是对经历过的事物的认知；“描述”的知识是指向未来的理解，是超越现实经验而达致对未来事物的探索。两种知识都是人类必须具备的，也是话语形态蕴含的具体内容。话语形态确定价值指引，具有一定的目的性和方向性，通过话语达致对抽象理念的理解，“话语是可理解性的分环勾连。从而，话语已经是解释与命题的根据”。③ 话语形态的价值指引意味着对话语主体的“建构”作用，话语主体的“思”“言”“行”都要接受话语形态的检验与约束，否则，原先的话语形态就有可能被新的话语形态改变或超越，话语主体的内在思想和外在行为在新的话语形态中得到全方位的生动体现。

我国生态文明建设的话语形态不是凭空产生的，有其自身的形成条件、形成过程和主要内容，话语形态的形成、发展与我国现代化、城市化、工业化进程的快速发展密切相关。在快速发展的现代化进程中，环境污染、资源枯竭的世界性难题在我国更加凸显，我国生态文明建设面临着前所未有的压力和严峻挑战。在破解世界难题和建设美丽中国、健康中国的过程中，我国生态文明建

① 海德格尔．存在与时间［M］．陈嘉映，王庆节，译．北京：生活·读书·新知三联书店，2006：398.

② 理查德·罗蒂．偶然、反讽与团结［M］．徐文瑞，译．北京：商务印书馆，2003：43.

③ 海德格尔．存在与时间［M］．陈嘉映，王庆节，译．北京：生活·读书·新知三联书店，2006：188.

设的学术话语、政治话语和公众话语逐渐形成，从理念、话语到行动，三种话语形态实现了理论力量与实践力量的相互转化，有力地向全世界彰显了中国政府和人民建设生态文明的能力和动力。

一、生态文明建设的学术话语与理论支撑力

学术话语的话语主体是学者个人或学术团体，话语生产方式是以扎实、丰富的专业知识，通过艰苦细致的科学探索，正确揭示客观世界的发展规律，话语的生成效果是通过学术平台（杂志、网络、学术会议等多种媒介）公开发表并在一定领域产生一定的影响。学术话语的生长动力在于学术话语权，在于学术权利和学术权力的合理运用，郑航生先生认为："学术话语权，简而言之，就是在学术领域中，说话权利和说话权力的统一，话语资格和话语权威的统一。"① 学术话语通过两种形态表现出来，一种是体现学术话语权利的理论形态，一种是体现学术话语权力的实践形态。理论形态是主观形式与客观内容的具体的统一，是通过对丰富的感性材料进行抽象、概括揭示事物本质的结果，是从感性具体不断走向理性具体的过程，或者说是学术话语主体以阐释、论证、实践检验等方式所展现出来的具有严密逻辑体系的学术表达；实践形态是学术主体或其他社会主体通过传播学术话语对政治、经济、社会、文化等方面产生的广泛影响，使内在的、抽象的思想、理论外化为人们的具体行为、态度等，通过对世界的认识达到改造世界的目的。学术话语的产生、发展需要政治话语提供政治保障和公众话语提供大众支持，否则，学术话语就会束之高阁，失去合法性和实践性，从而丧失持续发展、快速发展的土壤和动力，学术繁荣就会成为主观想象。

生态文明建设的学术话语萌芽于 20 世纪 80 年代，从理论形态来看，学术话语主体通过对生态文明进行深刻、严密的学理阐述构建了以生态文明为主要内容的哲学社会科学、自然科学以及其他新兴学科的崭新的理论形态；从实践形态来看，生态文明的学术话语对全社会产生了广泛而深远的影响，形成了中国生态文明建设重要的理论支撑力。中国生态文明建设的学术话语经历了萌芽、

---

① 郑杭生．学术话语权与中国社会学发展［J］．中国社会科学，2011（2）：27-34.

形成和不断完善的三个阶段。①

（一）初步萌芽阶段（1985—1995 年）

1985 年，我国学术刊物中第一次出现“生态文明”这一术语，当时我国改革开放刚刚启动不久，国内现代化建设的步伐正在迈开，环境承载、资源供给的挑战还不十分明显，学界对生态文明的关注和研究热情程度还不够高，呈现出来的学术成果主要是阐释、借鉴我国传统文化中的生态思想和国外环境保护理论和环境保护运动，对工业文明造成的负面影响（尤其是生态环境的影响）有一定程度的生态反思，对发达国家的生态环境现状以及发展中国家生态环境问题的严重性、复杂性、长期性有一定的初步认识，对我国生态环境的现状、原因以及未来的展望有一定程度的思考。初步萌芽阶段，有关“生态文明”的专著非常少，期刊论文不足 50 篇，论文主要集中在 1994 年、1995 年，研究的学者主要有申曙光、谢光前等。1985—1990 年，学界对生态文明的关注极少；1990—1995 年，生态文明研究引起了国内部分学者的较大关注，从公开发表的论文来看，主要有：《论生态意识和生态文明》（李绍东，1990）、《生态文明的地理科学基础》（潘玉君，1995）等。②

（二）逐渐形成阶段（1996—2006 年）

这一阶段中国经济高速发展，资源危机、环境危机开始在中国凸显，作为人口最多的发展中国家，为了迅速摆脱贫困，经济发展与环境保护的矛盾越来越突出，迫切需要不同学科、不同专业的学者破解人类社会现代化过程中所面临的经济发展与环境保护之间的世界性难题。这一阶段的学术成果无论从数量上、质量上都比上一阶段（1985—1995 年）更全面、更深入。生态文明建设是一项长期的复杂的系统工程，仅仅靠一门学科一种专业是无法完成的，需要构建由不同学科组成的交叉性、综合性学科。这一期间的学术理论超越了上一阶

① 张首先．生态文明研究——马克思恩格斯生态文明思想的中国化进程［D］．成都：西南交通大学，2010.

② 1985—1995 年关于生态文明的主要论文有：《论生态意识和生态文明》（李绍东，1990）、《社会主义生态文明初探》（谢光前，1992）、《全球生态文明观——地球表层信息增殖范型》（刘宗超、刘粤生，1993）、《生态文明——文明的未来》（申曙光等，1994）、《生态文明及其理论与现实基础》（申曙光，1994）、《生态文明：现代社会发展的新文明》（申曙光，1994）、《生态文明构想》（申曙光，1994）等；《生态文明的地理科学基础》（潘玉君，1995）、《建设生态文明的思考》（石山，1995）等。

段的简单介绍、文献梳理和一些宏观构想，从理论和实践层面提供了中国生态文明建设的行动方案。一批高质量的学术专著不断涌现，为我国生态文明建设学术话语的初步形成奠定了坚实的理论基础，主要专著有：《生态文明论》（刘湘溶，1999），《环境伦理学》（余谋昌、王耀先，2004）等。[①] 这些专著主要从哲学、伦理学、生态学等学科层面阐明人对自然的伦理扩展，人与自然的道德建构，人与自然的本体论、价值论、认识论阐释以及对中国儒家、道家生态智慧的考究与梳理等。从公开发表的论文来看，仅数量上就是前一阶段的10倍左右，主要论文有：《发展生态技术 创建生态文明社会》（余谋昌，1996），《试论生态文明在文明系统中的地位和作用》（张云飞，2006）等。[②] 这些论文主要从以下层面对生态文明建设进行研究：一是从宏观层面分析人类文明的发展进程、生态文明与其他文明之间的关系以及生态文明在人类文明系统中的地位和作用；二是从生态文明的意义、内涵、特征、结构、要素、机理、基础、限度等方面对生态文明本身进行全方位的剖析和阐述；三是从政治、经济、文化、科学技术、制度建设等方面对如何建设生态文明提供切实可行的对策和建议。

（三）成熟完善阶段（2007年以后）

2007年，"生态文明"的执政理念在党的十七大报告中第一次响亮提出，党的十八大报告、十九大报告把生态文明建设提升到非常重要的战略高度，反复强调生态文明建设是关乎中华民族永续发展的长远大计、千年大计和根本大计。生态环境就像生命一样宝贵，生态文明建设深入党心、民心。生态文明、

① 1996—2006年关于生态文明的主要专著有：《环境伦理学》（余谋昌、王耀先，2004）、《生态文明建设理论与实践》（廖福霖，2003）、《人与自然的道德话语》（刘湘溶，2004）、《生态文明论》（刘湘溶，1999）、《人与自然——中国哲学生态观》（蒙培元，2004）、《人在原野：当代生态文明观》（李明华，2003）、《环境伦理的文化阐释——中国古代生态智慧探考》（任俊华、刘晓华，2004）等。

② 1996—2006年关于生态文明的主要论文有：《发展生态技术 创建生态文明社会》（余谋昌，1996）、《科技发展与生态文明观》（李辛生，1997）、《生态文明与未来世界的发展图景》（张孝德、刘宗超，1998）、《从原始文明到生态文明——关于人与自然关系的回顾和反思》（李祖扬、邢子政，1999）、《试论马克思人化自然观的生态文明意蕴》（蒋笃运，2000）、《生态文明：可持续发展的重要基础》（陈君，2001）、《生态文明建设系统观》（秦书生，2002）、《论小康社会的生态文明》（顾智明，2003）、《生态文明与价值观转向》（徐春，2004）、《建设环境文化 倡导生态文明》（潘岳，2004）、《生态文明的科学内涵及其理论意义》（李良美，2005）、《科学发展观与生态文明》（俞可平，2005）、《环境哲学是生态文明的哲学基础》（余谋昌，2006）、《论生态文明的限度》（易小明，2006）、《试论生态文明在文明系统中的地位和作用》（张云飞，2006）等。

美丽中国成为我国现代化的重要标志，成为应对全球气候变化的大国担当的典范。党中央对生态文明的高度重视，引起了学界的广泛关注，掀起了空前的研究高潮，涌现出许多创新性的、务实性的研究成果，该阶段的学术研究实现了理论与实践、继承与创新、认识世界与改造世界的辩证统一，学者们从生态文明建设主体的责任担当、生态文明的制度建设、生态文明建设的协同治理、生态文明的法治环境、社会公平正义的呼唤与实现等方面，分析了中国生态文明建设的主体、责任、制度等因素的变化及其特点，提出了如何建设生态型政府、生态型企业、生态型社会组织、生态型公民等的政策和措施，阐明了如何在全社会牢固树立和切实践行绿水青山就是金山银山的生态文明理念。从出版的专著来看，创新性成果非常丰富，主要专著有：《生态文明研究前沿报告》（薛晓源、李惠斌，2007）、《现代科技的发展与生态文明建设》（钱俊生、杨发庭、余谋昌，2016）等。① 从学术论文来看，论文成果远远超过了前两个阶段，主要论文有：《中国特色社会主义生态文明发展道路初探》（刘思华，2009）、《习近平的生态文明思想及其重要意义》（王雨辰、陈富国，2017）等。②

① 2007 年以后关于生态文明的主要专著有：《生态文明研究前沿报告》（薛晓源、李惠斌，2007）、《生态文明建设导论》（傅治平，2008）、《从现代文明到生态文明》（卢风，2009）、《环境哲学：生态文明的理论基础》（余谋昌，2010）、《生态文明与绿色低碳经济发展总论》（刘思华，2011）、《生态文明绿皮书：中国省域生态文明建设评价报告》（严耕，2012）、《生态文明新论》（卢风，2013）、《基于生态文明的法理学》（蔡守秋，2014）、《生态文明的愿景：寻求人类和谐地栖居》（李培超、张启江，2015）、《现代科技的发展与生态文明建设》（钱俊生、杨发庭、余谋昌，2016）、《中国特色社会主义生态文明思想研究》（龙睿赟，2017）等。

② 2007 年以后关于生态文明的主要论文有：《在生态文明的语境下解读生产力》（胡素清，2007）、《牢固树立生态文明观念》（陈寿朋，2008）、《中国特色社会主义生态文明发展道路初探》（刘思华，2009）、《论生态文明、全球化与人的发展》（陈志尚，2010）、《生态文明建设的哲学基础》（黄枬森，2011）、《中国特色生态文明建设的理论创新和实践》（周生贤，2012）、《中国的生态文明建设：现实基础与时代目标》（刘湘溶，2013）、《论社会主义生态文明三个基本概念及其相互关系》（方时姣，2014）、《生态文明理论及其绿色变革意蕴》（郇庆治，2015）、《深化生态文明研究的理论体系与方法》（曹顺仙，2016）、《习近平的生态文明思想及其重要意义》（王雨辰、陈富国，2017）等。

二、生态文明建设的政治话语与政治保障力①

政治话语是具有全局性、根本性的战略性话语，政治话语不是随意制造出来的，政治话语的合法性、合理性及其生命力离不开学术话语的学理阐释和公众话语的实践认同。政治话语是一种组织性支配力，在学术话语和公众话语的配合下，政治话语的影响程度决定政治主体实现某种理想或建立某种秩序的实现程度。

我国生态文明建设的政治话语萌芽于1973年，经历30余年的时间，2007年，我国生态文明建设的政治话语完全成熟，30多年来，在错综复杂、风云多变的国际、国内形势下，在全球生态危机的严峻状态下，生态文明建设的政治话语在世情、国情、民情、党情的现实基础上开始生长、成熟。② 其成熟过程同样分为初步萌芽、逐渐形成、成熟完善三个阶段。

（一）初步萌芽阶段

初步萌芽阶段是1973—1987年。1972年，联合国召开人类环境会议；1973年，我国召开第一次环境保护工作会议；1974年，我国成立第一个环境保护机构；1977年党的十一大报告、1982年党的十二大报告确立了现代化建设目标；1983年，召开第二次全国环境保护会议，把“环境保护”确立为基本国策；1984年成立国务院环境保护委员会、国家环境保护总局；1998年，国家环保局升格为国家环保总局；2008年，国家环保总局升格为环境保护部。1987年党的十三大明确提出我国现在处于并将长期处于社会主义初级阶段，初级阶段需要坚持经济建设为中心，但在坚持经济建设为中心的同时，必须加强对环境污染的综合治理，对生态环境的大力保护，对自然资源的合理利用，实现经济效益、社会效益、环境效益的有机统一。报告分析并指出，关系我国经济和社会发展全局的重要问题，不仅仅是经济如何快速发展的问题，更是人口控制、环境保

---

① 该部分内容参见张首先．中国生态文明建设的话语形态及动力基础［J］．自然辩证法研究，2014，30（10）：119-123.

② 张首先，王丽娟．中国生态文明建设的体制资源与动力基础［J］．理论导刊，2010（5）：35-37.

护和生态平衡的问题。这一阶段出台了一些关于局部环境保护的有关法律、法规①，比如：对海洋环境、森林资源、矿产资源、土地利用等方面的管理和保护等，系统的国家环境保护法还未出台。

（二）逐渐形成阶段

逐渐形成阶段是1989—2006年。这期间共召开4次全国环境保护会议、3次党代会。1989年，召开第三次全国环境保护会议，制定了“坚持预防为主、谁污染谁治理、强化环境管理”的三大环境政策②；1992年，党的十四大报告提出“增强全民族的环境意识”“努力改善生态环境”的目标；1996年，召开第四次全国环境保护会议；1997年，党的十五大报告明确了两个同时并举，即“资源开发”和“节约”并举的方针③；2002年，召开第五次全国环境保护会议；同年，党的十六大报告明确了“文明发展道路”的基本要求④；2006年，召开第六次全国环境保护会议。这一阶段出台的关于环境保护的有关法律、法规主要有：《中华人民共和国水土保持法》(1991)、《中华人民共和国濒危野生动植物进出口管理条例》(2006) 等。⑤

（三）成熟完善阶段

2007年以后，我国生态文明建设的政治话语已完全成熟。2007年党的十七

---

① 1982—1986年关于环境保护的主要法律、法规有：《中华人民共和国海洋环境保护法》(1982)、《中华人民共和国宪法》(环境保护条款摘录)(1982)、《中华人民共和国森林法》(1998年修正)(1984)、《中华人民共和国矿产资源法》(1996年修正)(1986)、《中华人民共和国土地管理法》(1998年修正)(1986)、《中华人民共和国海洋石油勘探开发环境保护管理条例》(1983)、《中华人民共和国海洋倾废管理条例》(1985) 等。

② 中共中央文献研究室．十四大以来重要文献选编：下［C］．北京：人民出版社，1999：1971.

③ 江泽民．江泽民文选：第2卷［M］．北京：人民出版社，2006：26.

④ 江泽民．江泽民文选：第3卷［M］．北京：人民出版社，2006：544.

⑤ 1990—2006年关于环境保护的主要法律、法规有：《中华人民共和国水土保持法》(1991)、《中华人民共和国环境噪声污染防治法》(1996)、《中华人民共和国大气污染防治法》(2000)、《中华人民共和国清洁生产促进法》(2002)、《中华人民共和国环境影响评价法》(2002)、《中华人民共和国放射性污染防治法》(2003)、《中华人民共和国防沙治沙法》(2003)、《中华人民共和国可再生能源法》(2005)，《中华人民共和国防治陆源污染物污染损害海洋环境管理条例》(1990)、《中华人民共和国自然保护区条例》(1994)、《中华人民共和国野生植物保护条例》(1996)、《中华人民共和国水污染防治法实施细则》(2000)、《排污费征收使用管理条例》(2003)、《中华人民共和国濒危野生动植物进出口管理条例》(2006) 等。

大报告首次提出生态文明建设的执政理念，明确要求“在全社会牢固树立生态文明观念”；2011年，召开第七次全国环境保护会议；2012年，党的十八大报告进一步强调，必须树立尊重自然、顺应自然、保护自然的生态文明理念。① 党的十八大以来，生态文明建设力度空前，效果十分明显，党中央以对历史、对人民高度负责的态度，以铁腕治污的决心，坚决打赢蓝天保卫战、防污治污攻坚战，生态文明建设取得了丰硕成果，118个城市成为“国家森林城市”，造林面积年均新增超过9000万亩，沙化面积年均缩减1980平方千米。2017年，党的十九大对生态文明建设提出了更高要求，我国的生态文明建设要成为全球生态文明建设的重要参与者、贡献者、引领者，为全球生态安全作出贡献，要像对待生命一样对待生态环境，在全社会牢固树立和践行绿水青山就是金山银山的理念。这一阶段重点是加强生态文明的制度建设，出台的法律、法规主要有:《中华人民共和国环境保护法》(2015)、《中华人民共和国环境保护税法》(2017) 等。②

三、生态文明建设的公众话语与实践创新力③

公众话语的话语主体是广大人民群众，基础是学术话语的科学阐释和政治话语的政治保障，内容是人民群众在生态文明建设中的实践经验和生态智慧。总的来看，公众话语是人民群众的心灵世界和生活世界的外在表现，它不仅仅是一种思想、理念的话语表达，也是一种客观的物质力量。中国生态文明建设的公众话语主要体现在广大人民群众的生态文明建设理念和行动之中，展现了全社会建设生态文明和美丽中国的信心和决心。

从环保非政府组织（Governmental Organizations，简称NGO）和公民个人的

---

① 胡锦涛．坚定不移沿着中国特色社会主义道路前进 为全面建成小康社会而奋斗——在中国共产党第十八次全国代表大会上的报告［J］．党建研究，2012（12）：4-28.

② 2007—2017年关于环境保护的主要法律、法规有：《中华人民共和国水污染防治法》(2008)、《中华人民共和国循环经济促进法》(2008)、《中华人民共和国环境保护法》(自2015年1月1日起施行)(2014)、《中华人民共和国大气污染防治法》(主席令第三十一号)(2015)、《中华人民共和国环境影响评价法》(主席令第四十八号)(2016)、《中华人民共和国海洋环境保护法》(2017)、《中华人民共和国环境保护税法》(2017)、《全国污染源普查条例》(2007)、《规划环境影响评价条例》(2009)、《太湖流域管理条例》(2011)、《城镇排水与污水处理条例》(2013)、《农药管理条例》(2017) 等。

③ 该部分内容参见张首先．中国生态文明建设的话语形态及动力基础［J］．自然辩证法研究，2014，30（10）：119-123.

生态文明行为来看，中国生态文明建设的公众话语展现蓬勃生机。中国环保NGO虽然起步较晚但发展较快，发展分布区域主要集中在生态资源富集区域和经济发达区域，发展类型主要有四种：政府部门成立的环保组织、民间自发组成的环保组织、学生自发组成的环保社团、国际环保民间组织驻华机构等。中国环保NGO具有明显的民间性、志愿性、自治性、公益性等特征，在传播生态文明理念、宣讲生态文明知识、促进生态文明建设、推动生态环境维权等方面对中国生态文明建设产生了重要的推动作用。从公民个人的生态文明行为来看，公民积极投身环境保护事业，环境保护意识和社会责任感不断提升，得到了全社会的高度好评和广泛尊重。在各行各业涌现了许多环境保护的第一人，为中国生态文明建设增强了榜样示范力和行动引领力。比如：第一槌敲响国有林权改革的许兆君；第一个中国水污染公益数据库的开发者马军；第一位获得"苏菲环境大奖"的民间环保人士廖晓义；第一个在可可西里无人区建立中国民间自然保护站的杨欣；义务保护天鹅30多年，荣获福特百年特别奖的"天鹅爸爸"袁学顺；18年如一日、义务植树造林18万多株的林场退休工人赵希海；淮河卫士霍岱珊；"护水阿婆"雷月琴；等等。另外，我国公民的环境维权意识不断增强，有力地遏止了许多环境污染的恶性事件的蔓延和扩散，从全国法院受理环境资源类案件来看，2002—2011年十年间，全国法院受理环境资源类一审案件共118779件，审结116687件；而2012—2016年6月的四年半时间，全国法院受理环境资源类案件是前十年的5倍，一审案件575777件，审结550138件①等。

2005—2018年世界环境日的中国主题、2005—2018年世界环境日主题见表4-1、表4-2。

表4-1 2005—2018年世界环境日的中国主题

年份	世界环境日的中国主题	年份	世界环境日的中国主题
2005	人人参与，创建绿色家园	2012	绿色消费，你行动了吗
2006	生态安全与环境友好型社会	2013	同呼吸，共奋斗
2007	污染减排与环境友好型社会	2014	向污染宣战

① 马海燕．全国法院四年半受理环境资源类一审案件57万余件［EB/OL］．中国新闻网，2016-07-27.

续表

年份	世界环境日的中国主题	年份	世界环境日的中国主题
2008	绿色奥运与环境友好型社会	2015	践行绿色生活
2009	减少污染，行动起来	2016	改善环境质量，推动绿色发展
2010	低碳减排，绿色生活	2017	绿水青山就是金山银山
2011	共建生态文明，共享绿色未来	2018	美丽中国，我是行动者

表 4-2　2005—2018 年世界环境日主题

年份	世界环境日主题	年份	世界环境日主题
2005	营造绿色城市，呵护地球家园	2012	绿色经济：你参与了吗？
2006	莫使旱地变为沙漠	2013	思前，食后，厉行节约
2007	冰川消融，后果堪忧	2014	提高你的呼声，而不是海平面
2008	促进低碳经济	2015	可持续消费和生产
2009	地球需要你：团结起来应对气候变化	2016	为生命呐喊
2010	多样的物种，唯一的地球，共同的未来	2017	人与自然，相联相生
2011	森林：大自然为您效劳	2018	塑战速决

中国生态文明建设话语形态的形成历程表明：三种话语形态相互影响、相互依存、共同生长、形成合力，三种话语形态全面展现了中国生态文明建设的学术主体、政治主体、社会公众主体的智慧和力量、决心和信心。中国生态文明建设的学术话语、政治话语、公众话语经历了较长的形成过程，在全球生态危机的背景下，紧密结合当代中国的具体实际和传统中国“天人合一”的生态智慧，博采中外之长、汇聚古今之智，展现了当代中国在全球生态文明建设中的参与引领和责任担当，正如乌尔里希·贝克（Vlrich Beck）所说：“风险总是牵涉到责任问题，因此，责任全球化需要成为一个全世界公共的和政治的问题。”① 没有自然生态资源的厚积和富藏，无论什么样的现代化都会成为无源之

① 乌尔里希·贝克．世界风险社会［M］．吴英姿，孙淑敏，译．南京：南京大学出版社，2004：10.

水、无根之木，“这便是自然对人的铁的强制，要满足这些自然需求，人唯有提高理解力以调整自然与人的关系，以缓解严峻的自然法则对人类社会生存的限制”。① 中国生态文明建设在人类命运共同体构建中的意义与价值在于不仅要中国好也要世界好。因此，中国生态文明建设的话语生成既关切中华民族的永续发展又关注全球人类命运共同体的永续构建，全球生态文明建设的共建共享始终彰显出人类文明特质的“说服”功能，柏拉图曾说过，世界的创建、文明的进步需要通过“征服”和“说服”的过程，但总的来看，“说服”的力量最终会战胜“征服”的力量。人惧怕“征服”的力量，但更多的时候更愿接受“说服”的润透，人的价值是通过选择来实现的，选择是人的内在力量和外在力量相互作用的结果，在如何“说服”别人和如何被人“说服”的过程中，“选择”和“说服”便形成双向建构，“文明便是对社会秩序的维持，而维持社会秩序靠的便是通过展示更佳选择去说服人”②。中国生态文明建设的学术话语、政治话语、公众话语从更加广阔的空间展现了社会发展的“更佳选择”，从而抓住了事物的根本，满足了美丽中国、美丽世界建设的需要，实现了理论力量和实践力量的不断转换。

第二节 政治安全与政治认同的生成基础及运行场域③

政治安全与政治认同是政治运行中同一过程的两个方面，二者相互依存、不可分割，尽管政治安全与政治认同有共同的生成基础和运行场域，但二者的内涵界定不一样、表现形态也不一样，对政治安全、政治认同内涵的准确界定、对表现形态的准确把握，有利于更好地辨析二者之间的辩证关系、更好地把握现实生活中政治安全与政治认同的发展路径。

一、政治安全与政治认同的内涵界定与辩证关系

政治安全与政治认同的研究已成为学界广泛关注的焦点，学者们从不同的

① 怀特海．观念的冒险［M］．周邦宪，译．南京：译林出版社，2012：95.

② 怀特海．观念的冒险［M］．周邦宪，译．南京：译林出版社，2012：92.

③ 该部分已作为项目阶段性成果公开发表。参见张首先．政治安全与政治认同的辩证关系、生成基础及运行场域［J］．中共天津市委党校学报，2017（5）：44-50.

角度对政治安全与政治认同的内涵进行了有限的界定，但任何一种概念都是实践的产物，人们对概念的认识也会随着实践的深入而变化，由于时代背景不一样，政治安全与政治认同的形式和内容都会随着时代的变化而变化，尽管形式和内容发生了一定的变化，但概念本身的“质”的内在规定性仍然存在，因而，对政治安全与政治认同的内涵界定还值得进一步探讨。

（一）政治安全与政治认同的内涵界定

从政治安全的内涵界定来看，政治安全是一国之公民争取优良生活的前提，追求政治安全是执政党最高的价值追求之一，也是各民族-国家的大多数公民过好稳定生活的重要保障。在全球化背景下民族-国家的历史进程中，一国的政治安全既受制于本民族国家历史-现实因素的影响又与其他民族国家的多样性发展相关联，学界现有的内涵界定，主要侧重于三个维度：一是政治安全的地位与目标的维度，二是政治安全的整体与部分的维度，三是政治安全的存在与本质的维度。

第一，关于政治安全的地位与目标的维度。有论者认为，政治安全关系到国家的生死存亡，占有决定性、全局性和根本性的地位，具有相对独立的形态，其目标主要是维护政治系统的稳定性、有效性、持久性。① 有论者认为，国家的一切安全问题都与政治密切相关，尤其是现代国家的安全问题都可上升到政治的高度并从政治的角度寻求解决问题的路径，因而政治安全不可能处于一种完全独立的形态，它总是与其他安全相互依存，其主要目标是使一国之政治、经济、文化、社会等大系统处于不受威胁的良好状态。两种说法都有一定的合理性，但同时存在着一定的片面性，政治安全的“独立形态”论，片面割裂了政治安全与其他安全的普遍联系，忽略了政治安全是一个复杂的系统过程。政治安全的“泛化”论混淆了政治安全与其他安全的区别，把国家的一切安全都泛化为政治安全，忽略了政治安全也是一个相对稳定、指向明确的发展形态。黑格尔在《小逻辑》中认为，概念不是泛化的、空洞的、抽象的，是“真正的具体的东西”②，概念的具体性并不等于我们通常对具体事物的理解，人们通常

---

① 胡象明，罗立．系统理论视角下政治安全的内涵和特征分析［J］．探索，2015（4）：81-85，106.

② 黑格尔．小逻辑［M］．贺麟，译．北京：商务印书馆，2004：328.

理解的具体事物，“乃是一堆外在地拼凑在一起的杂多性”①，而概念的具体性是指概念的普遍性规定中所包含的各个环节的具体性、特殊性。

第二，关于政治安全的整体与部分的维度。有少数论者从政治安全的“状态”良好、不受威胁等方面进行考虑，明确了政治安全所蕴含的主要特性：政治权力的合法性、政治状态的稳定性以及政治能力的重要性，但问题是，政治体系主要是由政治组织和政治制度构成的，政治体系安全并不意味着政治安全以及与政治密切关联的国家利益安全，政治体系安全只是政治安全的重要组成部分，但绝不等于政治安全。而大多数论者却只局限于政治安全的某一方面进行概念界定，比如：政治权力安全观、国家主权安全观、政治制度安全观、意识形态安全观、执政安全观等。政治权力安全观突出了统治者对政治权力结构、政治权力获取、政治权力资源、政治权力运行的深入思考；国家主权安全观强调了国家主权是政治安全的重点，化解国家主权的外部威胁是政治安全的主要目的，军事力量是捍卫国家主权的重要手段；政治制度安全观侧重从政治制度层面阐述政治安全主要体现在国家基本政治制度的稳定性和连续性上；意识形态安全观认为主流意识形态是政治安全的核心和灵魂，深化主流意识形态的宣传教育，提升主流意识形态的价值引领，有利于整合各种政治资源、应对各种思潮的挑战；执政安全观认为执政党的执政理念、组织形象、作风形象、能力形象是维护政治安全的关键。政治安全作为一个概念，具有整体性，任何概念都是由各个具体的环节（部分）构成的，各个环节（部分）并不是独立有效、孤立存在的，而是相互依存、不可分离的，各个环节（部分）的同一性在概念的普遍性规定中被完全确立，“而且被设定和概念有不可分离的统一性”。② 这就不难理解，概念的普遍性规定有其自身的范围，在自身的规定内必然包含着特殊的、具体的东西。因而对政治安全的概念界定，应当体现部分与整体、特殊与普遍、具体与抽象的统一。

第三，关于政治安全的存在与本质的维度。有论者认为，政治安全就是国家在政治领域不受威胁、处于没有危险的状态。显然这一状态是一种理想的存在，在现实政治领域，“不受威胁”“没有危险”的静止、孤立的实体状态是不可能存在的，事实上，政治安全从本质上讲就是有效应对和化解一国政治衰败

① 黑格尔．小逻辑［M］．贺麟，译．北京：商务印书馆，2004：335.
② 黑格尔．小逻辑［M］．贺麟，译．北京：商务印书馆，2004：327.

或政治颠覆的各种风险的政治运行过程。"政治安全"这一特定概念不是僵死的而是运动的、有生命力的，不同的国家在不同的历史条件下"政治安全"的状态和含义都不完全一样，正如黑格尔所说，"概念是'存在'与'本质'的统一，而且包含这两个范围中全部丰富的内容在自身之内"。①"概念的运动就是发展，通过发展，只有潜伏在它本身中的东西才得到发挥和实现。"② 正如一粒种子蕴含着植物的发展，但是植物的生长在不同条件下会呈现出不同的形态，种子"蕴含"的植物只不过是潜在的质的规定而非量的不确定性存在，概念通过运动所建立的对方并非与自身相对抗而是在自身之内体现自我发展的本性。

综上所述，我们认为，政治安全的内涵界定，可以这样表述：政治安全是国家安全的根本，它是一国之政治主体（以政党、政府为主）通过政治理念、政治制度、政治结构、政治资源、政治作风、政治能力等在不断应对和化解各种风险、防止政治衰败或政治颠覆过程中动态生成的相对稳定有序的良好的进步状态。这一界定肯定了政治安全在整个国家安全体系中的根本地位，明确了政治安全的关键主体是政党、政府，界定了政治安全不同于经济安全、文化安全、军事安全等其他安全范畴，政治安全是运用"政治"的特定手段达到"政治"目的，政治安全明确应对的对象是防止政治衰败或政治颠覆的风险，其"政治"目的是达到稳定有序的良好的进步状态。当然，这一界定也不是圆满的，同样会随着实践的变化而进一步丰满。

从政治认同的内涵界定来看，学界对政治认同的内涵界定可谓众说纷纭，不同的学者站在不同的角度对政治认同表达了不同的看法。从目前的研究状况来看，主要涉及六个层面：

第一，心理归属层面。有学者认为，政治认同是一种心理活动，是认同主体对认同对象的一种积极的、能动的心理过程，通过一系列的心理活动最终产生一种认可、接纳、同意、亲近的心理情感和心理归属③；也有学者认为，政治认同的对象是政治单位，认同主体感觉到对认同对象"要强烈效忠、尽义务或责任"④。当然，心理归属是政治认同的重要方面，没有心理归属就根本谈不

---

① 黑格尔．小逻辑［M］．贺麟，译．北京：商务印书馆，2004：328.
② 黑格尔．小逻辑［M］．贺麟，译．北京：商务印书馆，2004：329.
③ 彭正德．论政治认同的内涵、结构与功能［J］．湖南师范大学社会科学学报，2014（5）：87-94.
④ 罗森邦．政治文化［M］．陈鸿瑜，译．台北：桂冠图书有限公司，1984：6.

上政治认同，但心理归属只是政治认同的一个层面，绝不可能等同于政治认同，政治认同不是一朝一夕之事，认同主体和认同对象需要将其建立在长期实践的基础之上，只有通过不断的认识、比较、选择等主客双向运动过程，才能达到理性和非理性的统一。

第二，情感倾向层面。政治认同是对政治体系的肯定、赞同、依赖的一种情感倾向。亚历西斯·托克维尔（Alexis Tocqueville）认为，政治认同是对认同对象的一种"依附感"，这种"依附感"建立在忠于政治理想的基础之上，"依附感"是认同主体"采取政治行动的一种最强大的动力"①。政治认同的产生离不开政治文化的熏陶，不同的民族-国家有不同的政治文化，在特定政治文化的影响下，认同主体会产生"对政治体系的情感和意识上的归属感"②。当然，政治认同和一般的情感认同不一样，政治认同中的情感倾向不是由于强制所迫，而是自觉自愿的情感表达，彼德·布劳（Peter Blau）认为，认同中的强制将会使一切感激变得"毫无价值"，将会使一切认同话语变成谎言，"行动可以被强迫，但情感的被迫表现仅仅是一场戏"③。情感是非理性的表现形态，情感当然是不能强迫的，强迫的情感不仅无效而且有害，政治认同必须建立在情感的基础之上，没有情感的政治认同是不稳定的，但是，情感认同也不能等同于政治认同，政治认同一旦建立就确定了"信仰"的基因，"信仰"是不会轻易动摇的，是相对稳定的，而情感是易变的、易逝的，如果信仰动摇，认同的大厦就会坍塌。

第三，身份确定层面。个体在社会中不是一个孤立无依的单独的实体，必然属于某一个或几个群体（包括正式群体和非正式群体），在不同的群体中扮演不同的角色，享有和履行不同的权利和义务，政治认同就是认同主体在某一政治体系中对自己身份和角色的同意与确定。政治认同的身份确定不同于一般群体的身份确定，在一定政治体系中，一旦确定身份就必须"自觉地以组织及过

---

① 维尔．美国政治［M］．王合，陈国清，杨铁钧，译．北京：商务印书馆，1981：27.

② 闫纪建，范迎春．风险社会视域下的政治认同［J］．当代世界与社会主义，2013（3）：136-139.

③ 布劳．社会生活中的交换与权力［M］．孙菲，张黎勤，译．北京：华夏出版社，1988：19.

程的规范来规范自己的政治行为"①。如果单从身份确定层面去界定政治认同，也是不全面的。人是社会的人，尤其是在现代政治社会中，任何个体都具有一定的社会性和政治性，也就是说，任何个体都是一个有"身份"的存在。即使身处于一个政治体系中，有些个体可能是"身在曹营心在汉"，虽然有"身份"，但不一定产生认同，甚至可能有"背离"的一面；如果在一个政治体系中，能自觉地以政治体系的规则来规范自身的政治行为，只能说在"知"的层面达到了理解和认可，而认同需要"知""情""意""行"的和谐统一。

第四，政治权力层面。政治认同的对象到底是什么，它与其他认同（国家认同、文化认同等）的本质区别何在？有论者认为，政治认同的本质就是政治权力，政治认同"是一种政治态度，在本质上是社会成员对政治权力的认同"。② 政治权力有其自身运行的规律，其产生的源泉是由经济基础决定的。政治权力是政治理念的一种表现形式，政治认同的本质应该不是一种"形式"上的表现，所有的政治活动都是政治理念的一种外在显现，政治认同的本质实际上就是对政治理念的认同。

第五，认同类型层面。有论者认为政治认同可分为四种类型：高度政治认同、基本政治认同、低度政治认同、政治不认同。高度政治认同是政治生活中的理想状态，从理论的"美学"向度来看，高度政治认同是可以达到的，但从现实政治来看，高度政治认同是各国执政党努力追求的目标之一。在现实政治生活中，基本政治认同是一种常态，只要能够达到大多数民众的政治认同，政治秩序就会持续、稳定，政治安全就能长期实现。如果整个社会处于低度政治认同的状态，社会公众就表现为政治疏远、政治冷漠，低度政治认同对政治安全会产生较大的负面影响，一旦处于低度政治认同状态，执政党就应该对政治实践活动重新反思和调整，否则，就会出现任何执政党都不愿意看到的政治不认同的状态。政治不认同严重威胁国家的政治安全，表现为社会公众对政治体系的不认可、不支持、不服从，反对现行政治的力量就会滋长，政治颠覆的可能性空间就会增大。

---

① 中国大百科全书总编辑委员会，出版社编辑部．中国大百科全书·政治学卷［M］．北京：中国大百科全书出版社，1992：501.

② 彭正德．论政治认同的内涵、结构与功能［J］．湖南师范大学社会科学学报，2014（5）：87-94.

第六，认同结构层面。有论者认为，政治认同是一种政治实践，政治认同的结构和实践结构一样，包括主体、客体、中介等部分，国家公民是政治认同的主体，政治权力是政治认同的客体，政治认同的中介包括主体与客体相互联结的政治制度、政治运行方法等。① 一国之公民肯定是政治认同的主体，执政党是答卷人，人民是评卷人，执政党的分数高低是由人民来评判的，但是，政治认同的主体不能仅仅是一国之公民，而从事政治实践活动的所有人也应该是政治认同的主体，如果从事政治实践活动的人对政治都不认同，何谈社会公众的政治认同。

学界对政治认同的内涵界定除以上六个维度以外，还有其他多种维度，比如，把国家认同泛化为政治认同，把制度认同等同于政治认同，等等。以上这些界定虽然表达了对政治认同某一方面、某一层次的深刻理解，但没有区分开政治认同与其他认同的本质区别，政治认同不同于国家认同、民族认同、文化认同等，它的关键词是“政治”和“认同”，政治的本质是政治权力，一切政治理念必须通过政治权力来实现，没有“权力”的政治无法实现国家之“善”，政治权力的产生、运行、结果是否具有合法性、正当性、有效性是政治发展的关键，而政治权力的体现是通过制定、执行在不同时期的路线、方针、政策和各种规章制度并在实践中达到预期效果的一系列政治运行的状态，这种状态不是僵化的、固定的，而是各种因素相互作用的动态过程。认同的内涵包括认可、同意、赞成、肯定、支持等，它不仅仅是一种心理状态，而是知、情、意、行的统一，对认同的对象要去认识、理解、感知，要产生一定的情感倾向和坚定的意志信仰，要在社会生活中付诸实践并产生一定效果。当然知、情、意、行的产生，并不是严格按照一定顺序进行的，它是综合因素相互作用的结果。认同既然有对象，那就有认同的主体，从广义上讲，认同的主体既包括政党、政府又包括广大的社会民众，因为，在现代国家的民主政治中，政治权力的产生、运行、结果，把政党、政府和社会民众联结成一个相互影响、相互作用的政治共同体，因此，仅仅把社会民众看作政治认同主体是不全面的，政党、政府都是由每一个个体组成的，每一个个体本身理应成为政治认同的主体。综上分析，我们认为对政治认同的界定可以这样表达：政治认同是政治主体（广大社会民众、政党、政府等）对政治理念、政治权力、政治运行等的认可、赞同、支持

---

① 李素华．政治认同的辨析［J］．当代亚太，2005（12）：15-22.

等所形成的知、情、意、行相统一的和谐状态。政治理念、政治权力、政治运行等是相互依存的整体，离开政治理念的政治权力、政治运行是盲目的，离开政治权力、政治运行的政治理念是空洞的，政治理念、政治权力、政治运行产生的合法性、实践的正当性、结果的有效性直接影响政治认同的形成。

（二）政治安全与政治认同的辩证关系

政治安全与政治认同既相互区别又相互联系，政治安全与政治认同的区别主要体现在，政治安全属于政治上层建筑的范畴，政治认同属于观念上层建筑的范畴，政治安全是“有形”的实体形态，它以政党、政府、军队、警察、法院、监狱等各种组织、设施所形成的物质力量为支撑，政治认同是“无形”的非实体形态，它以认知、理解、肯定、支持、赞同等所凝聚的精神力量为支撑。政治安全与政治认同又相互联系，政治安全与政治认同共处于政治运行的统一体中，脱离政治安全的政治认同是不现实的，脱离政治认同的政治安全是一种主观想象。政治安全是由各种物质力量支撑的一种和谐稳定的政治状态，政治认同是由各种精神力量滋养的一种肯定赞同的精神状态。政治安全一旦形成，会成为一种既成的现实的强大的物质力量，影响政治认同的形成和发展，反过来，政治认同一旦形成，也会成为一种强大的精神力量，影响政治安全的发展变化。政治安全与政治认同的内在联系主要表现在以下三个方面。

第一，政治安全与政治认同相互依存。政治安全是政治认同的必要前提，政治认同是政治安全的必然结果。动荡、残酷、危险的政治环境必然不会得到绝大多数政治主体的认同，而稳定、和谐、安全的政治环境为绝大多数政治主体的认同创设了一定条件。一方面，稳定、和谐、安全的政治环境为政治主体提供了认知、理解、评价、肯定、支持的具体的生动的丰富的感性材料；另一方面，长治久安的政治状态也为政治主体提供了去粗取精、去伪存真、由表及里的理性思考的条件和过程。政治安全作为一种客观的物质性运动，所表现出来的都是各种生动的直观，人们对各种“生动的直观”的感觉、感知只能解决现象问题，而理解、认同才能解决本质问题，理解、认同既需要概念、判断、推理等理性因素的作用又需要直觉、想象、情感、意志等非理性因素的作用，在理性因素和非理性因素的协同作用中，人们对长治久安的政治状态必然产生积极、肯定的政治认同。

第二，政治安全与政治认同相互渗透。政治安全中蕴含着政治认同的理性支撑，政治和谐稳定的安全状态离不开政治主体的理解、肯定、支持和赞同。换句话说，政治安全就是绝大多数政治主体理解、肯定、支持、赞同的结果。政治认同中蕴含着政治安全的现实基础，一种政体如果要达到长治久安的目的，必须使全邦各部分（各阶级）的人们都能参加而且怀抱着让它存在和延续的意愿。① 政治认同在政治安全中产生并推动着政治安全的持续发展，虽然政治认同的程度有所差异，但不管是什么程度的政治认同，比如，高度政治认同、基本政治认同、低度政治认同等，认同主体都怀抱着现有政体继续存在和不断发展的愿望，只有政治不认同的社会成员对现有政体表示不满并希望现有政体被修正甚至被取代。因而，政治安全与政治认同相互渗透、相互促进、共同生长。

第三，政治安全与政治认同相互转化。如果说政治安全是一种物质力量，那么政治认同就是一种精神力量，两种力量在一定条件下相互转化。当政治安全的物质力量在一定的时空领域达到一定程度时，会吸引更多的政治主体产生政治认同，甚至会促使政治不认同的主体转变政治态度、实现认同转向，汇聚成巨大的认同能量。当政治认同的精神力量达到一定程度时，精神力量也会转化成巨大的物质力量，这种物质力量会不断促进政治安全的持续发展，即使在政治安全受到威胁的情况下，也会迅速、有效地化解政治安全所遭遇的各种风险。

二、政治安全与政治认同的生成基础与运行场域

政治安全与政治认同不是凭空产生的，其生成和发展需要一定的基础条件和运行场域，这些基础条件和运行场域与特定的历史时空密切相关，特定的历史时空具有具体的情境性，因而，政治安全与政治认同在不同的民族-国家、不同的历史处境中具有自身的特殊性。

（一）政治安全与政治认同的生成基础

政治安全与政治认同的生成基础主要表现在思想基础、物质基础、群众基础、能力基础、道德基础、法治基础六个方面。

第一，政治安全与政治认同生成的思想基础。执政党指导思想的科学性是政治安全与政治认同生成的灵魂，其科学性主要体现在力求按照政治运行的本

① 亚里士多德．政治学［M］．吴寿彭，译．北京：商务印书馆，1997：188.

来面目去揭示政治运行的基本规律，自觉接受政治实践的检验并在实践中进一步丰富和发展。科学的指导思想作为一种真理，不仅仅在于正确揭示政治发展的规律，关键在于指导人们自觉地运用规律去改造世界，使世界更好地适合人类生存和发展的需要。人类改造世界的实践活动（包括政治实践活动）一般来讲应符合真理原则和价值原则，但并不是任何实践活动都符合真理原则和价值原则，只有真理指导下的实践才能更好地实现真理原则和价值原则的统一。但真理对实践的指导是有条件的，任何真理都具有相对性和绝对性，都是绝对真理和相对真理的统一，真理在一定条件和范围内是绝对正确的，随着条件和范围的变化，人的认识也要发生变化，这样才能做到主观和客观的相符合，主观和客观相符合的认识是真理性的认识，真理性的认识是在实践中获得的，实践是认识的来源，在新的实践过程中，真理性的认识又为新的实践提供思想资源和理论准备，从而为达到新的真理开辟道路，因而科学的指导思想本质上是开放的发展的，不是封闭的僵化的，具有与时俱进的理论品质。科学的指导思想是战胜国际国内各种政治风险、增强政治认同的科学保证，弗拉基米尔·伊里奇·列宁（Vladimir Ilyich Lein）指出："只有以先进理论为指南的党，才能实现先进战士的作用。"① 理论的"先进性"主要表现在理论符合社会发展规律、符合历史发展要求、符合广大人民群众的根本利益，是真理原则和价值原则的统一，如果执政党的指导思想违背了社会发展规律、不符合历史发展要求、不能代表人民群众的根本利益，政治安全就难以实现，政治认同就难以巩固，执政党的执政生命就会停止。

第二，政治安全与政治认同生成的物质基础。物质基础是政治安全、政治认同的现实起点，任何政治安全、政治认同都不是"空谈"、离不开"物质"的坚实支撑，离不开处于一定生产力和社会关系中的现实个人的生存状态，"经验的观察在任何情况下都应当根据经验来揭示社会结构和政治结构同生产的联系，而不应当带有任何神秘和思辨的色彩"。② 世界不是由观念、意识等抽象概念统治的世界，政治安全、政治认同也不是由光亮的辞藻堆砌的虚假的幻影，人类生存的第一个前提便是物质生活本身，"为了生活，首先就需要吃喝住穿以

① 中共中央马克思恩格斯列宁斯大林著作编译局．列宁选集：第1卷［M］．北京：人民出版社，1995：312.

② 中共中央马克思恩格斯列宁斯大林著作编译局．马克思恩格斯选集：第1卷［M］．北京：人民出版社，1995：71.

及其他一些东西。因此，第一个历史活动就是生产满足这些需要的资料”。① 而如果生产力水平不断提高，社会财富不断增长，而贫富差距不断拉大，也不可能有长久的政治安全与政治认同；如果仅仅把提高物质生活水平作为唯一的追求目标，而忽视了文化建设、社会建设等方面的文明进步，政治安全与政治认同也难以持续发展，正如马克思所说：“吃、喝、生殖等等，固然也是人的真正的机能。但是，如果加以抽象，使这些机能脱离人的其他活动领域并成为最后的和唯一的终极目的，那它们就是动物的机能。”② 如果人的机能全部退化为动物的机能，人类的命运就会变得极其危险，人类之所以能不断延续、文明之所以能不断进步，是因为人的机能远远超越了动物的机能，人是按照美的规律创造世界，是按照任何物种的尺度改造世界，物质生活只是人类生活的一部分，但是，是最基础最根本的部分，离开物质基础，任何有关人的理想都是空谈，除了物质生活，人类还必须具备崇高而优美的精神生活，物质生活和精神生活共同构成了人的“完美”。因此，夯实政治安全与政治认同生成的物质基础，必须处理好物质文明与精神文明、财富共创与利益共享的关系问题。

第三，政治安全与政治认同生成的群众基础。政治安全与政治认同最深厚的基础存在于现实的人民群众以一定的经济关系为基础而建立的广泛的社会关系之中，人民群众对政治权力的服从与忠诚的程度，取决于政治权力的产生、运行、结果对人民群众需要的满足程度。人民群众是决定政治安全与政治认同的主要力量，是推动社会历史前进的根本动力，“群众给历史规定了它的‘任务’和它的‘活动’”③，同样，群众也给政治安全与政治认同赋予了具有历史丰富性的任务和活动，“历史什么事情也没有做……正是人，现实的、活生生的人创造这一切”。④ 群众的信任和支持是政治安全与政治认同的生动体现，执政党执政的生机植根于群众、执政的力量来源于群众，列宁认为：“在人民群众中，我们毕竟是沧海一粟，只有我们正确地表达人民的想法，我们才能管理。

---

① 中共中央马克思恩格斯列宁斯大林著作编译局．马克思恩格斯选集：第1卷［M］．北京：人民出版社，1995：79.

② 中共中央马克思恩格斯列宁斯大林著作编译局．马克思恩格斯选集：第1卷［M］．北京：人民出版社，1995：44.

③ 中共中央马克思恩格斯列宁斯大林著作编译局．马克思恩格斯文集：第1卷［M］．北京：人民出版社，2009：285.

④ 中共中央马克思恩格斯列宁斯大林著作编译局．马克思恩格斯文集：第1卷［M］．北京：人民出版社，2009：295.

否则共产党就不能率领无产阶级，而无产阶级就不能率领群众，整个机器就要散架。”① 邓小平反复强调：“如果哪个党组织严重脱离群众而不能坚决改正，那就丧失了力量的源泉，就一定要失败，就会被人民抛弃。”② 毛泽东一向反对脱离群众的“官气”，他认为：“官气是一种低级趣味，摆架子、摆资格，不平等待人、看不起人，这是最低级的趣味。”③ 人民是种子的土壤，种子要发芽、生根、开花、结果，离不开土壤，执政党如果不把人民放在最高位置，不倾听群众呼声、不关心群众疾苦、不顾及群众利益、不解决群众困难，那么，执政党的风险就会轰然而至，群众和执政党的关系就会疏远甚至断裂，执政党一旦脱离人民群众，执政的生机就停止了，执政的基础就垮塌了，人民群众对执政党的认知和评价所产生的负面影响就会终止政治安全与政治认同的生命线。

第四，政治安全与政治认同生成的能力基础。政治安全、政治认同与执政党的执政能力呈正相关，执政党在长期执政的过程中最容易产生的恐慌是“本领恐慌”，因为长期的执政环境容易让人安于现状、淡化忧患意识，“本领恐慌”往往与安乐享受同行，往往与自以为是同在，现代社会的执政环境错综复杂、千变万化，稍不注意，就会面临执政的风险，风险无时不在、无处不有，练就执政本领是执政党长期执政不可回避的重要课题。世界政党政治表明，世界上一些大党、老党在长期执政的过程中由于能力不足，无法有效应对和驾驭错综复杂的国际国内环境而丧失了执政地位，“本领”不是与生俱来的，而是通过学习和实践得来的，因而克服“本领恐慌”的途径就是善于学习、敢于担当，在生动鲜活的实践中经受各种考验、化解各种风险，提高领导水平和执政能力，增强人民群众的信任度和安全感，为政治安全、政治认同提供有力保障。美国学者萨缪尔·亨廷顿（Samuel Huntington）是最早对执政能力进行研究的学者之一，亨廷顿认为，要实现政治稳定、政治认同，关键是政治权威，而政治权威的建立需要高度的制度化水平，在高度的制度化水平之上，政治权威获得对社会控制和管理的能力。罗伯特·杰克曼（Robert Jackman）认为，执政（政治）能力就是政府用政治手段解决各种冲突的能力。我国学者认为，执政能力主要

---

① 中共中央马克思恩格斯列宁斯大林著作编译局．列宁选集：第4卷［M］．北京：人民出版社，1995：695.

② 邓小平．邓小平文选：第2卷［M］．北京：人民出版社，1994：368.

③ 毛泽东文集：第7卷［M］．北京：人民出版社，1999：378.

包括资源配置的能力、维护政治秩序的能力、制定和实施公共政策的能力以及社会对政治权威的支持能力等。① 加强执政能力建设是现代政党必须完成的时代课题，执政能力建设直接关系到政治稳定、政治安全，关系到政治信任、政治认同，缺乏执政能力的政党，最容易引发政治骚乱、政治衰败甚至政权颠覆，难以应对来自国内国际各种因素的严峻挑战，难以化解防不胜防的各种风险。

第五，政治安全与政治认同生成的道德基础。每一个执政党都是由一定数量的个体党员组成的占有一定政治资源的群体，个体党员的道德素质关系执政党的形象、影响执政党的素质以及执政党的凝聚力、号召力、战斗力等。孔子早在《论语·为政》中就阐释了道德教化对国家治理的重要作用。他说："为政以德，譬如北辰，居其所而众星共之。"又说："道之以德，齐之以礼，有耻且格。"对于个体来讲，道德是做人做事、成人成事的底线，对于执政党来讲，合乎理性的政治行为必定符合人类社会的发展趋势、符合最广大人民群众的根本利益，具有一种道德本性，脱离道德本性的政治行为是可怕的，比如，20 世纪的南京大屠杀和希特勒种族灭绝事件等，正如约翰·罗尔斯（John Rawls）所言："如果说，一种使权力服从于正义目的的合乎理性的正义社会不可能出现，而人们普遍无道德——如果还不是无可救药的犬儒主义者和自我中心论者——的话，那么，人们可能会以康德的口吻发问：人类生活在这个地球上是否还有价值?"② 当然，政治行为所体现的价值和道德价值不可能是完全同步的，但它总会受到道德价值的牵引，如果政治行为真的脱离了道德价值的引力，那么，这样的政治行为必然是短暂的、最终会被历史和人民所抛弃，因为它破坏了政治存在的理由、丧失了政治存在的根基。在人类政权的更迭史上，执政党中的个别党员甚至大部分党员道德迷茫甚至道德缺失而导致政权更迭的现象比比皆是，因为执政党在执政过程中掌握着大量的权力和资源，而部分党员很容易被各种权力、资源所异化，在眼花缭乱的权力、资源的诱惑面前最容易突破道德的防线，道德是精神层面的东西，很容易受到物质"利剑"的攻击，当然，不是任何道德都经受不住物质的考验，关键是看道德修养的程度，崇高的道德是坚不可摧的，只有道德软弱的人才会成为各种诱惑的"俘虏"。突破道德防线的

① 欧阳景根．民族国家政治能力研究［J］．中国行政管理，2006（2）：95-99.

② 约翰·罗尔斯．政治自由主义［M］．曾订版．万俊人，译．南京：译林出版社，2011：45.

人随时会丧失做人做事的底线，从而践踏执政党的形象、损害国家利益和人民群众的根本利益、破坏执政党和人民群众的关系，严重影响政治安全和政治主体的政治认同。

第六，政治安全与政治认同生成的法治基础。法律是治国之重器，是促进社会公平正义、维护政治安全、增强政治认同的前提，正义是法治的灵魂和德性，任何人都没有凌驾于法律之上的特权，在法律面前，没有"天窗"、没有"暗门"、没有"丹书铁券"，只有基于正义的不可侵犯性，正如罗尔斯所言："每个人都拥有一种基于正义的不可侵犯性，这种不可侵犯性即使以整个社会的福利之名也不能逾越。"① 正义的法治社会是政治安全、政治认同的守门神，当然，法治社会不能离开道德教化，要以法治精神体现道德教化，以道德教化滋养法治精神，道德教化与法治精神相互依存、相互提升。

（二）政治安全与政治认同的运行场域

政治安全与政治认同在一定条件的政治系统中有自身的运行场域，主要表现在政治承诺与政治期待、政治能力与政治权力、政治社会化与政治效能感等运行场域。

第一，政治承诺与政治期待的运行场域。政治承诺是执政党在争取执政机会或执政初期对社会公众描述的超越现实政治状态的远景性承诺，现实政治状态总有不尽如人意的地方，需要执政党在未来的执政期间对现实政治状态进行全方位检省并提出较好的理想模式，尽管这种理想模式是一种思想设计，所展现的是将来状态的应然的价值世界，但是，它必然植根于正在进行的实然的事实世界，从事实世界出发的对未来的憧憬就为社会公众的政治期待提供了条件，执政党一旦做出政治承诺，社会公众的政治期待便会应然而生，承诺和期待是有限和无限的统一，它们之间始终存在着一定的张力，承诺的可兑现性和期待的可延伸性在一定条件下构成了承诺-期待的发展链条，当旧的承诺兑现时，为了满足新的期待的需要，又会产生新的承诺，否则，承诺-期待的链条就会中断，当然，当承诺和期待都同时落空的时候，承诺和期待的依存关系便不会存在。在现代政党政治中，承诺和期待的链条效应对政治安全、政治认同有重要影响。政治环境是复杂多变的，执政党的所有政治承诺并不一定能完全实现，

---

① 约翰·罗尔斯．正义论［M］．何怀宏，何包钢，廖申白，译．北京：中国社会科学出版社，2009：3.

一旦政治承诺没有兑现时，社会公众就会由于蓄积在心中的美好期待没有完全得到满足而失落，对执政党的政治理念、政治能力等在一定程度上会产生认同危机，客观上降低了社会公众对执政党的信任度、赞誉度，执政党的执政地位就会受到其他因素的影响或遭到其他党派的反对，对执政党本身来讲，政治承诺没有兑现也会影响到执政党的执政信心，执政信心的不足势必影响执政党的执政水平和执政绩效，如果执政党的政治承诺多次落空，社会公众已经无法产生政治期待，承诺和期待的链条必然发生断裂，那么，执政党被取代的必然性就会完全实现。① 如果执政党的政治承诺在预期内已经完全实现，承诺和期待的链条就会继续发展，一方面，政治承诺的实现巩固了执政党自身的执政地位、增强了社会公众对执政党的政治认同；另一方面，政治承诺的实现同样增强了社会公众对执政党的信心，社会公众在信任和赞许执政党的过程中会产生更高的政治期待，而执政党在政治安全度和政治认同度不断增强的情况下也会对社会公众作出更好、更高的承诺，这样，新的承诺产生新的期待，从而为更高的承诺作出新的准备。因此，政治安全与政治认同在现实政治运行中始终在承诺和期待的场域不断生成，或存在或消亡，或削弱或强化。

第二，政治能力与政治权力的运行场域。政治能力和政治权力是执政党能否长期执政的内在要求。一方面，政治能力和政治权力相互依存；另一方面，政治能力和政治权力始终存在着一种张力。政治能力和政治权力的依存性体现在：首先，政治能力是执政党能否顺利实现政治理想、能否有效实现政治权力的重要因素。一个能力低下甚至腐败无能的执政党在现代风险社会状态下无法应对各种复杂环境和经受各种严峻考验，政治能力保障政治安全的持续运行、激发认同主体的政治认同，政治能力的核心是权力的实施和贯彻。“一个国家的兴起和快速发展也都必然与这个国家的政治能够有效作用于经济和社会发展有直接的关系。”② 其次，政治权力的有效运行离不开政治能力的有力支撑。政治权力直接指向社会的共同利益，而行使政治权力的主体总是代表一定阶级（或集团）的利益，如何处理好共同利益与集团（或阶级）利益的关系，如何防止政治权力主体以权谋私的不良企图，如何在社会价值的权威性分配过程中真正

① 张首先．风险社会与和谐社会：执政党权威的生成逻辑及运行场域［J］．中共福建省委党校学报，2010（3）：11-14.

② 林尚立．有效政治与大国成长——对中国三十年政治发展的反思［J］．公共行政评论，2008（1）：38-66.

做到公平正义，关键是要提高执政党总揽全局、协调各方的政治能力。政治权力从某种意义上讲，具有强制和支配的功能，但从政治安全、政治认同的角度来看，政治权力的有效性、长效性还需要依靠政治能力把强制和支配转换为自愿和服从，进而转变成权利和义务，正如卢梭所说："即使是最强者也绝不会强得足以永远做主人，除非他把自己的强力转化为权利，把服从转化为义务。"①政治能力和政治权力在现实政治实践中具有一定的张力，如果执政党的政治能力低下，无法唤起社会公众的理解、认同和支持，而它仅仅依靠权力的过分使用，甚至把政治权力扭曲为残酷暴力，那么权力的合理性空间就会无限收缩，权力的有效性就会彻底落空，权力的滥用或乱用最终只能导致政治安全的难以实现、政治认同的迅速流失，从而遭到社会公众怀疑、漠视甚至拒斥；如果执政党有较强的政治能力，通过政治能力把政治权力转变成社会公众对政治系统的信任忠诚的权利和义务，并且给政治统治"盖上社会普遍承认的印章"②，那么权力的合理性空间就会不断扩展，权力的有效性就会生动体现在政治权力运行的每一个场域，权力的合理、有效地行使最终会形成政治安全、政治认同的良好格局。但是，执政党的政治能力越强并不意味着越能随意地使用政治权力，政治能力和政治权力之间始终存在着一定的张力，政治能力越强的执政党，社会公众对其权力运行的正当性、合理性、有效性的要求就越高，执政党在任何时候都要对政治权力的运行保持谨慎，政治能力对政治权力的有效把控在于保证国家的长治久安，在于对国家的政治安全、政治认同创生丰富的政治资源。如果政治能力和政治权力之间的张力被权力的任性所破坏，那么政治安全、政治认同的良好格局就难以找到适合其生长的现实土壤。③

第三，政治社会化与政治效能感的运行场域。政治社会化就是执政党把自身的政治性质、政治宗旨、政治价值等通过各种形式向社会公众广泛传播，使社会公众产生政治认知、政治情感、政治态度，从而更新政治观念、完善政治人格的现实运动的过程。对于个体来讲，政治社会化是实现个体价值和社会价值相统一的条件，黑格尔认为："个人本身只有作为国家成员才具有客观性、真

---

① 卢梭．社会契约论［M］．何兆武，译．北京：商务印书馆，1982：12-14.

② 中共中央马克思恩格斯列宁斯大林著作编译局．马克思恩格斯选集：第4卷［M］．北京：人民出版社，1995：107.

③ 张首先．风险社会与和谐社会：执政党权威的生成逻辑及运行场域［J］．中共福建省委党校学报，2010（3）：11-15.

理性和伦理性。”① 对于执政党来讲，政治社会化是实现政治安全、政治认同的基础，无论是古典政治还是现代政治，政治社会化在不同的历史时期都有自身的运行方式和运行状态，中国传统政治的社会化主要表现为“立太学以教于国，设庠序以教于邑”，“渐民以仁，摩民以谊，节民以礼”②。政治社会化的对象是社会公众，其最终结果通过社会公众的政治效能感表现出来，政治效能感就是社会公众在应然、能然、实然之中感觉到个体能够影响政府，政府能够回应个体的心理-现实状态。大卫·伊斯顿（David Easton）认为“作为一个概念，政治效能感是以三个彼此独立但又紧密关联的要素表现出来：作为规范的政治效能感、作为心理学倾向或者感觉的政治效能感和作为一种行为方式的政治效能感”③。政治效能感的程度如何关键在于应然的规范、能然的感觉和实然的行为三者之间能否得到有效的转换。在正常的政治系统中，政治效能感和政治疏离感是同时存在的，一般来讲，社会公众的政治效能感是一个橄榄型的结构形态，两头小，中间大，大多数社会公众的政治效能感处于中等程度，如果社会公众的政治效能感是一个哑铃型的结构形态，那么政治安全、政治认同就会处于一种危险状态，哑铃的断裂必然导致政治分裂、政治颠覆。亚里士多德早就指出：“即使是完善的法制，而且为全体公民所赞同，要是公民们的情操尚未经习俗和教化陶冶而符合于政体的基本精神（宗旨），这是终究不行的。”④ 因而，政治社会化与政治效能感是政治运行中同一过程的两个方面，越是提高政治社会化水平就越能增强政治效能感，反过来，公众的政治效能感越高，表明公众对政治的影响度、政府对公众的回应度就越高，这种影响-回应的水平取决于社会公众对该政治系统的政治理念、政治价值等的认知、理解、认同的水平，这样，高度的政治效能感对政治社会化水平提出了更高的要求。通过政治社会化与政治效能感的相互促进，执政党和公众之间的藩篱逐渐被拆除了，矛盾和冲突逐渐被化解了，当然，旧的藩篱、矛盾、冲突解决了，新的藩篱、矛盾、冲突又会以新的形式和内容出现，解决新的问题仍然通过进一步提高政治社会化与政

① 黑格尔．法哲学原理［M］．范扬，张企泰，译．北京：商务印书馆，1961：254.

② 葛荃．权力宰制理性：士人、传统政治文化与中国社会［M］．天津：南开大学出版社，2003：75.

③ EASTON D, DENNIS J. The child's Acquisition of Regime Norms: Political Efficacy［J］. The American Political Science Review, 1967（1）：25 -38.

④ 亚里士多德．政治学［M］．吴寿彭，译．北京：商务印书馆，1965：281.

治效能感的水平来实现。

三、风险社会视域下的政治安全与政治认同

自工业革命以来，现代社会已经从技术社会进入智能社会，从敌对世界演进到风险世界，传统社会风险在现代性双重危机的内外夹击之下，其时空结构和内在逻辑序列已全部瓦解，经济风险、社会风险、政治风险等各种风险威胁着民族-国家甚至全人类的生存、发展，诸多风险层层叠加，难以预测、难以控制，风险的蝴蝶效应形成的全球性漂移确实让人不可阻挡。风险对政治安全、政治认同产生了强大的冲击力，而政治安全、政治认同恰好是各国执政党追求的价值目标，政治安全、政治认同内在要求民族-国家各种内外因素之间相互依存、相互协调使之共处于一种相对稳定的、安全的、和谐的发展状态，风险会对这种具有良好秩序的发展状态进行强制性的消解或破坏，在消解或破坏的过程中，风险与政治安全、政治认同之间始终处于一种辩证状态，风险要么使政治状态陷入混乱、动乱始终颠覆的境地；要么使政治安全、政治认同进一步生成或在原来的基础上更加坚实和稳固。从风险产生的角度看，各种风险的产生是多种因素综合产生的结果，而人为因素是众多因素中最为重要的因素；从政治安全、政治认同的角度看，政治主体、政治制度、政治运行、政治绩效、政治环境等政治发展中的不成熟、不完善、不合理等严重缺陷，往往是各种内在风险滋生或蔓延的发源地和外在风险不断侵入或破坏的运动场；从预防风险、战胜风险的角度看，执政党预防风险、战胜风险的能力与政治安全、政治认同的程度呈正相关，在执政期间执政党应全面预防风险、科学掌控风险、有效化解风险，在紧急风险时刻应以最快的速度、最高的效率充分调动和运用各种有效资源统一意志、统一行动迅速化解风险或把风险的危害程度降低到最低限度。因而，风险的辩证性表现在风险一方面对政治安全、政治认同造成严重威胁或破坏；另一方面，风险为进一步强化和提升政治安全、政治认同创造了更加广阔的可能性空间。

（一）风险对政治安全、政治认同的威胁或破坏

当现代性危机消解了传统社会的生成元素之后，风险便成为各种学科竞相阐述的焦点话语，从康德、埃德蒙德·胡塞尔（Edmund Husserl）、马克斯·韦伯（Max Weber）、福柯、齐格蒙特·鲍曼（Zygmunt Bauman）、安德鲁·芬伯格

(Andrew Feenberg) 等，他们都以各种不同的理论方式表达了对风险（或危机）的高度关注。

自从康德在1784年严肃地提出“启蒙”问题之后，启蒙与风险便引起了哲学的深刻关切。康德认为：“启蒙运动就是人类脱离自己所加之于自己的不成熟状态。”① 可以说，工业文明的迅速发展，在很大程度上让人类摆脱了无知与愚昧的深渊。但是，为什么人类仍处于不成熟的状态，人类的不成熟给自身带来了很多不确定性的风险，如何防范和化解风险，康德无法从“先验自我”的逻辑起点上回答这一问题。康德对先验自我与经验自我的区分，阻断了笛卡尔“我”与“思”的内在统合，把先验自我绝对化、纯粹化、绝缘化，在肯定先验自我的逻辑主体的同时却否定了先验自我在时间延续中的持存，先验自我在观察、创造种种表象的同时而自身不能被观察、被创造。康德认为，启蒙所要求的是自己的理性思维而不是知识的运用，启蒙事业是理性的一项批判事业，这一事业艰难而又漫长，而“先验自我”向前回溯的局限性无法完成理性的批判事业，因而无法真正解释人类“不成熟”的原因，人类从不成熟到成熟的过程是指向未来的，“先验自我”不能正确导引却盲目阻滞了通向未来的成熟之路，在康德的理论视域中，人类的启蒙运动永远在路上，因为人类要摆脱自己的不成熟状态是相当艰难的，而不成熟恰好是现代风险的根源。

胡塞尔通过对“先验自我”的剖析，确立了“生活世界”的哲学地位，认为“生活世界”将为克服现代风险提供本体论保证。在胡塞尔看来，现代自然科学的实证主义已经把意义或价值全部祛魅，实证主义还原论对传统形而上学的摧毁不仅带来了人的危机而且产生了科学的危机，实证主义在弘扬自身工具合理性的同时无情地消解了价值合理性，胡塞尔认为：“实证主义可以说把哲学的头颅砍去了。”② 在数学和物理学的抽象世界中，现代自然科学把世界的一切全部客观化、均质化、数字化、机械化，因而，重建生活世界重新恢复存在意义与人的主体相关性，有利于清除机械的冷漠和重新焕发人性的光辉。

韦伯在生活世界中区分了工具合理性和价值合理性的价值指向，揭示了现代风险具有浓厚的工具化色彩。韦伯认为，在新教伦理的营养中孕育而出的资

---

① 康德. 历史理性批判文集 [M]. 何兆武，译. 北京：商务印书馆，1990：22.

② 胡塞尔. 欧洲科学的危机与超越论的现象学 [M]. 王炳文，译. 北京：商务印书馆，2001：19.

本主义精神，已被功利主义、技术主义、物质主义等现代性思潮的强大欲望所摧毁，所谓“上帝的召唤”、伦理的热情都在金钱膜拜的社会结构中异化变形，一切“经济冲动”都围绕冷冰冰的金钱旋转。冷冰冰的各种“工具”“手段”所制造的各类风险正在赤裸裸地威胁或者毁灭人类。

福柯对现代风险的分析不再采用传统上惯用的“宏阔视野”和“宏大叙事”的方式，而是从“微观视野”和“个体生命”的角度，分析规训与惩罚、疯癫与文明、话语与权力等对个体身体和生命过程的影响与强制。从犯人的肉体到驯顺的肉体，从规训的手段到严厉的制度，从儆戒的符号到压迫的话语，到处弥漫着恐惧、强制和风险。“维系惩罚仪式的不再是君主权威的可怕复辟，而是符码的活化，是集体对犯罪观念与惩罚观念之间联系的支持。”①

鲍曼提出流动的现代性的观点，认为流动的现代性片面强调对效率、速度、规模、数量、功利的过分崇拜，使人类近现代史上灭绝人性的各种大屠杀成为设计者、执行者集体合谋的凯歌，现代性对效率、速度的加速推进，制造和生成了各种形式的、流动的、隐形的、难以防范的风险，将使个人面临着陌生的、碎片式的、从未经历过的挑战，从而要求人们的生活方式、思维方式、行为方式必须具有弹性、行动性与可适应性。

芬伯格以其技术批判、技术民主化、文化多元化理论阐释了现代社会或未来社会中必然会存在可选择的现代性的可能性。现代风险主要是人为制造的风险，既然人为因素是产生风险的主要因素，那么，作为理性的人类其难道不能对自身行为进行必要的选择和控制吗？消除和防止核战争的恐惧、维护和保持生态安全、防范和化解经济危机等。在共同风险面前，每一个人都不是旁观者和特权者。因而，无论是个体还是群体，其欲望和行为对现代性的未来形态提供了多样的发展路径。

不管是康德还是芬伯格，他们对现代性及其现代风险的深刻反思都具有一定的合理性和时代性，当然，也存在着需要反复对质和多元辩论的空间。

风险具有历史性、具体性、价值性、复杂性等多维特征，各种风险并不是孤立现象，都是在复杂的、多维的社会系统和自然系统中生成、演变的。在现代风险的研究视域中，贝克应当是当今世界最重要的思想家之一。贝克认为，

① 福柯．规训与惩罚［M］．刘北成，杨远婴，译．北京：生活·读书·新知三联书店，2010：123-124.

“风险总是牵涉到责任问题”“责任全球化需要成为一个全世界公共的和政治的问题”。① 现代风险正以不可阻挡的力量打破各种系统、各种限制，尤其是对具有特定空间、特定体系的政治安全、政治认同构成严重威胁。现代风险的断裂性、快速性、多变性催逼政治系统的“意识形态”“政治话语”“政治权威”的变形、变异甚至迅速退场。在现代社会里，“政治”既是产生风险的重要推手，又是化解风险的重要资源，是现代社会继续发展的核心命题。风险与责任、政治的密切关联，在一定程度上表明，人类命运如何往往是通过“政治语汇”来揭示和彰显的。离开政治生活的现代社会是无法想象的，完全与政治无关的人在现代社会中是无法真正存在的。亚里士多德认为：“凡隔离而自外于城邦的人——或是为世俗所鄙弃而无法获得人类社会组合的便利或因高傲自满而鄙弃世俗的组合的人——他如果不是一只野兽，那就是一位神祇。”② 无论是野兽还是神祇，都与人的本真意义相差甚远，人类文明是通过人并且为了人而成就人自身，对美好生活的向往是通过人自身来实现的。在一定意义上，人类文明的发展与政治之“善”密不可分，政治之“善”就是要促进或保障国民过上平安、富足而又文明的生活。对幸福、体面、尊严生活的期盼以及社会正义、和谐发展的坚守既是现代国家政治安全的基石，也是现代国民政治认同的前提。从历史上看，并非所有的“政治”都蕴含着安全和认同的基因，“恶”的政治从产生之日起，就没有安全、认同可言。只有政治之“善”需要政治安全、政治认同来支撑，反之，政治之“恶”必然面临政治安全风险、政治认同风险。但是，在复杂的风险丛生的现代社会中，支撑政治之“善”的政治安全、政治认同同样会受到来自国内外各种复杂因素的侵袭或伤害。

在政治安全、政治认同的复杂系统中，无论是内生风险还是外生风险，风险对政治系统的威胁或破坏并不是没有规律可循，同样具有内在的、必然的生成和演变的机理。政治安全、政治认同作为一种存在形态，总是表现为一定的结构层次，我们把通过抽象思维和概念形式去把握的本质部分称为深层结构，通过外在表象和感性直观把握的表象部分称为表层结构。但任何一种具体存在，都必然要受到周围环境的影响，在一定程度上，周围的环境结构和事物本身的

---

① 乌尔里希·贝克. 世界风险社会［M］. 吴英姿，孙淑敏，译. 南京：南京大学出版社，2004：10.

② 亚里士多德. 政治学［M］. 吴寿彭，译. 北京：商务印书馆，1965：9.

深层结构、表层结构共同构成一个统一体。因而，对政治安全、政治认同的结构层次，我们主要从三个维度去分析：政治安全、政治认同的深层结构、表层结构和环境结构。

政治安全、政治认同的深层结构主要包括：政治理念、指导思想及价值取向。政治理念隐含在现实政治生活世界之中，决定并支配政治主体进行各种政治实践活动、实现政治理想、防止政治衰败或颠覆的最深层的基本动力。政治理念的深层本质和内在秩序通过各种政治活动外化展现，形成公众感知、判断、选择、认同的基本元素。柏拉图认为，每一种事物都有自身的理念，理念是分层次的，"善"是最高层次的理念，因为它是达致真理的源泉。善不是抽象的东西，不是主观意志的产物，而是由各种福利构成的内容充实的实在物，善必须以实践为中介才能变为现实。政治理念所追求的善在具体的政治运行中势必会遭到各种因素的制约和挑战，所生成的各种政治之善无法逃离特定历史时空所赋予的时代性和具体性，脱离时代性和具体性的善是不可能存在的，只不过是主观想象和浪漫呓语。指导思想是决定政治安全、政治认同的理论基础，指导思想的先进性、科学性直接关系到政治主体对政治的认知、态度以及对政治发展的忧患意识、责任意识和科学意识。三种意识相互依存、相互促进、共同生长。政治的价值取向指的是一国之政治主体基于其政治理念、指导思想在政治运行中所表现出来的基本价值立场、价值判断、价值选择、价值态度和价值行为等。价值取向具有明确的实践导引，政党性质不同、指导思想不同、社会制度不同，就会产生不同的价值追求和不同的实践效果。

政治安全、政治认同的表层结构主要包括政治组织、政治制度、政治行为、政治话语、政治能力等在政治实践过程中所展示出来的通过公众直观感受和评价的外在的综合表现。政治组织的结构和功能是通过组织作风、工作作风、能力表现等方面表现出来的。良好的组织形象有利于促进社会公众或者内部成员对组织的信任、赞誉和高度认同。现代政治实践表明，亲民、清廉、文明、开放、善治等是现代政党组织形象的发展趋势，也是政治安全、政治认同的组织保证。反之，脱离民众、消极腐败、野蛮愚昧、封闭僵化、能力低下的政党组织必将遭到人民的唾弃。政治制度是政治主体理性精神的结晶，是对有效保证政治安全、政治认同的规制与约束，它不是政治主体的主观臆造，而是合规律性、合目的性、合时代性的协同演进的产物。政治制度关乎国家的政治安全、政治认同，对国家、民族的健康持续发展至关重要，邓小平非常重视制度建设，他说："制度问题更带有根本性、全局性、稳定性和长期性。"① 政治行为是指政治主体在执行政治制度的过程中所展现出来的个体或群体的活动状态，是社会公众最能直观感受的外在形象，也是最容易引发社会公众对政治主体产生信任和认同的关键元素。一个具有良好的领导方式、工作方式、生活方式的政党组织，必然会塑造良好的政党形象，赢得社会公众的好感。政治话语是政治主体对政治发展的认知、判断、选择、认同、实践及其意见的共同表达，是对政治安全、政治认同的存在状态的能动反映和现实关照，在一定程度上，揭示了政治安全、政治认同的现实存在，同时，也蕴含着政治主体维护政治安全、政治认同的能力和动力。政治话语不是凭空产生的，它依赖于时代背景、历史根据、现实依据，政治话语一旦形成，它的真理性和价值性就会受到历史和现实的双重检视。政治能力是指政治主体运用政治理念、政治知识、政治方法等政治资源取得政治绩效、赢得社会公众高度信任的能力。能力建设是一个政党永葆生机的重要保证，一个有能力的政党对社会公众来说，最容易产生持久的吸引力，因为一个有能力的政党能给予社会公众较高的信任度和较强的安全感，也容易使社会公众产生较高的心理期望值。

政治安全、政治认同的环境结构主要包括经济发展环境、文化生成环境、社会开放环境、自然生态环境等。经济发展是政治安全、政治认同的物质保障，任何一个政党在执政期间都要把经济发展作为重要的价值追求，尤其在发展中国家，人们对幸福生活的向往、对物质财富的渴望以及政党对人们的向往、渴望的满足程度，影响执政党的执政生命和社会公众对执政党的评价、选择和认同，进而影响政治安全、政治认同，"经济发展越是把一个社会结合成一个休戚相关的整体，人的政治意识就越强，政治参与的要求就越强烈"②。文化是民族国家的国民在长期的社会实践中形成的一切物质成果和精神成果的总和，它承载着文化主体的情感、态度、价值、信念、符号等，对文化主体的思维方式、生活方式、行为方式产生重要影响。不同的文化是由不同的社会存在决定的，文化的多样性体现了人类实践的多样性，但文化的多样性并不意味着文化的孤立性，相反，文化的多样性促成了文化之间的相互交流、相互渗透。文化的生

① 邓小平．邓小平文选：第2卷［M］．北京：人民出版社，1994：333.
② 王沪宁．比较政治分析［M］．上海：上海人民出版社，1987：237.

成环境不是静止的、孤立的，而是运动的、复杂的。文化系统中政治文化直接影响一国之政治安全、政治认同，任何处在文化环境中的人，都会受到文化的熏陶，卡尔·雅斯贝斯（Karl Jaspers）认为："人不仅是生物遗传的产物，更主要的是传统的作品。"① 从某种意义上说，文化是人的灵魂的表达，人的灵魂也是文化的灵魂。怀特海认为："文明的鼎盛，靠的是商业的扩张、技术的发展以及新大陆的发现。然而除这些以外，还有一样东西未被提到，那便是人的灵魂。"② 政治文化同样表达着政治主体的灵魂，体现了政治主体的政治态度、政治感情、政治信仰。政治文化的培育是一个漫长的比较复杂的系统工程，需要各种因素的滋养和支撑。社会开放环境在带来经济一体化、文化多样化的同时，也给全球的政治空间带来冲击，流动开放的社会促进了全球大众政治力量的崛起，在一定程度上刺激了传统精英政治所导致的大众政治冷漠或社会颓废。正如亨廷顿所说，社会开放的程度取决于传统社会的性质与结构，"如果传统社会相当开放，足以提供流动机会的话，那么不难想象，通过这种流动就可以消除这些颓丧"。③ 当然，大众政治参与的热情，一方面可以增强大众的政治要求和利益表达，促进政治生态的改善；另一方面，也可能带来一定的政治乱象，从而给政治安全、政治认同带来一些不确定的因素。1972 年，联合国人类环境会议通过的《人类环境宣言》表明，自然生态环境已超越了民族国家的界限成为全球政治领域共同关注的政治议题。在资本逻辑的全球主宰下，"自然" 成为政治"算计""掠夺" 和破坏的对象，正如贝克所言："作为工业时代的主要常量，自然正失去其预先设定的特性，变成一种产品……自然成为一个社会计划，一个有待重建、有待塑形和转变的乌托邦。"④ 对自然生态环境的严重破坏已成为政治不可推卸的责任，实际上，自然生态是政治生态的物质表现，自然生态与政治生态相互依存，自然生态风险蕴含着政治生态风险。自然生态环境的严重污染、资源能源的持续破坏、民众的生命健康无法得到保证会直接动摇执政

---

① 卡尔·雅斯贝斯．时代的精神状况［M］．王德峰，译．上海：上海译文出版社，2003：117.

② 怀特海．观念的冒险［M］．周邦宪，译．南京：译林出版社，2012：89.

③ 萨缪尔·亨廷顿．变化社会中的政治秩序［M］．王冠华，刘为，等译．上海：上海人民出版社，2015：42.

④ 贝克，吉登斯，拉什．自反性现代化：现代社会秩序中的政治、传统与美学［C］．赵文书，译．北京：商务印书馆，2001：35.

党的执政根基，侵蚀民众对执政党的信任和信心，威胁国家政治体系的稳定性与合法性，对国家政治安全、政治认同构成严峻挑战。

政治安全、政治认同本身是一个系统的有机体，其自身结构由深层结构和表层结构组成，自身结构和外部环境结构之间不断进行着物质、信息、能量的交换。

第一，如果风险产生于深层结构，深层结构中的政治理念、指导思想、价值取向的变化必然影响政治组织、政治制度、政治行为、政治话语、政治能力等表层结构以及经济、文化、社会等外部环境。苏联共产党抛弃了全心全意为人民服务的政治理念，歪曲了马克思主义的指导思想，扭曲了社会主义的价值取向，其深层结构的严重破坏，直接影响政治安全、政治认同的表层结构和环境结构，特别是在勃列日涅夫、戈尔巴乔夫时期，苏共内部的权钱交易、买官卖官、贪污受贿、任人唯亲、拉帮结派等腐败现象，严重破坏了苏共执政党的形象，导致了苏共执政基础的全面崩塌和苏共的直接垮台。正如时任苏共中央政治局委员尼古拉·伊万诺维奇·雷日科夫（Nikolai Ivanovich Rizhkov）所说，苏共“历史大倒退”的悲剧是腐败分子自编自演的，他们的“滔天罪行”可以说罄竹难书，是他们直接“毁灭了一个强大的国家，毁灭了它的社会制度”①。

第二，如果风险产生于表层结构，表层结构中的政治组织、政治制度、政治行为、政治话语、政治能力的变化超过一定限度，会直接动摇甚至改变深层结构继而影响外部环境结构。任何政党组织都是由政党领导人和一定数量的个体党员组成的具有特定价值追求的群体，政党领导人的学识、品行、政治才能、言行举止等综合素质和形象魅力影响社会公众对执政党的政治安全、政治认同的评价、判断。富兰克林·罗斯福（Franklin Roosevelt）总统的政治行为、政治话语、政治能力赢得了美国民众的支持和赞美，“炉边谈话”与人民群众保持密切联系，真心地了解民情、倾听民声，深受广大民众爱戴，被民众称为“人民的总统”，“因为他使人民感到：有他在白宫，人们就能分享总统的职位”②。相反，罗马尼亚的齐奥塞斯库执政时期，大搞个人迷信，严重脱离群众；大搞家族统治，其子女、夫人、亲属占据着国家重要岗位，在党政军等重要部门、重

---

① 尼古拉·伊万诺维奇·雷日科夫．大国悲剧：苏联解体的前因后果［M］．徐昌翰，等译．北京：新华出版社，2008：353.

② 洛克腾堡．罗斯福与新政：1932—1940 年［M］．朱鸿恩，刘绪贻，译．北京：商务印书馆，1993：377.

要职位中有30多名家族成员任职，其行为严重扭曲和伤害了执政党的组织形象，最终，齐奥塞斯库夫妇被人民赶下政治舞台并执行枪决。

第三，如果风险产生于外部环境，经济、社会、文化、生态环境的变化必然影响政治安全、政治认同的表层结构和深层结构。在1929—1933年经济大萧条时期，罗斯福"新政"为美国民众带来了实实在在的好处和实惠，"新政"对老百姓"油盐酱醋"的关照，满足了民众的物质利益需求，得到了民众的广泛支持。但是，经济越发展，并不一定意味着民众对执政党的拥护和认同程度越高，亨廷顿认为：在一个国家的早期现代化阶段，"政治动乱在很大程度上是渴望和指望之间的差距的效应，而这一差距是渴望升级造成的"①。民众对经济发展的渴望并不仅仅满足于国家经济发展指数的攀升，关键是看经济发展到底对民众有没有实实在在的好处。印度人民党联盟在执政期间，经济增长率、外汇储备量、粮食生产量等都取得了很大成绩，经济实力和综合国力明显提升，但是，印度民众并没有选择印度人民党联盟继续执政，因为，在经济发展中，大多数民众并没有"获得感"，只有少数"知本阶级"、资产阶级从中获益。文化环境尤其是政治文化环境对一国的政治发展具有很大的影响。丹麦是一个政治文化发育比较成熟的国家，在丹麦的政治文化中，腐败、敲诈、贿赂等危害政治发展的消极、负面的因素是不允许存在的。良好的教育体系、严明的法制体系、严厉的监督体系、科学的制度体系、平等的执政理念等共同构筑了坚实的具有丹麦特色的政治文化系统，因而丹麦是全球"廉洁指数""幸福指数""安全指数"较高的国家之一。当然，政治安全、政治认同的深层结构、表层结构和外部环境结构并不是截然分开的，各种因素之间相互交织、相互影响、相互依存，现代风险对政治安全、政治认同的威胁或破坏，正以前所未有的方式"把我们抛离了所有传统形式的社会秩序的轨道。在外延和内涵方面，由现代性引起的变革比此前时代的绝大多数变革特性更加深刻"②。

（二）风险对政治安全、政治认同的强化或提升

第一，风险能提升政治安全的能力建设和扩大政治认同的群众基础。风险

---

① 亨廷顿．变化社会中的政治秩序［M］．王冠华，刘为，等译．上海：上海人民出版社，2015：43.

② GIDDENS A. The Consequences of Modernity［M］. California：Stanford University Press，1990：4.

能时刻警醒执政党一直保持清醒状态，从而提升执政党维护政治安全的执政能力和永远保持与时俱进的创新品质。如果执政党墨守成规、能力不足，在面临各种风险的挑战中，就会因为缺乏应变能力而难以把握机会，因为能力不足而无法化解风险。其自主性、能动性的不断丧失，会导致政治运行的政治基础和执政合法性面临巨大威胁。执政党在风险面前所表现出来的茫然失措甚至懦弱无能的尴尬形象，会直接伤害政治安全和政治认同。风险社会里，没有僵化和固定的东西，一切知识、模式、结构等都是不确定的，都有被修正、被质疑、被置换的可能。风险社会为执政党打开了创新的大门，开启了提升执政能力的多维路径以及拓展了维护政治安全、扩大政治认同的广阔空间。2008 年“5·12”汶川大地震所造成的灾难已成为现代中国挥之不去的痛苦记忆。大自然的突然袭击，灾难的瞬间降临，考验着执政党的执政能力。事实证明，中国共产党在抗震救灾中所表现出来的执政能力赢得了国内国际的高度好评，灾后重建的速度和奇迹进一步赢得了人民群众对党和政府的拥护和信任。1997 年，东南亚金融危机对新加坡产生了严重冲击，新加坡人民行动党迅速调整经济战略和经济结构，把“生存危机”提升到国家高度，在磨难和风险面前，新加坡人民行动党重振国民信心，迅速而有效地破解了“舞会已经结束，音乐已经停止”的悲观预言。东南亚金融危机不仅没有影响新加坡的政治稳定、经济发展，反而使新加坡在应对风险的过程中提升了人民行动党的执政能力，增强了民众对执政党的信心，促进了国家的政治安全，扩大了政治认同的群众基础。

第二，风险能强化政治安全的忧患意识和增强政治认同的情感归属。风险能强化政治安全的忧患意识，忧患意识是一种对未来的预见和防范，“安而不忘危，存而不忘亡，治而不忘乱”，忧患之思、思则有备，自警之心、警则无患；忧患意识中蕴含着强烈的责任意识，责任意识是一种对良知的坚守、对“他者”的关注、对自身言行的担当；忧患的消解与责任的担当需要科学意识的强大支撑，科学意识是对政治运行规律的深刻把握，在尊重政治发展规律的基础上，发挥政治实践的主观能动性。忧患意识、责任意识、科学意识相互依存、相互影响。各种重大风险时刻对执政党提出明晰的警示，要求执政党必须以反思的态度、科学的意识和强烈的责任感面对过去、现在与未来。腐败是各国执政党面临的最大的风险，也是政治安全的最大风险。一方面，腐败的风险如果防范和治理不好，会使执政党在短时间内轰然倒塌；另一方面，腐败的风险也能强化执政党的忧患意识，增强政治认同的情感归属。中国共产党自建党以来，一直视腐败为天敌，反对腐败是共产党人的天职。毛泽东一生痛恨腐败，早在中国共产党建党之初，就告诫全党，“苏维埃旗帜”要高高飘扬就必须清除腐败。无论在革命时期还是建设时期，毛泽东始终反复强调反腐防腐的重要性，不管是什么人，身居何位，谁要搞腐败就割谁的脑袋。如果共产党的干部“贪污无度”“胡作非为”，那么“天下一定大乱”。但是，在建党初期、中华人民共和国成立初期和改革开放时期，腐败的风险仍然存在，在很大程度上对党提出了严峻考验。在中国共产党成立90周年之际，中国共产党居安思危、直面现实，提出我们党面临“四大危险”、经受“四大考验”的严肃命题①，这些考验和危险不是轻易的、短暂的、简单的，而是尖锐的、长期的、复杂的。党的十八大以来，我们党开启了全面从严治党的历程，以“零容忍”的态度对待腐败，以“坚决彻底”的决心清除腐败，以“严厉清扫”的手段惩治腐败。法治之下，任何人都不能心存侥幸，都不能指望法外施恩，没有法外开恩的“丹书铁券”，没有高不可攀的“铁帽子王”。腐败是政治的毒瘤，在任何政治体系中，腐败都不同程度地存在。客观地讲，腐败并不可怕，可怕的是不能提高廉洁度、减少或消除腐败。从政党政治的运行规律来看，廉洁度与政治安全度、政治认同度密切相关，廉洁度越高，人民满意度越高，政治安全、政治认同度就越高。比如：丹麦、新加坡、新西兰、瑞典等国家廉洁度比较高，政治稳定、政治安全度就高；相反，阿富汗、索马里、缅甸、伊拉克、苏丹等国家廉洁度较低，政治稳定、政治安全度就低。面对腐败，中国共产党以零容忍的态度对其开战，赢得了广大人民群众的衷心爱戴。在政党政治史上，由于腐败下台的执政党比比皆是，比如，苏联共产党、意大利天主教民主党等。意大利天主教民主党的腐败程度在欧洲政党中是臭名昭著的，该政党内部结党营私、团团伙伙、山头林立，与黑社会勾结、危害社会，大搞权权交易、权色交易、权钱交易，因为腐败的风险，1993年该政党失去执政地位。

第三，风险能升华政治安全的价值理念和坚定政治认同的价值追求。风险能升华政治安全的价值理念和锤炼执政党的执政作风，执政党的执政作风是执

① “四大考验”主要是指：执政考验、改革开放考验、市场经济考验、外部环境考验，“四大危险”主要是指：精神懈怠的危险、能力不足的危险、脱离群众的危险、消极腐败的危险。

政党价值理念的外化的结果。在抗击风险的过程中，执政党的能力、行动和效果直接关系到社会公众对执政党的信任度和对政治认同的价值追求。风险的来临让人防不胜防，在紧急应对和迅速化解风险的“战斗”中，政党领袖、政党组织、个体党员等所表现出来的坚强意志和奋发精神，是执政党赢得政治认同和保障政治安全的最直观、最敏感、最生动的政治元素。反之，如果风险造成了巨大灾难，而执政党价值理念出现错误、执政能力低下、消极腐败、疲玩废堕，社会公众的政治认同就会受到严重伤害，对执政党的期待和信任就会骤然降低，从而产生政治动荡甚至政权颠覆的危机。柏拉图认为，每一种事物都有自身的理念，理念是分层次的。执政党维护政治安全的价值理念包括基本价值理念和具体价值理念，基本价值理念决定执政党的性质，在基本价值理念保持不变的情况下，具体价值理念要始终保持与时俱进的升华状态。因为风险的历史性、具体性、复杂性客观上要求执政党执政手段的现代化、科学化、民主化、法治化，从而实现价值目的、表征价值理念，在紧急应对和迅速化解风险的执政活动中鲜明地回答为谁执政（理念或目的）和怎样执政（工具或手段）的问题。

第五章

生态文明建设与国家政治安全、政治认同的共生共荣

生态文明建设的核心价值追求是“人与自然和谐共生”，自然生态本身具有系统性、整体性、规律性，客观上要求必须把生态文明建设融入政治建设的各方面和全过程。生态文明建设与国家政治安全、政治认同相互依存、共生共荣，一方面，执政党的科学执政、民主执政、依法执政、为民执政，在为政治安全、政治认同奠定坚实基础的同时，也为生态文明建设的成功实现提供科学理念、政治保障、法治基础、动力支撑；另一方面，生态文明建设的成功有利于改进执政党的执政作风、有利于夯实执政党的执政基础、有利于升华执政党的执政理念，从而为进一步提升国家政治安全、政治认同的水平和质量提供了重要保证。

第一节　生态文明建设融入政治建设的各方面和全过程

党的十八大明确指出，必须把生态文明建设融入政治建设的各方面和全过程，全球生态危机表明，自然生态与政治生态既有区别又有联系，二者的区别主要表现在，自然生态体现的是人与外部世界（人与自然）的共生性、亲和性，政治生态体现的是人的内部世界（人与人、人与社会）的能动性、创造性。二者的联系主要表现在，自然生态是政治生态的外在表现，政治生态如何直接通过自然生态表现出来，政治生态是自然生态的内在动因，自然生态的状况直接展现政治生态的内部状态，在一定程度上，二者关系密切，具有高度的依存性，彼此相互依存、相互渗透，构成一个复杂的有机体。正如习近平总书记所说，

自然生态要山清水秀，政治生态也要山清水秀。如果一个国家污水横流、土壤毒化、空气污浊、资源短缺，不断积累的矛盾、怨恨最终必然导致民怨沸腾、社会动荡，严重影响国家的政治安全、政治认同；相应地，如果一个国家政治污浊、腐败丛生、官僚横行、乌烟瘴气，不断积累的民疾、民愤最终必然导致灾荒四起、民不聊生，严重威胁国家的资源安全、环境安全，因而，治理自然生态，必须“铁腕治污”，治理政治生态，必须“抓铁有痕”，不能有半点松弛和懈怠。生态文明建设关系到中华民族伟大复兴和子孙万代的永续发展，具有公共性、艰巨性、复杂性、代际性、长期性等特点，单靠市场主体、个人主体来推动是不可能的，也是不现实的，必须依靠政治理念、政治价值、政治运行、政治绩效等政治建设来整合各种资源、调动一切积极因素。

第一，生态文明建设全面融入政治理念之中。政治理念是政治行为的深层动力，政治行为是政治理念的外在显现，虽然政治理念对政治行为起着决定、支配作用，但政治行为的产生还受到多种因素的影响，理念是理性的结晶，人是理性和非理性的统一，人的行为除了受到理性支配外，也受到非理性因素的影响，非理性中的情感、欲望等，在一定条件下可能超过理性的限度，但是，在大多数情况下，理念对行为的影响仍然具有决定性，理念是分层次的，理念的最高层次是“善”，政治理念蕴含的“善”是“大我”之“善”，实现“大我”之“善”不是仅仅依靠单个个体所能作为的，“大我”之“善”是追求一定“目的”的人共同努力的结果。“大我”需要克服家庭血缘关系的“天然性”和“个别性”，个体行为的内容“必须是整个的和普遍的”，必须是“依赖普遍物和为普遍物而生活”。① 政治理念所追求的“善”不是固定不变的，它会随着时代的变化而具有“历史性”，无法逃离特定历史时空所赋予的时代性和条件性，脱离时代性和条件性的“善”是不可能存在的。党的十七大报告第一次向全世界彰显了生态文明建设的政治理念；党的十八大进一步从制度建设、体制机制、现代化建设新格局层面推进生态文明建设；党的十九大中党的政治理念进一步升华，通过总结中国生态文明建设的经验和成就，中国生态文明建设已经成为并且必将长期成为全球生态文明建设的重要参与者、贡献者、引领者，从“参与者”到“贡献者”“引领者”，中国共产党已经给自身提出了更高标准、更高要求。

---

① 黑格尔．精神现象学：下卷［M］．贺麟，王玖兴，译．北京：商务印书馆，2012：10.

第二，生态文明建设全面融入政治价值之中。政治价值表达了政治主体在政治实践中的价值立场、价值判断、价值选择、价值态度和价值行为等。政治价值的深层支配是政治理念、外在表达是政治行为，不同的政党由于政治理念不同，其价值追求和实践效果肯定不同。中国共产党自成立以来，政治立场是鲜明的、价值追求是明确的。中国共产党的性质和宗旨、初心和使命决定了中国的生态文明建设必须全面融入党的政治价值之中，在党的报告中，明确规定我国的生态文明的性质是社会主义而不是资本主义，社会主义不是简单的修饰或限制，它决定了生态文明建设的方向和道路，决定了生态文明建设的出发点和落脚点。党的十八大报告用两个"更加"，鲜明地表达了生态文明的社会主义性质，党的十九大报告明确提出社会主义生态文明建设不仅惠及中国也要惠及人类，在大力发展生产力、完善生产关系的基础上，最终达到更高层次的共同富裕，让人民群众过上真正的美好生活；社会主义生态文明要建立在尊重自然、顺应自然、保护自然以及全面、深入地融合在"四个建设"中的基础之上，公正、合理地分配、共享生态资源与社会财富，减轻对自然资源和生态环境的压力，自觉成为建设美丽中国、实现中华民族永续发展，建设地球家园、构建人类命运共同体的担当者、引领者。

第三，生态文明建设全面融入政治运行之中。政治运行是指政治主体在政治实践中所展现出来的活动状态，这一活动状态不是凭空产生的，与政治理念、政治价值密切关联，政治理念、政治价值、政治行为等凝结成特有的作风、形象直接进入社会公众的感知场域，社会公众感知的现实"既是作为直接的定在""又是作为特定的存在"。[①] 无论"直接的定在"还是"特定的存在"都把执政党和社会公众的关系含括其中，让社会公众通过感性直观、生动地抓取政治主体的一言一行，循着感性认识逐渐上升到理性认识的路径，最后演变为社会公众对政治主体是否产生信任和认同的关键元素。生态文明建设全面融入政治运行之中，主要是融入政治主体的思想作风、组织作风、工作作风、生活作风之中，政治主体的思想作风、组织作风、工作作风、生活作风直接关系到社会公众的直观感受和直接评价，直接关系到政治主体的精神风貌和外在形象，直接关系到社会公众对政治主体的好感、信任和认同。

---

① 黑格尔．精神现象学：下卷［M］．贺麟，王玖兴，译．北京：商务印书馆，2012：296.

第四，生态文明建设全面融入政治绩效之中。政绩考核的“绿色化”和绿色责任的终身追责是生态文明建设最重要的政治保障。有学者认为，在我国生态文明建设中，每一个人都应该有一个“绿色人生”规划，尽管单个人的“绿色”贡献力量并不大，但总括起来，就会汇聚成磅礴的绿色力量，绿色人生是自然人、经济人、社会人的完美统一，自然人的“绿色”力量、经济人的“理性”力量、社会人的“和谐”力量在“绿色人生”的价值指引下就会达到最大限度的释放和综合展现。① 但社会公众的“绿色”价值观需要政府的切实引领，领导干部在理论和实践中的“绿色”指引会有效带动全社会的绿色行动，尤其是党政第一负责人必须扛起生态文明建设的政治责任，党政第一负责人在“就任、在任、离任”的三个阶段必须坚持以“绿色发展”为根本，其就任时的绿色规划、在任时的绿色绩效、离任时的绿色审计必须全程接受各种监督和政治考验。因此，绿色政绩考核和绿色责任追究是生态文明建设融入政治建设的关键，习近平总书记多次强调，只有完善绿色政绩考核制度、强化绿色责任追究制度，才能在生态文明建设中构建责任明确、奖惩分明、运行有效的体制机制。

第二节　国家政治安全、政治认同：生态文明建设的内在要求

生产力与生产关系、经济基础与上层建筑的基本矛盾运动是社会发展的基本动力，也是国家政治安全、政治认同的基本动力，而生态文明建设恰好是这一基本矛盾运动的生动体现，因为生态文明建设不仅仅要处理好人与自然的关系（生产力），而且要处理好人与人、人与社会的关系（生产关系），这就从客观上要求上层建筑和经济基础、生产关系与生产力必须处于相适应的状态。如果说生态文明建设是国家政治安全、政治认同的生成根基，那么，生态文明建设也是国家政治安全、政治认同的运行结果，因为生态文明建设的真正实现离不开国家政治安全与政治认同的持续、稳定，而执政党遵循执政规律，科学执政、民主执政、依法执政、为民执政是实现国家政治安全与政治认同持续、稳

① 邓玲，等．我国生态文明发展战略及其区域实现研究［M］．北京：人民出版社，2014：212.

定的关键所在。科学执政是生态文明建设的科学前提，民主执政是生态文明建设的政治基础，依法执政是生态文明建设的法治保障，为民执政是生态文明建设的动力源泉。

一、科学执政：生态文明建设的科学前提

科学执政是执政党遵循社会发展规律、政党政治规律、明确历史方位、担当历史责任的清醒认识，解决的是认识和认识对象相符合的问题，或者说，解决的是合规律性的问题，是真理指导下的实践问题，执政党推进生态文明建设必须以科学方式、科学精神为支撑，以正确运用自然规律、社会规律为根据，以可持续发展和人的全面发展为主旨，以现实的国情、世情为着眼点，全面系统地清算、抛弃不算环境账的不科学的体制机制。什么是科学？科学就是求真，科学的知识具有系统性和真理性，可以通过实践反复检验。什么是科学精神？科学精神就是求真的理念、意志、品质、方法等，梁启超认为："可以教人求得有系统之真知识的方法，叫作科学精神。"① 科学执政就是要弘扬科学精神、探究和遵循执政规律，在执政过程中"求系统之真知"，尽量避免或杜绝出现"笼统、武断、虚伪、因袭、散失"等诸多病症②，执政活动和其他任何事物一样都是有规律可循的，"天地固有常矣，日月固有明矣，星辰固有列矣"，"放德而行，循道而趋，已至矣"③ 但任何规律（真理）的认识和运用都是有条件和范围的，随着条件和范围的变化，人们对规律的认识和运用也要发生变化，正如庄子所言："天道运而无所积，故万物成；帝道运而无所积，故天下归；圣道运而无所积，故海内服。"④ 科学执政并不是死板教条，必须注意普遍性和特殊性的辩证统一，每一个民族、国家的具体情况都不同，历史文化、生活方式、风俗信仰都具有特殊性，每一个民族都有自己的"特殊精神"，这种特殊精神"把自己建筑在一个客观的世界里"⑤，每一种特殊精神都有属于自己的时空规定和相对稳定性，都共同享有属于自己的风俗、信仰和政治。特殊性并不否定科学性，只要认识和认识的对象相符合，就是真理性的认识。各个国家的生态环境

---

① 李华兴，吴喜勋．梁启超选集［M］．上海：上海人民出版社，1984：798-799.
② 李华兴，吴喜勋．梁启超选集［M］．上海：上海人民出版社，1984：798-799.
③ 庄子［M］．方勇，译注．北京：中华书局，2010：216.
④ 庄子［M］．方勇，译注．北京：中华书局，2010：206.
⑤ 黑格尔．历史哲学［M］．王造时，译．上海：上海书店出版社，2001：68.

状况不一样，解决生态问题的方针政策不可能完全一致，但是生态文明建设以实现人与自然和谐共生的价值旨归总是以铁的必然性表现出来。人类对大自然的探索是没有止境的，对自然规律的发现和运用，我们不是知之甚多而是知之甚少，刘易斯·托马斯（Lewis Thomas）认为："关于自然，我们是极其无知的。真的，我把这一条视为一百年来生物学的主要发现。"① 对自然规律、社会规律的探索和发现不是主观臆想的产物，需要不断地实践，而生态文明建设恰恰是人、自然和社会在实践领域的全面综合。②

二、民主执政：生态文明建设的政治基础

民主政治的本质和核心就是人民当家作主，民主既是一种方法又是一种精神，从方法的角度来看，比如说，是民主选举、民主协商、民主决策、民主测评等；从精神的角度来看，精神既是理念又是行动，是理念和行动的统一，光有理念没有行动，不是精神；没有理念的行动，不是精神；理念和行动不符合，也不是精神。精神是"实现它在本身的东西——拿自身做它自己的事业"③。

刘少奇非常重视民主精神，他深知中国漫长的封建社会造成了大多数民众民主精神的严重缺失，传统中国是一个缺乏民主教育、民主训练的国家，"唯一的、孤立的自我意识便是那个实体的东西，就是皇帝本人，也就是权威"④。对传统中国而言，"孤立的自我意识"是高高在上的意识，民主对"孤立的自我意识"而言，是一个永远不会"在场"的外在的东西，"孤立的自我意识"支配和控制着整个传统中国，在传统中国的运行场域中不可能存在"民主精神"的基质，统治阶级绝不允许人民接受任何民主训练。因此，中华人民共和国成立后，对我们的群众和党员、干部进行民主教育、民主训练、培育民主精神已经迫在眉睫，刘少奇认为："我们要以民主精神教育中国群众，甚至在党内也有实行这种教育的必要。"⑤

---

① 刘易斯·托马斯．水母与蜗牛——一个生物学观察者的手记（续）［M］．李绍明，译．长沙：湖南科学技术出版社，1996：57.

② 许素萍．《1844 年经济学哲学手稿》：关于生态文明思想的先声［J］．学术交流，2008（6）：5-9.

③ 黑格尔．历史哲学［M］．王造时，译．上海：上海书店出版社，2001：68.

④ 黑格尔．历史哲学［M］．王造时，译．上海：上海书店出版社，2001：123.

⑤ 中共中央文献研究室，中共中央党校．刘少奇论党的建设［M］．北京：中央文献出版社，1991：316.

毛泽东早就认识到民主的重要性。1945 年 7 月，民主人士黄炎培在延安向毛泽东提出了“历史周期率”问题①，历史周期率中的“一兴一亡”“一勃一忽”昭示了政权更迭的历史循环，历史周期率的支配力在于：初时的“聚精会神”，功成之后的“精神松懈”；初时的“用心卖力”，功成之后的“惰性腐败”，这一盛一衰，形成巨大张力，以致无法扭转“人亡政息”的政治困局和社会动荡，如何破解这一历史难题？毛泽东回答说：“我们已经找到新路，我们能跳出这历史周期率。”② 毛泽东要找的“新路”就是民主，民主就是让人民当家作主，人民是国家的人民，国家是人民的国家，我们不是“打江山、坐江山、吃江山”的封建帝王，我们的一切都是为了人民，人民是历史的剧作者也是历史的剧中人，“只有让人民来监督政府，政府才不敢松懈；只有人人起来负责，才不会人亡政息”。③

邓小平非常重视民主和法制的重要性，在剖析“文化大革命”产生的原因时，邓小平说，有两点很重要，一是“民主集中制度”，二是“集体领导制度”，两种制度在“文革”中都被破坏了。如果离开了这两点，就“不能理解为什么会爆发‘文化大革命’”④。要避免重蹈历史的覆辙，民主建设和法制建设“两手都要硬”，“只有这样，才能解决问题”⑤。我们所建立的“民主”“法制”和历史上任何时期的民主法制都不同，我们的“民主”“法制”是社会主义性质的“民主”“法制”，不是资本主义性质的，更不是封建主义性质的。社会主义的“民主”“法制”体现的是社会主义的本质和特征，追求的是社会主义的公平正义。民主和特权是对立的，民主执政就是要坚决反对特权，“特权”是少数人享有的凌驾于“法律和制度之外的权利”，特权是对民主的对抗，消除特权是民主发展的基础，“搞特权，这是封建主义残余影响尚未肃清的表现”⑥。

生态文明建设切实需要民主执政，治理生态危机是一项复杂的系统工程，

---

① 1945 年 7 月，民主人士黄炎培提出了“历史周期率”问题，他说：“我生六十多年，耳闻的不说，所亲眼见到的，真所谓其兴也勃焉，其亡也忽焉。……一部历史，政怠宦成的也有，人亡政息的也有，求荣取辱的也有。总之，没有能跳出这周期率。”（黄炎培．八十年来［M］．北京：文史资料出版社，1982：156-157.）

② 黄炎培．八十年来［M］．北京：文史资料出版社，1982：149.

③ 黄炎培．八十年来［M］．北京：文史资料出版社，1982：149.

④ 邓小平．邓小平文选：第 2 卷［M］．北京：人民出版社，1983：348.

⑤ 邓小平．邓小平文选：第 2 卷［M］．北京：人民出版社，1983：348.

⑥ 邓小平．邓小平文选：第 2 卷［M］．北京：人民出版社，1983：332.

是政府、企业、社会组织和广大人民群众齐心协力、共建共享的过程，治理主体的多样性、治理过程的复杂性、治理方式的复合性客观上要求执政党调动一切可以调动的力量，广泛地开言路、聚民心、汇民智、集民力。坚持民主执政有助于增强治理主体的责任感、使命感；有利于实现生态文明建设中的程序正义、结果正义；有利于化解由生态危机所带来的经济危机、政治危机、文化危机、社会危机等。在生态危机面前，人人都是受害者，最终没有一个人是“特权”者，每一个个体的生命都和大自然中其他生命息息相关，而且必将随着其他生命的消失而消失，自然万物的“活的群体”和人的个体生命一样都承受着所有“压力和反压力”，这些“压力和反压力”所形成的“力量”影响着人与自然的和谐共生。“只有认真地对待生命的这种力量，并小心翼翼地设法将这种力量引导到对人类有益的轨道上来，我们才有希望在昆虫群落和我们本身之间形成一种合理的协调。”①

三、依法执政：生态文明建设的法治保障

管子早就对依法治国有过精辟的分析，管子认为，“法之不立”的原因在于“灭、侵、塞、拥”②，如果出现这四种情况，国家治理将会出现危机。当然，管子之“法”并非法治之“法”，而是法制之“法”，客观地讲，任何一个国家都是“法制国家”，但并非都是“法治国家”。中华人民共和国成立后，我们加快了建设法治国家的进程，1997年党的十五大明确提出了依法治国的执政理念，1999年依法治国正式写入宪法，党的十八大提出全面依法治国的政治任务，2014年明确加快法治中国建设的进程。依法治国的前提是依宪治国，依宪治国就是以宪法为统帅，宪法的统帅性取决于宪法的正义性和稳定性，宪法的正义性主要体现在，一是“满足平等自由要求的正义程序”，二是“它比任何其他安排更可能产生一种正义的和有效的立法制度”③。宪法的稳定性在于，“当不正

---

① 蕾切尔·卡森．寂静的春天［M］．吕瑞兰，李长生，译．上海：上海译文出版社，2008：295.

② 管子曰：“夫国有四亡：令求不出谓之灭，出而道留谓之拥，下情求不上通谓之塞，下情上而道止谓之侵。故夫灭、侵、塞、拥之所生，从法之不立也。”［张小木．管子解说（下）［M］．北京：华夏出版社，2009：356.］

③ 罗尔斯．正义论［M］．修订版．何怀宏，何包钢，廖申白，译．北京：中国社会科学出版社，2009：173-174.

义的趋势产生时，其他力量都被调动来维持整个社会结构的正义”。[①] 法律所体现的公平正义在于在法律面前人人平等，“法不阿贵，绳不挠曲”[②]，无论是贫穷还是富贵，都一律平等，“法之所加，智者弗能辞，勇者弗敢争”[③]，无论是“智者”还是“勇者”，都必须服从。

法律谋求的公平正义通过代内正义、代际正义、补偿正义来具体展现，公平正义不能仅仅在代内有效，社会发展的持续性内在要求法律的公平正义必然发展为代际正义，如果法律只是体现代内正义，那么，从代际的长远来看，就可能表现为非正义。真正的公平正义离不开补偿正义，补偿正义实质上是一种矫正性正义，一是对不正当获利者进行惩罚性矫正，二是对于天赋较低以及由社会、经济的不平等造成的最少受惠的人们按平等的方向进行补偿性帮助，以防止最少受惠的人们自我价值感的削弱或丧失。

生态文明建设是代内正义、代际正义、补偿正义的综合体现，生态危机不仅危及当代人的生存发展，也危及下代人甚至是下几代人的生存发展，在生态文明建设中不仅要对环境破坏者进行严厉惩罚，也要对环境受害者进行生态补偿。生态文明建设是一项正义的事业，既利在当代又功在千秋，执政党在推进生态文明建设中必须坚持依法执政，否则，生态文明建设中应有的公平正义就难以实现。

四、为民执政：生态文明建设的动力源泉

执政党最重要的执政资源来自人民，执政党最大的危险在于脱离人民，执政党最大的动力源泉在于人民。以民为本，本固邦宁，“保民而王，莫之能御也”[④]。乐民所乐，忧民所忧，“乐以天下，忧以天下，然而不王者，未之有也”[⑤]。中国传统文化中，“保民”“乐民”“忧民”等民本价值观对现代政党政治的发展具有重要的借鉴意义，然而，在封建专制社会，民本价值观实质上是君本价值观，在以“皇帝”为中心的政治视阈中，“民”只不过是“君”被驯

① 罗尔斯．正义论［M］．修订版．何怀宏，何包钢，廖申白，译．北京：中国社会科学出版社，2009：172.

② 张觉，等．韩非子译注［M］．上海：上海古籍出版社，2007：48.

③ 张觉，等．韩非子译注［M］．上海：上海古籍出版社，2007：48.

④ 孟子［M］．方勇，译注．北京：中华书局，2010：11.

⑤ 孟子［M］．方勇，译注．北京：中华书局，2010：26-27.

服、被愚化、被控制的对象，“民”所依赖的主体是“君”，“君”拥有天下之利，“民”只是“君”所利用的“私产”之一，由于“君”与“民”之间的严重不平等，所以“君”所宣示的“民本”只不过是封建社会的政治想象而已。

现代政党政治中，执政党的执政地位不再是君权神授的神秘呓语，而是人民和历史的选择，执政党的执政机会的拥有既不可能是凭空的又不可能是一劳永逸的，执政党执政的价值追求和动力源泉都是人民给予的，刘少奇认为：“一切为了群众，否则，革命就毫无意义。”① 如果缺乏了人民群众的价值之维，人民群众就不会“真正围绕在我们的周围，热烈地拥护我们”②。人民群众是一切物质财富、精神财富的创造者，是承接历史、推动历史、创造历史的根本动力，人民群众的力量气势磅礴，汇聚起来就是“汪洋大海”，毛泽东早就看到了人民群众的伟大力量，在敌强我弱的革命战争年代，毛泽东热情讴歌了人民的伟力，他说：“动员了全国的老百姓，就造成了陷敌人于灭顶之灾的汪洋大海。”③“汪洋大海”不仅不惧怕任何“狂风巨浪”，而且在必要的时候可以掀起“狂风巨浪”。人民是政党立党兴党的根基，人民群众的伟大力量主要在于其具有伟大的创造力，在改革开放初期，面对各种困难和挑战，邓小平坚信人民群众的力量，他说，只要得到人民群众的大力支持，任何艰难险阻都会被克服，只要得到人民群众的衷心拥护，“不论前进的道路上还有多少困难，一定会得到成功”④。人民的支持和拥护是执政党永葆生机的生命线。人民创造了一切财富，一切财富理应由人民共享，如果财富由少数人“独享”，创造财富的主体就会由于财富的缺失引起社会动荡甚至政权颠覆。人民是发展的主体，也是发展的最大受益者，人民共建共享是国家政治安全、政治认同的坚实基石，是执政党获取有效执政资源的重要法宝，“圣人之治民，度于本，不从其欲，期于利民而已”⑤。以人民利益为本，就没有什么迈不过去的坡坡坎坎，“人民是一切的母亲”⑥，是执政党永葆执政地位的全部力量源泉。生态文明建设实质上就是人民共建共享的文明成果，人民是生态文明的建设者、支持者、拥护者，离开人民的生态

---

① 刘少奇选集：上卷［M］. 北京：人民出版社，1981：234.

② 毛泽东选集：第1卷［M］. 北京：人民出版社，1991：137.

③ 毛泽东. 毛泽东选集：第2卷［M］. 北京：人民出版社，1991：480.

④ 邓小平. 邓小平文选：第3卷［M］. 北京：人民出版社，1993：142.

⑤ 张觉，等. 韩非子译注［M］. 上海：上海古籍出版社，2007：732.

⑥ 陈继安. 邓小平风范［M］. 成都：四川人民出版社，2004：83-84.

文明建设是不可想象的，执政党为民执政的目的是更好地为人民服务，依靠力量是人民，有了人民的拥护和支持，任何生态危机都是可以克服的。

第三节 生态文明建设：国家政治安全、政治认同的重要保证

生态文明建设为国家政治安全、政治认同提供重要保证，国家政治安全、政治认同离不开执政党优良的执政作风、离不开广泛而坚实的执政基础、离不开执政党先进的执政理念，党的优良作风是党立党兴党之“本”，广大人民群众的支持和拥护是党立党兴党之“根”，党先进的执政理念是党立党兴党之“魂”，而追求人与自然“和谐共生”的生态文明建设更有利于改进执政党的执政作风、有利于夯实执政党的执政基础、有利于升华执政党的执政理念。

一、生态文明建设有利于改进执政党的执政作风

执政党的执政作风是执政党的性质、宗旨、理念、价值追求的外在表现，是社会公众最容易、最能直接感知到的具体的生动的政党形象，执政党以什么样的态度、什么样的行为、什么样的形象出现在人民群众面前，直接关系到一个国家的政治安全、政治认同，关系到执政党的生死存亡。邓小平多次强调：“共产党的领导够不够格，决定于我们党的思想和作风。”① 如果执政党在执政过程中，让不良风气肆意蔓延下去，人民群众就会心生怨恨、远离我们，如果对不良风气不坚决加以纠正，党的执政作风就不可能得到人民群众的广泛认同，甚至遭到人民群众的普遍反感，那就预示着执政党的执政地位不可能稳如泰山、执政党的执政生命不可能永葆生机。总之，执政党的执政作风表现在方方面面，贯穿在思想、组织、工作、生活等各种微观细节之中。生态文明建设的内在要求有利于全面纠正不正之风、进一步改进执政党的执政作风。

生态文明建设有利于坚持实事求是、求真务实的思想作风。实事求是，反对的是从本本出发、从抽象的概念出发，而要从客观存在的事实出发，着眼于实际问题，着眼于新的实践和新的发展，邓小平说：“实事求是，是无产阶级世

---

① 邓小平．邓小平文选：第1卷［M］．北京：人民出版社，1994：274.

界观的基础，是马克思主义的思想基础。"[①] 求真务实，求真是前提，务实是成效，没有正确认识规律和运用规律，务实是不可能真正成功的，只埋头苦干而不去认识规律，就会走很多弯路，甚至错路。生态文明建设就是要求我们求真理、讲真话，办实事、重实效，面对空气污染、水污染、土壤污染、食品污染等重大严峻问题，我们不能掩耳盗铃、自欺欺人，在实际调查的基础上做出正确的判断、正确的决策。"离开实际调查就要产生违心的阶级估量和违心的工作指导"[②]，对绿水青山的呼唤、对亚太经济合作组织（Asia-Pacific Economic Co-operation，简称 APEC）蓝的期盼、对清新空气的想念、对放心食品的渴求，已成为人民群众挥之不去的存在性焦虑，对这些焦虑的化解离开实事求是、求真务实的态度和方法是不可能成功的。

生态文明建设有利于增强纪律严明、廉洁高效的组织作风。习近平强调："党面临的形势越复杂、肩负的任务越艰巨，就越要加强纪律建设。"[③] 现实生活中，有些党组织，尤其是基层党组织，有名无实，只见牌子不见人；有些严重脱离群众，衙门味浓厚，官僚气十足；有些不思进取、保守僵化、松松垮垮、懒政怠政；有些作风漂浮、贪图享乐、弄虚作假、欺上瞒下等。这些组织形象严重破坏了执政党形象，对执政党的执政地位构成了巨大威胁，严重影响国家政治安全、政治认同。打好生态文明建设的攻坚战是一项复杂而又艰巨的任务，执政党要时刻倾听群众呼声、及时回应群众诉求、全面防范环境恶化、有效化解环境灾难，没有纪律严明、廉洁高效的党组织，执政党的凝聚力、战斗力就会削弱，领导能力和执政能力就会受到质疑，就会遭到来自其他力量的严峻挑战。

生态文明建设有利于弘扬理论联系实际、密切联系群众、批评与自我批评的工作作风。新民主主义革命时期，中国共产党在残酷的斗争环境中，逐步形成了三大优良作风，社会主义现代化建设时期，三大优良作风不仅同样有效，而且更加重要，和其他政党相比，这是中国共产党的独特优势和显著标志。在生态文明建设中，我们既要搞清实际又要吃透理论，既要大胆地闯又要科学地

---

① 邓小平．邓小平文选：第2卷［M］．北京：人民出版社，1994：143.

② 毛泽东选集：第1卷［M］．北京：人民出版社，1991：112.

③ 中共中央文献研究室．十八大以来重要文献选编（上）［G］．北京：中央文献出版社，2014：131.

总结；坚持从群众中来到群众中去，群众是诸葛亮，群众是生力军，问计于民、问政于民、问需于民，和人民群众一道，办实事办好事；人民群众是生态文明建设事业的创造者，以人民为师，尊师而重道，反对当救世主、唯我独尊，反对高高在上、唯我是真，坚持批评与自我批评，出出汗、洗洗澡，对的就坚持，错的就纠正，始终保持共产党员的先进性和纯洁性。

生态文明建设有利于践行三严三实、正人先正己的领导作风。火车跑得快全靠车头带，领导干部作为领头羊，是风向标，是指示灯，强化干部的表率意识，必须坚持三严三实、正人先正己。毛泽东曾把进京执政比作进京赶考，执政党是学生，人民是考官，考试的成绩怎么样，要由人民来评判。在生态文明建设中只有那些与人民同呼吸共命运、敢于担当、勤政务实、清正廉洁的好干部才真正是生态文明建设的领路人。

生态文明建设有利于保持艰苦奋斗、勤俭节约的生活作风。中华文明之所以长盛不衰、中华民族之所以不断创造辉煌是因为我们这个民族始终保持艰苦奋斗、勤俭节约的传统美德，在自然资源日益短缺、可持续发展压力重重的关键时刻，是否保持艰苦奋斗、勤俭节约的美好品质，关系到党和人民事业的兴衰成败。面对资源约束趋紧、生态系统退化、环境容量恶化、生态赤字严重、生态灾难频发的严峻形势，我们必须把节约资源放在第一位，以生产节能产品、利用节能资源、壮大环保产业为导向，推动生产方式、消费方式、生活方式等的绿色转型，继续发扬艰苦奋斗、勤俭节约的美德，不“断”子孙路、不“吃”子孙粮，给子孙后代留下天蓝地绿、山清水秀的生产生活生存空间。

二、生态文明建设有利于夯实执政党的执政基础

“执政基础，主要是党依靠谁、依靠什么执政的问题。”① 人民群众的支持和拥护是执政党最坚实的执政基础，如何得到人民群众的支持和拥护呢？那就是要在经济、政治、文化、社会、生态等方面满足人民群众的需要和期待，生态文明建设有利于优化执政党执政的经济基础、有利于增强执政党执政的政治基础、有利于丰富执政党执政的文化基础、有利于巩固执政党执政的社会基础、有利于扩大执政党执政的群众基础。

生态文明建设有利于优化执政党执政的经济基础。生态环境问题严重制约

① 习近平．巩固执政基础 增强执政本领［J］．党建研究，2005（2）：17-20.

了中国经济的发展，自然资源的污染、破坏对生产力的发展造成了很大的影响，必须实现发展理念的变革、发展方式的转型、发展路径的创新、发展战略的提升，坚持绿水青山就是金山银山的发展理念，以形成良好生态环境为基础，把发展问题弄清楚，“正确解决什么是发展，为什么发展，怎样发展和如何评价发展这些基本问题”。① 抓好生态文明建设并不是要回到小国寡民的自然经济状态，而是在更高的发展水平的基础上协调好人与自然的关系，只有更高更好的发展才能解决生态问题，一旦陷入贫困，各种污染（包括精神污染）就会汹涌而至，人类“在极端贫困的情况下，必须重新开始争取必需品的斗争，全部陈腐污浊的东西又要死灰复燃”。② 以发展为中心的生态文明建设为执政党进一步筑牢了生态环境良好、生产资源富足、物质财富丰裕的持续健康发展的经济基础。从物的层面来看，大力推动绿色技术、绿色产品、绿色产业、绿色市场的全方位发展；从人与社会的层面来看，牢固树立绿色家庭、绿色社会、绿色人生的生存理念，坚决清除久治不愈、挥之不去的环保阴霾，坚决打赢蓝天绿水保卫战，以抓铁有痕、壮士断腕的信心与决心向各种污染宣战，始终保持两个“清醒认识”，绝不允许目光短浅、认识肤浅、态度暧昧、胡作非为，“以对人民群众、对子孙后代高度负责的态度和责任，为人民创造良好生产生活环境”③。

生态文明建设有利于增强执政党执政的政治基础。生态文明建设的成功实现需要执政党的科学执政、民主执政、依法执政，换句话说，如果没有执政党的科学执政、民主执政、依法执政，生态文明建设是难以实现的。生态文明建设事关每一个人的切身利益，是每一个人共同努力的结果，它需要精诚团结的社会合作，需要超越物质主义、消费主义、个人主义和金钱至上的世界观。它所展现的是一种合作共赢、共建共享、共荣共生的文明状态，因而，生态文明建设与执政党的性质、宗旨密切相关。尽管绿色政治在全球早已兴起，许多新党（比如，新西兰价值党）甚至老牌执政党（比如，德国社民党、英国工党）在各自的党纲中都纷纷注入了绿色政治的理念，但是，在资本主义制度下，由政治精英支持的金钱政治，难以超越狭隘的个人主义、物质主义的世界观和价

---

① 习近平．巩固执政基础 增强执政本领［J］．党建研究，2005（2）：17-20.

② 中共中央马克思恩格斯列宁斯大林著作编译局．马克思恩格斯选集：第1卷［M］．北京：人民出版社，1995：86.

③ 《习近平总书记系列讲话精神学习读本》课题组．习近平总书记系列讲话精神学习读本［C］．北京：中共中央党校出版社，2013：81.

值观，难以从人类命运共同体的角度真正解决生态环境危机。国际政治表明，许多发达国家推行生态殖民主义、以牺牲其他国家的生态环境为代价，让其他国家“上演”环境污染的悲剧、“吞下”资源枯竭的苦果来换取自身的优良生态环境。而中国的生态文明建设主要依靠自身的政治优势、制度优势解决严峻的生态环境问题，不仅惠及中国也要惠及世界。生态文明建设客观上要求以人民为中心，在社会主义民主和法治的基础上，进一步优化政治决策、政治运行，进一步增强执政党执政的政治基础。

生态文明建设有利于丰富执政党执政的文化基础。文化是政党的精神旗帜，是一个民族、国家的政治、经济、社会、历史等的综合反映，文化同样是民族的血脉、人民的精神家园，不同的民族、国家、政党，有不同的文化根基、文化品质，因而，有不同的文化魅力、文化力量。生态文明建设中形成的生态文化同其他文化一样具有传承、教化、塑造的功能，是生态意识、生态行为、生态道德、生态制度、生态产品长期积淀、不断演变深化的结果。自从有了人类以来，生态文化便流淌于人类精神文化的血脉之中，但这样的文化只是农耕文明时代的精神文化，而工业文明时代的生态文化具有自身独有的特征，如何处理好经济发展与资源枯竭、环境污染的问题是现代生态文化与传统生态文化的重要区分点，培育现代生态有利于为生态文明建设提供深沉的精神动力和强劲的智力资源。可以说，生态系统的严重破坏并不在于生态系统本身，而是人类的文化系统的崩溃，以极端利己主义和极端功利主义等对文化系统的致命性伤害，已经到了非恢复不可的地步，生态文明建设将会形成万众的呐喊，呼唤着人民精神家园的建构，生态文化的发展和丰富意味着人类的思维方式、生产方式、生活方式、行为方式的深刻转型，意味着执政党的执政理念的进一步升华。

生态文明建设有利于巩固执政党执政的社会基础。生态文明建设有利于和谐社会的建立，和谐社会是人与自然、人与人、人与社会协调发展的社会。生态文明是各种文明（比如，物质文明、精神文明、政治文明等）的多样性规定，不是一种孤立的文明形态，文明的多样性规定中蕴含着每一种文明的结构和秩序，因而，生态文明是整体性、系统性动态生成的结果，“在这个整体里，经济的、政治的和文化的因素都保持着一种非常美好的平衡关系”①。生态文明的价

---

① 汤因比．历史研究：下册［M］．曹未风，周煦良，耿谈如，等译．上海：上海人民出版社，1986：463.

值不仅仅体现在生态方面，它在使生态环境更加好转的同时，也使社会治理体系更加完善、人民生活更加富足、人民素质更加提高、民主法治更加成熟、社会秩序更加稳定，为执政党长期执政提供更加坚实的政治基础。

生态文明建设有利于扩大执政党执政的群众基础。生态文明建设关系到亿万人民的生命健康，关系到子孙万代的福祉，关系到民族的生死存亡，关系到执政党的执政生机，这项伟大的事业必然要得到亿万人民的拥护和支持，必然要成为执政党全新的执政理念，习近平反复强调："我们既要绿水青山，也要金山银山。宁要绿水青山，不要金山银山，而且绿水青山就是金山银山"，"我们绝不能以牺牲生态环境为代价换取经济的一时发展。"① "绿水青山可带来金山银山，但金山银山却买不到绿水青山。"② 党的十八大以来，我国生态环境明显改善，同时，政治生态、社会生态也明显好转，给国家的政治安全、政治认同奠定了坚实的基础。

三、生态文明建设有利于升华执政党的执政理念

执政党的科学的执政理念不是凭空产生的，它是在遵循社会发展规律、政党执政规律的基础上升华出来的理论的结晶，理念是行动的先导，科学的理念促进社会的发展，错误的理念必然造成实践的困境，因而，执政党的执政理念必将随着世情、国情的变化而不断升华。"文化大革命"结束后，面对着物质生活、政治生活、精神生活的巨大挑战，党在十一届三中全会果断拨乱反正提出了建设物质文明、精神文明的执政理念；随着人们的生活水平、文化水平、政治参与能力的提高，党的十六大在物质文明、精神文明的基础上提出了政治文明的执政理念；十六届六中全会在物质文明、精神文明、政治文明的基础上提出了建设和谐社会的执政理念；随着经济发展与生态环境恶化的不断升级，党的十七大第一次把生态文明写入党的报告，生态文明建设的持续推进促进了执政党执政理念的进一步升华；党的十八大在"五位一体"总布局的基础上，提出了美丽中国的执政理念；十八届五中全会，美丽中国被纳入"十三五"规划，美丽中国不仅仅是外在美，而是外在美和内在美的和谐统一，它包含着富强、

---

① 魏建华，周良．习近平在哈萨克斯坦纳扎尔巴耶夫大学发表重要演讲［EB/OL］．新华网，2019-09-07.

② 习近平．之江新语［M］．杭州：浙江人民出版社，2007：153.

民主、文明、和谐，自由、平等、公正、法治等生动内涵，美丽中国是国家形象的展现，需要国家内部的自觉努力和其他国家的正确判断，既是一种外在的视觉享受又是一种内在的幸福体验。"一个国家的形象树立要靠这个国家的自觉设计和努力，但是形象的实际判定却取决于外界（如某些国家和国际社会）对这个国家整体行为以及观念态度的看法。"① 如果说"五位一体""美丽中国"是战略性的执政理念，那么，"创新、协调、绿色、开放、共享"就是具体的发展理念，无论是战略性的执政理念还是具体的发展策略，都是执政党在准确判断历史方位、发展方位的基础上形成的一系列治国理政的新思想新战略。这些执政理念不是空洞的，它需要变成强大的物质力量，那么，怎样才能使理论力量变成强大的物质力量呢？马克思说："理论一经掌握群众，也会变成物质力量。"② 人民群众是理论力量和物质力量的现实主体和实践主体，离开了人民群众对理论的理解、掌握和运用，那么，再精妙的理论都不可能变成现实。当然，并不是所有理论都能被群众所掌握、都能"说服"群众，只有具有"真理性"和"价值性"的理论才能被群众所认可、理解和运用。"真理性"的理论揭示了事物的发展规律，"价值性"的理论满足了广大人民群众的需要、符合社会历史发展的要求。脱离"真理"的理论是荒谬的，无法经受实践的检验和群众的信任、认同；脱离"价值"的理论是抽象的，无法经受现实的考察和群众的支持、拥护。理论怎样才能"说服"群众，一切"虚幻的""怪诞的"理论都是脱离人、贬低人、戕害人的理论，人是一切理论的生产者和运用者，贯穿理论的"根本"不是什么神奇古怪的东西而是实践中的"活生生"的具有"类特性"的人，正如马克思所强调的，"理论只要彻底，就能说服人。所谓彻底就是抓住事物的根本。但是，人的根本就是人本身"③。

---

① 孙津．中国发展需要应对的西方观念影响［J］．当代世界与社会主义，2006（6）：87-91.

② 中共中央马克思恩格斯列宁斯大林著作编译局．马克思恩格斯选集：第1卷［M］．北京：人民出版社，1995：9.

③ 中共中央马克思恩格斯列宁斯大林著作编译局．马克思恩格斯选集：第1卷［M］．北京：人民出版社，1995：9.

第六章

生态文明建设与国家政治安全、政治认同的实证研究

理论分析有利于在价值判断的基础上增强理论的逻辑性、学理性、体系性；实证分析有利于在事实判断的基础之上，增强理论的实践性、针对性、有效性。从社会公众的感受度、关注度、参与度和了解度四方面进行实证分析，深入了解社会公众和政府在生态文明建设中所形成的感性认知、理性思考和行动策略；从执政基础安全、公共政策安全、意识形态安全等方面进行实证分析，深刻把握生态文明建设为国家政治安全提供丰富的执政资源、良好的治理环境、强大的精神动力等；从健康安全、美好幸福、民主权利、公平正义等方面进行实证分析，系统剖析生态文明建设与政治认同的相互依存、相互促进、相互转化的运行机理。

第一节　生态文明建设与社会公众的政治效能感

政治效能感体现的是社会公众与政府之间的一种影响-回应度，即社会公众对政府的影响程度以及政府对社会公众的回应程度，二者在影响-回应的过程中所感受到的一种心理-现实状态。在生态文明建设中，社会公众的政治效能感主要通过社会公众的感受度、关注度、参与度和了解度四方面表现出来。对生态文明建设中社会公众的政治效能感的多维分析是一项复杂的系统工程，我们主要以城市环境污染为切入点，从生态文明建设中社会公众的感受度、关注度、参与度、了解度深入分析社会公众和政府在生态文明建设中所形成的感性认知、理性思考和行动策略。中国经济的巨大变化伴随着工业化、城市化的快速发展，

工业化、城市化的快速发展所产生的各种污染已成为老百姓的心中之痛，城市是人口聚集之地，城市环境污染很容易被人们直接感知，它也是生态文明建设中的顽疾之一，越来越严重的环境污染直接威胁到人们的生命、健康安全，加之其复杂性、蔓延性、公共性、责任主体的难以确定性等特点，这一问题越来越成为全社会甚至全球关注的焦点问题。因而，加快推进生态文明建设中城市环境污染的科学治理的研究对建设“美丽中国”“健康中国”具有十分重要的价值和意义。

对城市环境污染的实证分析，我们主要采用问卷调查、个别访谈的方法，以问卷调查为主。调研时间主要集中在大学生暑期社会实践期间。在课题负责人和课题组老师的指导下，我们分别组团到各自家乡所在城市进行实地调研，调研时段：2016 年 8 月和 2018 年 8 月两个时段；调研对象：涉及不同教育程度、不同职业和不同年龄段人群，力求做到调查具有全面性、代表性、典型性，调查结果客观、公正、有参考价值。其中，调查人群的受教育程度包括高中及以下、本专科、硕士及以上；调查人群的职业包括自由职业者、单位职工、农民工；调查人群按不同的年龄分为 3 个群体：18~40 岁、41~60 岁、60 岁以上；调研城市：东部、中部、西部三个典型地区的个别城市。调研目的：从城市居民对本市环境污染的感受度、关注度、参与度、了解度四个方面，对城市环境污染状况进行实地调研，根据结果导向分析城市环境污染协同治理的重要性以及具体的对策建议。两次调研，共发放问卷 5500 余份，有效问卷 4100 余份。在调研中，根据调研对象的不同情况，分别采用问卷填写者自动填写问卷和工作人员代填问卷方法。其中，针对一般工作人员、学生等调查对象主要采用问卷填写者自动填写问卷的方法，而对于医院、汽车站、公园、广场、餐厅等的调查对象，由于环境所限、人口密度大、流动速度快等特点，且调查对象本身不方便填写，所以主要采用工作人员代为填写的方法，另外，对于老年人，由于其身体的不便，往往采用代填的方法。在问卷中，我们一共设置了 4 个主题 23 个问题，4 个主题分别是：①社会公众对环境污染的感受度；②社会公众对环境污染的关注度；③社会公众对环境污染治理的参与度；④社会公众对环境污染的了解度。问卷信息征集完毕后，统一整理，处理记录数据，并做出分析，制成报告。

一、生态文明建设中社会公众的感受度

生态文明建设中社会公众的感受度主要从四个方面进行测定：①您认为所在城市环境污染严重吗？②您所在城市晚上还能看到星星吗？③您周围的人患上呼吸道疾病、肺病、胃病等多种疾病与环境污染有关吗？④您觉得以前和现在相比所在城市环境污染的情况有何变化？

问题1：您认为所在城市环境污染严重吗？从调查情况来看，教育程度不同、职业分工不同、年龄阶段不同，对同一问题的看法不一样。从受教育程度来看，硕士及以上的受访者认为所在城市环境污染很严重的比本专科、高中及以下的受访者高出5~7个百分点。按照硕士及以上、本专科、高中及以下的排列顺序，认为2016年所在城市环境污染很严重的分别是21%、16%、14%，认为环境污染不严重的分别是3%、8%、11%；认为2018年所在城市环境污染很严重的分别是9%、5%、3%，认为环境污染不严重的分别是24%、31%、38%。从职业分工来看，单位职工的受访者认为所在城市环境污染很严重的比自由职业者、农民工的受访者高出13~14个百分点。按照自由职业者、单位职工、农民工的排列顺序，认为2016年所在城市环境污染很严重的分别是12%、25%、11%，认为环境污染不严重的分别是11%、6%、14%；认为2018年所在城市环境污染很严重的分别是7%、4%、9%，认为环境污染不严重的分别是31%、46%、31%。从年龄阶段来看，60岁以上的老年人比41~60岁、18~40岁的年龄段的人更关注环境污染情况，其中，41~60岁的受访者比18~40岁的受访者更关注身边的环境污染。

问题2：您所在城市晚上还能看到星星吗？这一问题与教育程度、职业分工、年龄阶段不同的相关性不大。2016年，50%以上的受访者认为所在城市几乎看不到星星，2018年，50%以上的受访者认为所在城市偶尔可以看到星星，但是，教育程度、职业分工、年龄阶段的不同在一定程度上影响受访者对这一问题的感知度。

问题3：您周围的人患上呼吸道疾病、肺病、胃病等多种疾病与环境污染有关吗？从年龄阶段来看，2016年，61%的60岁以上的受访者认为呼吸道疾病、肺病、胃病等多种疾病与环境污染的关系很大，比41~60岁、18~40岁的受访者分别高出11~33个百分点，18~40岁的受访者只有28%认为有很大关系；

2018年，60岁以上、41~60岁、18~40岁的受访者认为关系很大或有一定关系的分别为100%、100%、95%。从教育程度来看，2016年，硕士及以上、本专科、高中及以下的受访者认为呼吸道疾病、肺病、胃病等多种疾病与环境污染关系很大的分别为67%、47%、31%，2018年分别为69%、50%、33%，很少有人认为没关系或没注意。从职业分工来看，2016年，自由职业者、单位职工、农民工的受访者认为呼吸道疾病、肺病、胃病等多种疾病与环境污染关系很大的分别为52%、61%、23%，2018年分别为57%、69%、52%。

问题4：您觉得以前和现在相比所在城市环境污染的情况有何变化？2018年与2016年相比，不同教育程度、职业分工、年龄阶段的受访者普遍认为变化很大，尤其是60岁以上的老人、单位职工感到变化十分明显，2016年，42%的60岁以上、34%的单位职工的受访者认为比以前变化很大，2018年分别上升到78%、71%。

从受访者对所在城市环境污染的感受度来看，主要有三点，一是受访者在改善环境污染方面对政府的期望值越来越高，认为2016年所在城市环境污染得到很大改善的在29%~42%，2018年在49%~78%；二是受访者越来越认识到环境污染对人的生命健康的严重影响，2018年92%~100%的受访者认为呼吸道疾病、肺病、胃病等多种疾病与环境污染密切相关或者关系很大，其中60岁以上、41~60岁、单位职工、自由职业者高达100%；三是受访者盼望过上环境优美的好日子，所有城市超过60%的受访者希望看到天上的星星，而在城市里几乎看不到或看到不多的超过60%，部分城市高达96%。从总的感受度来看，2018年比2016年的感受度明显增强，受访者对所在城市生态环境的明显改善满意度很高。

二、生态文明建设中社会公众的关注度

社会公众的关注度主要从以下几方面考察：①您留心周围烟囱冒烟、水沟排污、乱扔垃圾、垃圾焚烧等不良现象吗？②您对环境污染物的构成有何了解？③如果为了改善生态环境而提高产品或服务价格，您愿意吗？

问题1：您留心周围烟囱冒烟、水沟排污、乱扔垃圾、垃圾焚烧等不良现象吗？2016年，60岁以上、41~60岁、单位职工对周围烟囱冒烟、水沟排污、乱扔垃圾、垃圾焚烧等不良现象经常关注，占比分别为47%、42%、31%；2018

年，分别上升到58%、53%、51%。2016年，高中及以下、18～40岁、农民工对周围烟囱冒烟、水沟排污、垃圾焚烧等不良现象表示不关注的，占比分别为35%、42%、24%；2018年，分别下降到13%、17%、13%。从经常或偶尔关注的情况来看，2018年，60岁以上、41～60岁的受访者高达99%，只有1%的人不关注环境污染等不良现象。

问题2：您对环境污染物的构成有何了解？2016年，对"粉尘、颗粒物质、二氧化碳等"的了解度在38%～69%，60岁以上的老年人占38%；2018年，上升到41%～71%，平均上升5.7个百分点。2016年，对"硫氧化物、氮氧化物、工业××"的了解度在29%～50%，18～40岁的了解度最高，占50%；2018年，上升到32%～70%，平均上升14个百分点。2016年，对"重金属污染（铅、汞、镉、钴等）工业××"的了解度在30%～62%，硕士及以上、单位职工了解度较高，分别占62%、61.2%；2018年，上升到37%～71%，平均上升9.6个百分点。

问题3：如果为了改善生态环境而提高产品或服务价格，您愿意吗？2016年，为了改善生态环境而提高产品或服务价格，非常愿意的在4%～19%，平均占比11.8%；不太愿意的在41%～49%，平均占比44%；不愿意的在32%～62%，平均占比44.4%。2018年，非常愿意为了改善生态环境而提高产品或服务价格的在7%～20%，平均占比13.7%；不太愿意的在30%～49%，平均占比44%；不愿意的在31%～63%，平均占比42.3%。从2016—2018年的对比来看，不太愿意和不愿意提高产品或服务价格的占绝大多数，平均占比的变化很小。

从受访者对所在城市环境污染的关注度来看，主要有以下几个特点：一是关注范围越来越全面。对水体污染、土壤污染、空气污染的关注度较高，尤其是空气污染，2018年，60岁以上、41～60岁的受访者的关注度高达99%。二是对环境污染的构成情况越来越重视。2016年，对"粉尘、颗粒物质、二氧化碳等"的关注度最高是69%，对"硫氧化物、氮氧化物、工业××"的关注度最高是50%，对"重金属污染（铅、汞、镉、钴等）工业××"的关注度最高是62%，2018年分别上升到71%、70%、71%。三是在问及"如果为了改善生态环境而提高产品或服务价格，您愿意吗"的问题上，绝大多数居民的选择是"不太愿意"或"不愿意"，说明在经济发展和环境保护的问题上，经济因素在大多数受访者的生活中还是重要因素。

三、生态文明建设中社会公众的参与度

生态文明建设中社会公众的参与度主要从以下三方面测定：①您对环保组织了解多少？您参与过环保组织吗？②您通过什么途径关注所在城市的环境污染？③在日常生活中您是否养成节约用水用电、主动进行垃圾分类等良好的环保习惯？

问题1：您对环保组织了解多少？您参与过环保组织吗？2016年，对环保组织“完全了解”数据最高的是硕士及以上占16%，单位职工占18%，41~60岁占17%；“不了解”的是60岁以上的群体占64%，其次是农民工和高中及以下的群体，分别占51%、44%。2018年，我国生态文明建设成效显著，不同职业、年龄、文化程度的群体对环保组织的了解度明显提升，对环保组织“完全了解”平均上升2.8个百分点，“偶尔听说”平均上升1.9个百分点。有部分大学生参与环保组织（大多是校园环保社团），有少数自由职业者曾经参与或正在参与环保组织。

问题2：您通过什么途径关注所在城市的环境污染？问卷调查主要设计了四种途径：网络（微信、QQ等）、电视、纸质报刊、道听途说。绝大多数受访者主要通过网络、电视关注所在城市的环境污染，18~40岁的受访者网络利用率最高，60岁以上的受访者网络利用率最低，对比2016年、2018年的调查资料，所有群体通过网络关注所在城市环境污染的人数逐年上升，纸质报刊的利用率逐年下降，但仍有1%~9%的受访者喜欢通过“道听途说”这一非主流途径关注环保方面的问题。

问题3：在日常生活中您是否养成节约用水用电、主动进行垃圾分类等良好的环保习惯？2016年，10%~32%的受访者“经常”养成节约用水用电、主动进行垃圾分类等良好的环保习惯；47%~62%的受访者“偶尔”养成良好环保的习惯；6%~31%的受访者选择“从不”。2018年，11%~34%的受访者选择“经常”，48%~65%的受访者选择“偶尔”，选择“从不”的比例明显下降，尤其是“单位职工”“60岁以上的老人”，占比分别为2%、6%，在“节约用水用电”方面，94%的“60岁以上的老人”已经养成或正在养成良好的节约习惯，在“主动进行垃圾分类”方面，98%的受访的“单位职工”已经养成或正在养成这方面的习惯。

总的来看，受访者在治理环境污染过程中的参与度主要有四点，一是受访者对环保组织的作用、运行过程了解不多。尤其是西部的中小城市居民参与环保组织的积极性不高。二是受访者越来越认识到利用现代网络手段参与环境保护比传统方式更加方便、快捷、有效。三是受访者越来越关心政府在治理环境污染方面要更加注重人民群众的切身利益，治理环境污染不能刮一阵风，要持之以恒、久久为功。四是受访者越来越意识到治理环境污染不单是政府的事而是每个人的事情，必须从自我做起、从小事做起，在日常生活中养成良好的环保习惯。

四、生态文明建设中社会公众的了解度

生态文明建设中社会公众的了解度主要从以下三个方面测定：①您是否了解环保热线？政府对环保热线的回应如何？②您是否知晓政府对监测、预防环境污染的公共设施和制度？③当地政府及环保部门治理环境污染的具体措施有哪些？

问题1：您是否了解环保热线？政府对环保热线的回应如何？2016年高达45.4%（平均占比）的受访者对环保热线“偶尔听说”，只有33%的受访者对环保热线“完全了解”，21.6%的受访者对环保热线“从没听说”。我国《环保举报热线工作管理办法》早在2011年3月1日起就开始实施，但政府宣传力度不够，极少数举报人反映，环保部门泄露举报人信息，致使举报人遭到社会上不明身份的人的电话威胁；2018年对环保热线“偶尔听说”的受访者下降到43.2%，“从没听说”的受访者下降到9.6%，对环保热线“完全了解”的受访者上升到47.2%，对环保热线“完全了解”的受访者主要是单位职工、41~60岁、硕士及以上的群体。政府对环保热线的回应及时，公众反映效果良好。

问题2：您是否知晓政府对监测、预防环境污染的公共设施和制度？2016年，对城市“喷雾设备”的了解度在21%~67%，60岁以上的老年人了解度最低，占21%；对“气象监测网”的了解度在39%~71%，单位职工的了解度最高，占71%；对“河长制”的了解度在0.7%~6%，农民工、高中及以下、60岁以上的群体分别占1%、1.2%、0.7%。2018年，对城市“喷雾设备”“气象监测网”的了解度明显提升，尤其是对“河长制”的了解度大比例上升，从0.7%~6%上升到63%~91%，这主要是因为“河长制”从2017年才开始在全国全面推开，2017 年以前只是在无锡、江苏实行“河长制”①。河长制的实行最大限度地整合了各种资源，强化了地方政府的责任担当，提高了地方政府治理江河污染的执行力，弥补了“九龙治水”的弊端，化解了长期存在的河流“公地悲剧”。

问题 3：当地政府及环保部门治理环境污染的具体措施有哪些？2016 年，对工业废气、废水、废渣的治理关注度很高，单位职工、硕士及以上、41~60 岁的群体达到 60%以上；希望政府治理生活垃圾的关注度在 48%~68%，对汽车尾气、建筑扬尘的关注度在 43%~68%。2018 年，人民群众对生活垃圾汽车尾气、建筑扬尘，工业废气、废水、废渣的关注度越来越高，因为在 2016—2018 年，政府以铁腕治污的决心强行关掉了高污染企业、三无企业，在很大程度上解决了城市工业废气、废水、废渣的乱排乱放问题，加大了对生活垃圾、汽车尾气、建筑扬尘治理等城市内部治理的力度，逐渐变得良好的生态环境让人民群众对政府的满意度不断增长，相应地，也对生态环境质量提出了更高要求。

从政府的回应度来看，主要有三点：一是受访者越来越意识到“环保热线”的重要性，政府通过环保热线了解环境污染的情况并快捷、有效地治理各种污染，投诉者只要拨打了环保热线，都能在规定时间内得到相关部门的及时回复。二是政府在监测、预防、治理环境污染方面的力度越来越大，效果越来越好，受访者对环保公共设施和环保制度的了解程度的提高可以反映出政府对环境污染有较高的回应度。三是受访者希望政府在铁腕治污、消除污染源头的同时，要在全社会广泛宣传、牢固树立生态文明建设理念，既要有短期切实有效的具体措施又要有长远的生态环境规划。

第二节　生态文明建设与政治安全的实证分析

在总体国家安全观中，政治安全是根本，人民安全是宗旨。政治安全关乎执政党命运、关乎政治稳定和社会稳定，最终关系到国家安全。生态文明建设

① 河长制最早开始于江苏无锡，2007 年因太湖蓝藻污染，无锡开始实施河长制；2008 年，江苏全省 15 条河流全面推行河长制；2016 年 12 月，中办国办印发《关于全面推行河长制的意见》，2017 年两会之后在全国推广河长制。

是执政党的执政理念的现代升华，生态文明建设能否成功关系到执政党的执政理念能否变成现实、执政党的执政能力能否有效发挥、执政党的执政宗旨能否全面体现。在生态危机的严峻形势下，生态文明建设有利于执政党执政基础的巩固、扩大和强化，为政治安全提供丰富的执政资源和强大的主体力量；生态文明建设有利于执政党公共政策的制定、实施和完善，为政治安全提供善治的治理环境和满意的政策绩效；生态文明建设有利于执政党意识形态的维护、理解和认同，为政治安全提供强大的精神动力和丰厚的文化支撑。

一、生态文明建设与执政基础安全

执政党的执政基础主要包括经济基础、政治基础、文化基础、社会基础、组织基础、群众基础等，在各种基础中最核心、最基本的基础是群众基础。没有人民群众的支持和拥护，执政党的执政地位就难以巩固、执政生命就难以持久。人民群众与执政党的关系是“血肉”联系，人民群众对历史的书写也就是对政治的书写，对历史的推动程度也就是政治的发展程度。在历史和政治的发展进程中，人民群众既是剧作家又是剧中人，既是表演者又是欣赏者，无论剧情是多么跌宕起伏、惊天动地，人民群众为之奋斗的总是与自身的生活、权益、发展密切相关的，因而，如果执政党的执政理念、执政手段、执政目的脱离了人民群众的生活、权益、发展，那么，执政的“航船”就难以在人民群众的海洋中“行稳致远”。人民的生活是执政党执政的第一基石，“生活”的内涵是丰富多彩的，主要包括物质生活和精神生活，马克思说：“人们的存在就是他们的现实生活过程。”① 人们的现实生活是由当时的生产力水平决定的，怀着对无产阶级生活苦难的深刻同情和关切，马克思、恩格斯第一次强调了生产力的决定作用，因而，执政党的主要任务就是要不断提高生产力水平，而生产力主要包括自然生产力和社会生产力，在提高社会生产力水平的同时一定要注意保护自然生产力，因为，我们绝不是站在自然之外的，相反，“我们连同我们的肉、血和头脑都是属于自然界和存在于自然之中”②。为什么全球的生产方式造成了人与自然关系的紧张、冲突，是因为当今以“资本逻辑”为主导的生产方式“仅

---

① 中共中央马克思恩格斯列宁斯大林著作编译局．马克思恩格斯选集：第1卷［M］．北京：人民出版社，2012：152.

② 中共中央马克思恩格斯列宁斯大林著作编译局．马克思恩格斯选集：第4卷［M］．北京：人民出版社，1995：384.

仅以取得劳动的最近的、最直接的效益为目的”，而忽略了这些生产方式“所引起的较远的自然后果”①。这些严重的后果必然导致自然无法为人类提供安全、健康、有效的基本的生活资料，人类的生活因自然被破坏而无法持续下去，最终导致自然与人的双重破坏和毁灭。人民的权益是执政党执政的重要保障，人民的权益不能仅仅理解为物质方面的权益，还包括政治权益、人身权益、环境权益、安全权益等，执政党只有为了人民的权益而奋斗，才能赢得人民的爱戴，中国共产党建党之始就把为人民服务写在党的旗帜上，而且是“全心全意”不是“半心半意”更不是“三心二意”，党的执政机会不是从天上掉下来的，也不是上帝赋予的，如果真有上帝的话，“这个上帝不是别人，就是全中国的人民大众”②。人民的发展是执政党执政的价值追求，发展是多维的、全方面的，是前进的、积极的、上升的运动，发展的形式和内容符合事物的发展规律、符合历史前进的方向、符合人民的期盼和向往，发展需要“自由”和“全面”的空间，当然，任何“自由”和“全面”都要受到经济条件、政治条件等历史条件的制约，都是相对的，执政党执政的价值目标就是要在一定历史条件下尽可能地拓展“自由”和“全面”的空间，让人民群众在有限的条件下获得更好的发展。生态文明建设的核心就是要处理好人与自然的共生关系，自然是人的生活之源、生存之母、权益之基、发展之本，人因自然而生、因自然而活、因自然而荣，最终因自然而归，对自然的关切和呵护，就是对人自身的关切和呵护，人民的生活之需、权益之基、发展之本均来源于自然的“恩泽”，尊重自然、善待自然，对自然永远怀着敬畏之心、知恩之意、感恩之情、报恩之行。生态文明建设作为党的执政理念，是党的性质和宗旨的充分体现，人民是党的衣食父母，人民的生活、人民的权益、人民的发展是党科学执政、长期执政最深厚的执政根基。良好的生态环境是人民生活、人民权益、人民发展的根本保障，离开这一“根本”，一切便无从谈起，生态环境安全是政治安全的基础，也是一切人类安全的底线。如果生态环境继续恶化，人类一定会为争夺稀缺的生态资源而发生战争。

在回答“由于环境破坏严重，有些地方发生了环境群体事件，您认为环境

① 中共中央马克思恩格斯列宁斯大林著作编译局．马克思恩格斯选集：第4卷［M］．北京：人民出版社，1995：384-385.

② 毛泽东选集：第3卷［M］．北京：人民出版社，1991：1102.

群体事件对社会稳定、政治安全有何影响?”时，认为“相当严重”的占20%，认为“影响较大”的占38%，认为“影响不大”的占28%，“没想过”的占14%，大多数受访者认为环境群体事件对社会稳定、政治安全的影响严重或者较大。环境群体事件意味着利益相关方对某一环境问题试图寻求其他解决方案的“失败”，群体事件的爆发对政府和人民群众之间的关系会产生一定的负面影响，尤其是群体事件通过其他途径发酵、散播之后，社会公众对政府的信任度、忠诚度会发生变化，从而影响社会稳定，甚至政治安全。

在回答“有学者认为，生态环境问题不仅影响人民群众的基本生活和经济社会的良好发展，而且影响政治稳定、政治安全，甚至整个国家安全，您对此有何看法?”时，认为“很有道理”的占32%，认为“有道理”的占39%，认为“有点夸大”的占12%，认为“影响不大”的占17%，大多数受访者能够理解生态安全、政治安全、国家安全的内在关联，生态文明关乎人民福祉、关乎国家昌盛、关乎民族未来，如果生态环境的污染和破坏再持续下去，人民的状态、国家的未来是不敢想象的，少数受访者认为“有点夸大”或“影响不大”，是因为不同的受访者所处的环境不同，思考的角度、深度、广度不一样，加之年龄、文化、职业的差别，对同一问题的理解必然存在差异。

二、生态文明建设与公共政策安全

公共政策是对全社会公共利益的权威性分配，其价值追求就是保障全社会的公平正义，其价值表现就是社会公众的感受度、满意度，安全感、获得感。公共政策的制定、实施具有一定的历史性、条件性，其效果会随着公共政策运行环境的变化而变化，由于公共政策供给的局限性隐含着公共政策有一种潜在的风险（不适应环境而产生的风险），比如，政策主体权威丧失、政策核心功能失效、社会公共利益受损、民众负面反应增加等，这就涉及公共政策安全问题。所谓公共政策安全，就是公共政策在运行过程中政策主体积极性降低、减少或防止公共政策的潜在风险转化为现实风险的稳定有序、客观有效的良好状态。如何保障公共政策的安全性、有效性，需要从议题-制定、实施-监督、反馈-评价等方面去分析，当然，议题-制定、实施-监督、反馈-评价等不是一劳永逸的，它会根据实践的变化而变化，遵循实践-认识、再实践-再认识，循环反复以致无穷的认识发展规律。从公共政策的议题-制定来看，议题的来源和内容是人民“最现实、最关心、最直接”的利益问题，这些利益问题通过一定的通道快捷、清晰地表达给公共决策者并得到决策者的有效回应，使利益问题转化为社会问题，继而转化为政策问题，对于重大突发的社会问题，建立专门的信息输入渠道，以最快的速度、较好的质量处理好综合性公共突发事件。在制定公共政策的过程中，要确保制定程序的公正性、合理性、科学性，比如，专家咨询和社会听证的制度设计，由于公共问题的公共性、复杂性，解决公共问题并不是依靠一个专业、一项技术就可以的，需要不同领域的专家提供专业建议，而且要注意不同建议、措施的耦合度、协同度，防止相互冲突、相互抵消，同时，公共决策要建立广泛的社会听证机制，因为公共决策涉及千家万户，涉及广大人民群众的切实利益，参与听证的人员要具有代表性、广泛性，具有表达和维护不同利益群体的合理诉求的能力。制定公共政策要防止决策者利用个别意志替代人民意志，卢梭认为，公共政策的制定过程中，决策者（行政官员）所体现的意志主要有三种：一是决策者个人的意志，二是决策者群体的意志，三是人民的意志（主权者意志）。在三种意志中，个别意志最强烈，然后是群体意志，最难体现的是人民意志（公意）①，因而，公共政策的制定需要减少或限制个别意志的优先权，防范群体意志以“群体”的名义掩盖人民的意志，公共政策的合理性只能生长于公开、透明、阳光的理性环境之中，用人民之眼防范和纠偏公共政策的私人性、片面性。

3000年前，箕子对周武王的忠告对于我们今天制定公共政策有深刻的警醒和启示，公共政策的制定绝不是决策者们随心所欲、主观臆造的结果，公共政策的制定需要三分人谋、二分天算。三分人谋为：君主的思考、大臣的建议、庶民的商议；二分天算为：龟卜、筮卦。在当时知识水平、科技水平、文化水平相当低下的情况下，用什么来约束或限制人的主观任意性呢？只能借助于龟卜、筮卦的外在力量，当时人们对龟卜、筮卦的信任，相当于现代人类对知识的信任，龟卜、筮卦在周武王时期就相当于今天的“权威知识”，在人谋方面，不是一人之君说了算，也不是多人之臣说了算，更不是众人之民说了算，而是三者的有机结合，为了防止“人”谋（无论是君、臣、民）的主观性、专断性，箕子认为，如果龟卜、筮卦二者之中只要一票反对，该项政策的制定就暂时悬置，如果两票反对，该项政策就即刻终止，说明客观知识在公共决策中的

① 卢梭．社会契约论［M］．何兆武，译．北京：商务印书馆，1980：83.

重要性，箕子的公共决策的模式实质上是知识加民主的模式。这一模式中，客观知识起着决定作用。①

从公共政策的实施-监督来看，公共政策的实施是特定组织机构通过运用政策资源和政策工具，将公共政策的制度设计转化为政策预期的制度效果。公共政策的监督是各种监督主体（政府监督、舆论监督、公众监督等）对公共政策运行过程中一切环节进行观察、评价、纠偏的综合反应，其目的是促进公共政策的良好运行。公共政策的正常运行主要包括政策解读宣传、理解认同、部分试点、全面实施、力量协调、全程监督等一系列环节，每一个环节如果出现任何倾斜都有可能导致公共政策的效率低下、公共利益的破坏伤害、公共信任的怀疑否定、主体权威的下降丧失等，甚至可能引起局部群体事件、公共安全事件以及整个社会的不稳定。公共政策的实施-监督中最容易发生的偏离和倾斜主要有：职能倾斜、政策倾斜和制度倾斜。所谓职能倾斜，就是公共政策的执行人员对特权阶层、强势群体的追捧、献媚、迎合，甚至提供特殊服务；所谓政策倾斜，就是在公共政策的实施-监督中，公共政策的运行主体背离公共政策的本质要求，通过政策变通甚至变异为少数特权阶层、强势群体在所谓的政策“合理”区间争取更多的社会资源和社会财富；所谓制度倾斜，就是职能倾斜、政策倾斜，如果在长期的公共政策运行中已经让社会公众习以为常，那么，这种不公平的现象就可能成为整个社会制度的普遍现象，尽管这种不公平让“他人不同意”，但“他人”的力量太弱小，无法与“不公平”的力量抗衡，自然会形成整个社会体制的默认或有意识的安排。② 公共政策的实施-监督中如果出现这些倾斜力量，公共政策的“公共性”就已经丧失，公共政策安全必然面临严峻挑战。从公共政策的反馈-评价来看，公共政策一旦付诸实践，就会出现反馈-评价问题，反馈-评价是“修正”公共政策的主要环节之一，由于公共政策所涉及的利益相关主体众多，不同的主体站在不同的角度对公共政策的各个环节产生不同的评价，在现实的物理世界中，由于信息不对称或无法完全沟通，主体的反馈-评价因为各种“场域”的有限性，必然具有片面性和个别性，这种片面性和个别性在一定程度上助长了公共政策的输入性故障，输入性故障导致

---

① 赵汀阳．箕子的忠告［J］．哲学研究，2017（6）：107-112.

② 韩春梅．社会安全管理视角下的公共政策有效性困境［J］．中国人民公安大学学报（社会科学版），2011（5）：51-58.

输出的政策产品具有一定的缺陷；而在虚拟的互联网世界中，人与人之间的物理场域问题被有效克服，即时性、互动性、便捷性消弭了信息传递的距离，信息生存、生长的空间不仅被互联网消弭了，同时，信息生存、生长的时间也被互联网同步消弭，这样，对公共政策的反馈-评价主体搭建了便捷有效的平台和表达诉求的机会，在一定程度上克服了信息的片面性和个别性，社会公众的表达诉求形成“公意”从互联网上打开了公共政策的输入通道，但是，互联网的信息在没有时空制约的情况下，可以任意聚焦、放大，甚至“人为”地把负面信息的负面影响无限扩展，这样也容易滋生互联网主体（利益相关者和非利益相关者）的情感参与和抽象愤怒，从而导致群体事件和公共安全事件。因而，在互联网时代，公共政策的反馈-评价要及时、准确，公共政策系统的输入端要开放、通畅，公共政策系统的输出端要优质、高效，也就是说，公共政策系统从输入到输出要避免暗箱操作，根据反馈-评价的情况，适时调整公共政策的形式与内容、目的与方法，从而保证公共政策的运行安全。生态文明建设的公共政策不仅关系到区域利益也关系到国家的整体利益，不仅关系到代内利益也关系到代际利益，不仅关系到当前的经济社会发展也关系到中华民族的永续发展。公共政策的制度设计要因时、因地、因势而设，要落地生根，尽量减少“他人”的不同意、不理解、不接受、不认同、不赞成、不支持。

在回答“您认为环保公共政策在制定、实施过程中是否应该大幅度增加专家意见和群众意见的比重？”时，认为“增大比重”的占32%，认为“减少比重”的占24%，认为“影响不大”的占27%，认为“无所谓”的占17%。32%的受访者认为增加“专家意见”比重，实际上是增加“权威知识”的比重，这样有利于增加公共政策的科学性；增加“群众意见”比重，实际上是增加“民主决策”的比重，这样有利于增加公共政策的合理性、可行性。但也有24%的受访者认为应该减少“专家意见”和“群众意见”的比重。认为“影响不大”和“无所谓”的分别占27%和17%，其实，正确地发挥专家作用和群众作用，广泛地吸收他们的意见和建议，对公共政策的制定和实施是非常有效的。

三、生态文明建设与意识形态安全

意识形态作为观念的上层建筑不是凭空产生的，是由一定时代的生产力发展水平和经济基础决定的。马克思认为，任何一个时代都有自己的观念和看法，观念是时代的反映，“人们的意识，随着人们的生活条件、人们的社会关系、人们的社会存在的改变而改变”①。每一个时代，意识形态的内容并不完全相同，因为经济基础在不断发生变化；但每一种意识形态又具有历史传承性，因为意识形态本身具有自我运动、自我演变的基本特性。在各种意识形态中必然有一种占主导地位，我们称为“主流意识形态”，主流意识形态代表着占统治地位的精神力量，“一个阶级是社会上占统治地位的物质力量，同时也是社会上占统治地位的精神力量”②。从现代政党政治来看，主流意识形态一般是执政党执政理念的全面展开，执政理念作为一种价值体系，诠释和彰显着政治发展的合法性、正当性与合理性。主流意识形态对社会意识形态具有价值确立、价值引领的作用，如果没有主流意识形态的价值整合和价值指引，社会价值的多元化可能会使广大社会公众遭遇思想混乱、价值分裂的无序困境，给执政党执政带来麻烦和困扰，甚至造成执政地位的动摇和执政机会的丧失。主流意识形态通过发挥批判否定、整合同化、现实归导、价值指引等功能，培育和塑造共同的政治信仰，实现社会稳定、社会团结、社会和谐，为政治安全、政治认同奠定价值基础。我们经常讲的意识形态安全实质上就是主流意识形态安全，所谓“安全”，就是主观上没有恐惧，客观上没有威胁。对于政治安全来讲，意识形态安全是一种强大的精神武器，它是确保价值秩序、思想统一，增强凝聚力、向心力、战斗力的强大动力。无论是在革命时期还是在现代化建设时期，意识形态安全都关乎政治安全以及国家安全。在阶级对抗时期，敌我双方都试图通过意识形态斗争造成对方思想混乱、价值迷茫。毛泽东认为：“凡是要推翻一个政权，总要先造成舆论，总要先做意识形态方面的工作。革命的阶级是这样，反革命的阶级也是这样。”③ 在现代化建设时期，意识形态斗争面临的形势更加复杂，形式和手段更加多样。意识形态作为一种软实力，与硬实力同等重要，软实力在思想文化领域的同化权与硬实力在经济社会领域的指挥权交相辉映。全球化时代，一些国家除了通过军事威慑、经济制裁、技术封锁等硬实力掌握话语权外，也通过“文化帝国主义”对其他国家进行全方位的意识形态的渗透和多层次的

① 中共中央马克思恩格斯列宁斯大林著作编译局．马克思恩格斯选集：第1卷［M］．北京：人民出版社，1995：291.

② 中共中央马克思恩格斯列宁斯大林著作编译局．马克思恩格斯选集：第1卷［M］．北京：人民出版社，1995：98.

③ 建国以来毛泽东文稿：第10册［M］．北京：中央文献出版社，1996：194.

思想文化的入侵，试图扭曲或颠覆其他国家在长期的生活实践中形成的价值框架和观念世界。一方面，在思想交锋的时代，多元价值观激烈碰撞，意识形态本身很容易遭受各种因素的影响甚至破坏，意识形态的“安全”客观存在一定程度的威胁；另一方面，意识形态的“安全”问题取决于意识形态自身，如果意识形态的内容符合生产力的发展要求，符合人类社会的发展规律，符合最广大人民群众的根本利益，同时，被广大人民群众广泛认同，那么，意识形态的精神力量就会不断转化为强大的物质力量，而精神力量和物质力量的相互转化、相互协同，就会减少甚至避免主观上的恐惧和客观上的威胁。保证意识形态安全绝不能防“民之口”，防“民之口”实际上是堵“民之智”，人民群众是历史的创造者，是智慧的源泉，也是智慧的象征。只要人人理性、客观、公正地表达、讨论各种思想观点，在不同程度的辩论中辨别真伪、去粗取精，更有利于意识形态的合规律性、合人民性、合目的性。意识形态来源于实际生活并超越实际生活，它不是一种骗人的把戏，只有虚假的不符合生产力的发展要求、不符合人类社会的发展规律以及最广大人民群众的根本利益的意识形态才是一种谎言和骗人的把戏。我国意识形态的主要内容是坚持和发展马克思主义，为什么要坚持和发展马克思主义，因为马克思主义能够解决实际问题；为什么能够解决实际问题，因为马克思主义揭示了人类社会的发展规律，马克思主义最终的价值指归就是要实现人类的彻底解放，让广大人民群众过上幸福美好的生活，正如毛泽东所说：“因为他的理论，在我们的实践中，在我们的斗争中，证明了是对的。”① 在人类社会的发展过程中，马克思主义确实闪耀着真理的光辉，尽管马克思主义遭到各种各样的质疑和诟病，但是，人类思想史上不能没有马克思，雅克·德里达（Jacques Derrida）坚信：“没有马克思，没有对马克思的记忆，没有马克思的遗产，也就没有将来。”② 马克思或马克思主义曾经遭到多次“围剿”，不知多少个“神圣同盟”对马克思或马克思主义进行了一次又一次的否定，但马克思或马克思主义的“精神”不仅没有“死”，反而是越来越显示出强大的生命力。

在回答“绿色、创新、开放、协调、共享五大发展理念中，您认为绿色发

---

① 毛泽东选集：第1卷［M］. 北京：人民出版社，1991：111.

② 雅克·德里达. 马克思的幽灵：债务国家、哀悼活动和新国际［M］. 何一，译. 北京：中国人民大学出版社，1999：21.

展理念是否深入人心?”时，认为“已经深入人心”的占23%，认为“部分深入人心”的占45%，认为“没有引起注意”的占19%，认为“不知道”的占13%。五大发展理念中，绿色发展是发展的必要条件，没有绿色发展，其他发展就难以为继。大多数受访者认为绿色发展“已经深入人心”或“部分深入人心”。当然，五大发展理念是相互依存、相互贯通的，没有绿色发展，发展不可持续；只有绿色发展，发展不可壮大。五大发展理念要解决的是经济社会发展中存在的各种问题，发展条件问题（绿色理念），发展动力问题（创新理念），发展不平衡问题（协调理念），内外环境问题（开放理念），公平正义问题（共享理念）。

在回答“您认为生态文明建设的成败是否关系到我国意识形态安全?”时，认为“关系很大”的占28%，认为“有一定关系”的占37%，认为“关系不大”的占21%，认为“没有关系”的占14%。意识形态安全关乎国家政治安全，“如果从观念上来考察，那么一定的意识形式的解体足以使整个时代覆灭”①。意识形态安全要求实现精神上的秩序和心灵的安顿，防止信仰坍塌、价值迷失、思想混乱、精神崩溃，要防止马克思主义的“真经”在教材中“失踪”、在论坛中“失声”、在社会科学中“失语”，面对各种错误思想敢于亮剑、面对各种错误舆论导向敢于纠偏，要弘扬主旋律、唱响主旋律，让正能量更加强劲、主旋律更加响亮。生态文明建设关系到中华民族的永续发展，关系到国家发展、民族振兴、人民幸福，关系到党和政府的公信力、凝聚力，关系到党的性质和宗旨，大多数受访者认为生态文明建设的成败对我国意识形态安全有一定影响，意识形态安全关系到中国共产党的执政安全以及中华民族的发展安全。

第三节 生态文明建设与政治认同的实证分析

政治认同是认同主体对政治权力、政治价值产生的一种认知、理解、肯定、赞同、服从、信仰等所形成的知、情、意、行的和谐统一的精神状态。在现代化、全球化、信息化进程中，各种风险（包括传统风险和非传统风险）严重威

① 中共中央马克思恩格斯列宁斯大林著作编译局．马克思恩格斯全集：第30卷［M］．北京：人民出版社，1995：539.

胁着各国认同主体对本民族-国家的政治认同，尤其是生态环境风险构成了各民族-国家政治认同的潜在威胁。1992 年 1 月，联合国安全理事会要求世界各国高度关注生态领域中的不稳定因素所形成的对世界和平与安全的威胁。因而，生态文明建设与政治认同具有密切的关联性，生态文明建设成功直接关系到社会公众对政治权力、政治价值的信任和信仰。在生态文明建设的视域中，政治认同具有不同的认同类型，社会公众对生命健康、生活安全、美丽生态、美好生活、环境权利、社会公正的关注和向往，构成了政治认同的具体内容和主要类型，生态文明建设中政治认同的类型主要包括健康安全型政治认同、美好幸福型政治认同、环境民主型政治认同、公平正义型政治认同。

对生态文明建设与政治认同的实证分析，我们既有落地的问卷调查，又有网络问卷调查，再加之深度访谈的方法。调研时间主要集中在 2017 年大学生暑期社会实践期间。受访人群的职业类别，主要包括大学生、单位职工、农民工、其他四种，分别占样本总量的 43%、19%、15%、23%，通过该样本调查的数据，发现不同职业群体对生态文明、政治认同的认识与理解存在差异。受访人群的文化程度，主要包括高中及以下、专科、本科、硕士及以上，高中及以下学历的受访人群占 42%，受过高等教育的占 58%，其中，专科占 22%，本科占 33%，硕士及以上占 3%。样本丰富，数据统计呈正态分布。不同的文化程度水平人群，对相同的问题有着不同的看法和见解，受教育程度越高，对生态文明、政治认同的理解能力和认识程度越高，但受教育程度相对较低的受访者，对生态文明、政治认同的理解更具体、更直接。受访人群的年龄区间，本次的调查地点主要集中在医院、学校、农村等场所，所涉人群大多集中在 18~39 岁区间。0~17 岁、18~39 岁、40~59 岁、60 岁以上，逐项分类占据总样本的 10%、57%、24%、9%。所处年龄段不同，对生态文明、政治认同的看法和理解的差异较大。此次调查共计发放问卷 2191 份，纸质问卷 1800 份，有效问卷 1679 分，无效纸质问卷 121 份；网络有效问卷 391 份，有效问卷共计 2070 份，有效率为 94.5%。

一、健康安全型政治认同

健康安全是生态文明建设中政治认同的逻辑起点，健康安全关乎个人安危、关乎家庭幸福、关乎民族兴旺、关乎国家昌盛。改革开放以来，我国经济发展取得了巨大成就，人均 GDP 年均增幅达到 13%左右，而空气污染、水质污染、土壤污染严重威胁着人民群众的健康安全，造成人均医疗健康支出年均增幅达到 15%，超过了人均 GDP 的年均增幅水平。医院里人满为患、部分家庭因病致贫、患者苦不堪言。城市里空气污浊，以 PM 2.5、PM 10、NO_2、SO_2为罪魁祸首的污染物充斥着整个城市，严重的空气污染造成了婴幼儿、老年人等易感群体的呼吸道疾病、心脑血管疾病、神经系统疾病等各种疾病的发生，2010 年《全球疾病负担评估》（GBD）报告显示，我国的空气污染造成了大约 120 万人过早死亡。水质污染令人担忧，生命不能离开水，水的污染危及个人的生命健康，危及民族的生死存亡，2001 年、2006 年、2016 年《中国环境状况公报》显示，我国水质较差和极差的比例较大。世界上 80%的疾病与水有关，水污染造成的肝癌、胃癌等消化系统、循环系统、神经系统的疾病，让患者痛不欲生甚至丧失生命。土壤污染存在严重隐患，空气污染、水污染最终在土壤中聚集，工矿业废弃地土壤中镉、镍、铜、砷、汞、铅等重金属污染严重超标，耕地土壤质量堪忧，各种农药、除草剂、滴滴涕、多环芳烃等污染较重，所有农作物都是从土壤中长出来的，土壤污染最终导致食品风险，进而影响人们的生命健康。

习近平总书记多次强调，没有全民健康，就没有全面小康，要始终把广大人民群众的健康安全摆在治国理政的首要位置。2016 年，健康中国上升到国家战略层面，建设健康中国不是简简单单、轻轻松松的事情，存在着思想观念的重重束缚、利益固化的重重阻力、体制机制的重重障碍，如何冲破束缚、消解阻力、清除障碍，需要协同创新的动力、充满生机的活力、坚如磐石的定力。调查显示，在回答“环境污染对每个人的生命健康造成多大影响?”时，认为“影响严重”的占 68.3%，认为“影响一般”的占 30.1%（主要是 30 岁以下的年轻人，正处于身体强壮、精力充沛的时期）。在问及“如果资源破坏和环境污染越来越严重，会影响个人的人生观、价值观吗?”这一问题时，70.2%的受访者认为“影响很大”，认为这样活下去，人生就没有任何意义了，很多人甚至产生了不想活的念头。在问及“您对政府治理环境污染有信心吗?”时，28.3%的受访者认为“特别有信心”，61.1%的受访者认为“有信心”，9.4%的受访者认为“靠事实说话”。从这些调查数据中可以看出，当经济发展到一定阶段时，老百姓对生态环境的要求越来越高，对健康安全的期盼越来越高，健康安全成为社会公众政治认同的基础和前提，没有个体的生命健康安全，所有的远景规划和宏大目标都是一句空话。

二、美好幸福型政治认同

如果说健康安全是保障个体生命有一个良好的身心状态，那么，美好幸福就是生命个体对自身存在的价值追求和现实体验。健康安全是美好幸福的基本条件，没有健康安全，何谈美好幸福；美好幸福是健康安全的生成结果，没有美好幸福，健康安全的意义和价值何在？如果伴随着健康安全的是贫穷痛苦，那么，这样的健康安全肯定是暂时的。美好幸福不是一个终极的、固定的、具体的、量化的评价标准，它是一种综合性的感受，只有更好，没有最好。美好幸福并不是虚无缥缈的生活，需要通过实实在在的生活来体现；美好幸福并不是一味追求享受、寻求快乐，需要通过每个人的辛勤创造来实现；美好幸福不仅仅是财富的堆积、物质的丰裕，而是物质丰裕、精神高尚的统一；美好幸福不仅仅满足某一方面、某一层次的需要，而是满足各个方面、各个层次且不断发展变化的需要。总之，美好幸福展现的是天人合一、美美与共、各美其美的和美画卷，既具有理想性，又具有现实性，因而具有历史性，不同历史阶段的美好幸福具有不同的内涵和外延，美好幸福是现实和理想相互交融、不断跃升的历史的具体的统一。

人民对美好幸福生活的向往始终是中国共产党孜孜追求的目标。任何一种生活状态都与一定的生产方式相适应，人们怎样生活、怎样表现自己的生命、怎么确认自己的本质与他们生产什么、怎么生产相一致，“人们生产自己的生活资料，同时间接地生产着自己的物质生活本身”①。美好幸福生活必然与一定的生产方式相适应，片面追求数量、规模、速度的高能耗、高污染、高浪费的粗放型经济发展方式显然无法与美好幸福生活相适应，只有高质量、高效益的集约型经济发展方式才能真正实现美好幸福生活。美好幸福生活是满足人们需要的生活，人的需要是社会发展的动力，人的需要促进了生产的发展，新的生产产生了新的需要，新的需要又促进了新的生产，人的生产不仅仅生产自身，不仅仅按照自身的尺度而是按照任何一个种的尺度进行生产，人的需要的全面性

① 中共中央马克思恩格斯列宁斯大林著作编译局．马克思恩格斯选集：第1卷［M］．北京：人民出版社，1995：67.

决定了人的生产的全面性、人对世界的构造的全面性，人对世界的构造不是随心所欲的而是按照“美的规律”来构造，对“美”的生活的期盼和向往是人的需要和人的生产本身所要求的，因而，美好幸福生活是满足人们需要的生活、是促进人的全面生产和人的全面发展的生活。人的全面生产包括物质生活的生产和精神生活的生产，这些生产不是从天上掉下来的，而是每个人共同劳动创造的结果，不是一部分人劳动、一部分人享受，也不是一部分人剥削另一部分人，而是共同劳动、共同享受，美好幸福生活的实现需要长期的、艰苦的共同努力。

调查显示，在回答“您如何理解美好幸福生活?”时，认为“每个人的理解不一样”的占42%，认为“不同阶段的要求和标准不同”的占39%，认为“不好说”的占12%，认为“没想过”的占7%，表明绝大多数受访者对美好幸福生活充满了期盼和向往，对“美好幸福”的理解比较客观、符合实际，只有极少数受访者对“美好幸福”的理解和关注不够。在问及“您如何理解良好的生态环境是美好幸福的基础?”这一问题时，42%的受访者认为是“重要基础”，认为没有良好的生态环境，人和社会就没有生存的条件和发展的根基，任何文明都不可能脱离生态文明，除非未来的人类不再需要基本的“吃喝住穿”，认为生态环境对美好幸福的生活“有一定影响”的受访者占48%，认为“影响不大”的占7%，3%的受访者认为“没想过”，的确，不同年龄、不同文化程度、不同职业的受访者对这一问题的理解存在差异是正常的，但总的来看，绝大多数受访者对这一问题的理解和思考是积极的、客观的。在问及“您认同美好幸福生活的哪一种模式：享受型、奋斗型、奋斗型+享受型?”时，29%的受访者认同“享受型”，26%的受访者认同“奋斗型”，45%的受访者认同“奋斗型+享受型”。这一调查结果表明，大多数受访者认为美好幸福生活不是等来的、靠来的、要来的，尤其是中老年人的理解尤为深刻，而大部分年轻人对奋斗的理解和中老年人的理解不完全一样，认为既要享受又要奋斗，光享受不奋斗，享受不会长久；光奋斗不享受，奋斗就没有意义，但有部分受访者有一定享乐主义思想，认为人生短暂，及时行乐才美好幸福，世界这么大，又不光靠我一人。在问及“2035年，我国基本实现现代化，您对未来美好幸福生活有信心吗?”时，25%的受访者认为“特别有信心”，56%的受访者认为“有信心”，11%的受访者认为“太遥远了”，8%的受访者认为“没想过”。这一调查结果表明，大多数受访者对党的十九大报告中提出的三步走战略“特别有信心”和“有信心”，从现实情况来看，三步走战略既是远景规划又符合现实国情，改革开放以来，每一次战略规划都实现了预期目标。习近平总书记首次面对中外媒体记者时向全世界郑重宣告，中国共产党人奋斗的目标就是实现人民对美好生活的向往，他分别从孩子的教育、个人的成长、工作、收入、社会保障、医疗卫生服务、居住条件、生态环境等方方面面具体、生动、实实在在地勾画出美好幸福生活的和美画卷，深得民心，令人振奋。

三、环境民主型政治认同

生态文明建设的公共性、复杂性、长期性等特质迫切需要确立环境民主的权利化，环境民主的权利化实质上就是环境民主的制度化建设，环境民主的权利化、制度化有利于激活和提升社会公众的环保意识，有利于确立和尊重社会公众积极参与环境保护的权利，有利于调动公共权力主体在环境保护过程中的积极性、主动性。民主的本质是人民当家作主，环境民主实质上就是人民群众对赖以生存的环境享有共商、共治、共享的权利。从程序和规则来讲，民主是一种议事规则和决策程序，民主的内容必须基于人民的意志，人民的意志不是一个人的意志，而是各种意志的聚合。人民群众是由无数个个体组成的，每一个个体的需要、欲望、诉求不同，存在着不同的利益追求、利益差别，甚至利益冲突，这种利益冲突，不仅仅是私人利益的冲突，还包括私人利益和公共利益的冲突，环境作为一种公共利益、公共资源，不能因为特殊个人、特殊群体的利益而伤害甚至破坏关乎社会公众的整体性的、公共性的共同家园，为了保护公共资源，就必须协调和解决各种特殊利益与特殊利益、特殊利益与公共利益之间的矛盾与冲突，寻求在冲突中得到协调、在协商中达成共识，探索和建立在分配公共资源、决定公共事务方面的各种体制机制。由于环境的公共性特质，任何人在环境协商、决策过程中都不能因为自身的特殊利益而享有或垄断各种权利或权力，“民主社会中任何成员都不能保证他在参与的争执中一定稳占上风，但可以肯定（如果是真正的民主）他能公正地享有一份决策权”①。正因为环境是共同利益，所以每个人都享有共同的环境权利，“如果在社会成员方面没有共同利益的意识，就不可能有权利，没有共同利益的意识就只能存在个人

---

① 科恩．论民主［M］．聂崇信，朱秀泽，译．北京：商务印书馆，1988：219.

的某些权力”①。

环境民主关乎每一个人的利益，在对大多数人的权利予以尊重和关注的同时，对少数人的权利也必须重视和保护。正确的决策不能脱离人民群众，离不开广大人民群众的参与，必须集思广益，广泛征求群众意见，群众是“先生”、是“诸葛亮”。正确的决策不能从领导者的主观愿望出发，不是拍脑袋、拍胸脯“拍”出来的，而是要满足群众的需要和尊重群众的意愿，“由群众自己下决心，而不是由我们代替群众下决心”②。在决策过程中，由于受到各种因素的影响，并不是每一次决策都是正确的，难免会出现这样那样的失误或错误，面对失误或错误，要敢于坚持真理、修正错误，“共产党人必须随时准备坚持真理，因为任何真理都是符合于人民利益的；共产党人必须随时准备修正错误，因为任何错误都是不符合于人民利益的”③。

在问及“您参与过村委会或居委会等举办的关于环境污染治理的各种会议吗?”这一问题时，8%的受访者“参与过”，58%的受访者“不参与”，34%的受访者“从没听说”，说明地方基层组织的凝聚力、战斗力还需加强，地方基层组织最能感受到老百姓的冷暖。

在问及“环境保护方面，您进行过详细调查或向政府及其有关方面提供过对策建议吗?”时，认为“很少”的占7%，认为“从来没有”的占51%，认为“没有这方面的能力”的占42%，这一数据表明，一方面是社会公众的民主参与能力还需提高，另一方面，参与的渠道还需畅通，环境保护的制度建设还不够完善。

在问及“作为污染受害者，您通过什么途径申请过污染损害赔偿吗?”时，认为“找当地政府赔偿”的占3%，认为“找污染企业赔偿”的占7%，认为“不知道找谁”的占38%，认为“自认倒霉”的占52%，环境污染对社会公众的生命健康造成的损害是难以估计的，也是令人痛心的。我国在环境健康损害赔偿方面还有很大的发展空间，社会公众的环境健康损害赔偿的意识还比较淡薄，导致绝大多数受访者“不知道找谁”或“自认倒霉”。总之，我国环境民

① 辛格．实用主义、权利和民主［M］．王守昌，等译．上海：上海译文出版社，2001：61-62.

② 毛泽东选集：第3卷［M］．北京：人民出版社，1991：1012-1013.

③ 毛泽东选集：第3卷［M］．北京：人民出版社，1991：1095.

主的建设还需要一个过程，环境民主的主体素质、主体能力还需提高，环境民主的客体介体还需优化，环境民主的制度环境还需完善。

四、公平正义型政治认同

公平正义是人类社会一直追求的理想，但公平正义的展现不是静态的而是动态的，公平正义的实现程度总是和政治、经济、社会、文化的发展程度密切相关，人们希望的公平正义绝不是梦幻的、超现实的，“绝不能超出社会的经济结构以及由经济结构制约的社会的文化发展”①。公平正义不是绝对的而是相对的，不是抽象的而是具体的，很多“不平等的因素”是无法完全消除的，如何把“不平等的因素”减少或降低到最低限度就是公平正义实现的程度。正如恩格斯所说：“不平等可以减少到最低却永远无法完全消除。”② 在阶级社会里，公平正义总是具有鲜明的阶级性，在奴隶社会中，凡是对奴隶来说是不公正的，对奴隶主来说都是公正的；凡是对奴隶主来说是公正的，对奴隶来说都是不公正的。当资产阶级宣称废除封建社会的不公正而建立以资本为中心的公平正义的资本主义社会的时候，资本通过所谓形式上的平等竞争所形成的绝对话语权掩盖了资本主义社会公平正义的虚假性。公平正义是人类孜孜追求的价值目标，也是哲学家们苦苦探究的永恒主题，公平正义是否有生长基础，其基础是什么？东西方哲学家们从不同的角度进行了论证，比如，认为“德性”是公平正义的基础，公平正义就是整个德性，它“比星辰更加光辉”；认为“美德”是正义的基础，如果没有“美德”就没有正义可言，在一定程度上，正义是美德的化身；认为“应得”是正义的基础，“应得”的对象不仅仅是财富的分配，还有其他权利（社会身份、政治职位等）的享有；认为“私人财产权”是正义的基础，如果不承认私人财产权，正义的逻辑就无法展开等。不管是从道德层面还是从财富层面去理解正义，如果脱离了现实的经济社会的发展水平、脱离了现实的具体的个人，任何“正义”都是一种抽象的论证和美妙的“呓语”，实质上，公平正义都是具体的、历史的、现实的，它需要以物质条件为基础，没有富足的物质基础，公平正义也只能是低水平的、浅层次的，正如邓小平所说，

① 中共中央马克思恩格斯列宁斯大林著作编译局．马克思恩格斯选集：第3卷［M］．北京：人民出版社，1960：301.

② 中共中央马克思恩格斯列宁斯大林著作编译局．马克思恩格斯全集：第19卷［M］．北京：人民出版社，1964：8.

"没有贫穷的社会主义。社会主义的特点不是穷，而是富，但这种富是人民共同富裕"。① 如果只有少数人富起来，就没有什么公平正义可言，只有共同富裕才能体现公平正义，共同富裕是社会公平正义的物质体现，但公平正义不仅仅是物质"蛋糕"的占有和分配，还包括其他权益的获得，恩格斯认为："一切人，或至少是一个国家的一切公民，或一个社会的一切成员，都应当有平等的政治地位和社会地位。"② 也就是说，在一定的经济社会的历史条件下，每一个公民除了经济权益以外，政治权益、文化权益、健康权益、环境权益等都应该得到切实保障。美好生活是公平正义的全方位体现，公平正义为美好生活的实现提供全方位的保障，人民对美好生活的向往实质上是对更高的公平正义的期待，公平正义客观上要求资源分配体系、成果共享体系、公共服务体系、社会保障体系、社会治理体系、制度创新体系等进一步科学化、合理化，最终形成各尽其能、各得其所、充满活力、和谐有序的美好生活的图景。

在回答"您认为绿水青山和金山银山应该是什么关系?"时，认为是"二元冲突关系"的占25%，认为是"共同协调关系"的占32%，认为是"相互依存关系"的占43%，大多数受访者认为，绿水青山和金山银山是"相互依存关系"，仍有25%的受访者认为绿水青山和金山银山是"二元冲突关系"，实际上，这种二元逻辑是片面的，如果没有了绿水青山，金山银山就丧失了价值和意义；32%的受访者认为绿水青山和金山银山是可以协调的，二者可以共生共荣。

在问及"您认为政府在促进和维护社会公平正义方面有什么作用?"时，认为起"决定性作用"的占64%，认为起"较大作用"的占28%，绝大多数受访者的看法，表明了社会公众对政府期望值较大、依赖度较高，这和长期以来政府在社会发展中的主导作用有关，但是，社会的公平正义需要政府、市场、公民等多方面的力量来相互制约、相互协调，如果仅靠政府的力量，权力与权利之间就有可能失去平衡。

在回答"美好生活需要政治清明、文化昌盛、社会公正、生态良好，您认为哪一方面还需下功夫?"时，认为是"政治清明"的占27%，认为是"文化

① 邓小平．邓小平文选：第3卷［M］．北京：人民出版社，1993：265.

② 中共中央马克思恩格斯列宁斯大林著作编译局．马克思恩格斯选集：第3卷［M］．北京：人民出版社，1995：444.

昌盛”的占20%，认为是“社会公正”的占25%，认为是“生态良好”的占28%，说明政治清明、文化昌盛、社会公正、生态良好确实是美好生活的支撑，四个方面缺一不可，相互影响、相互促进，政治清明是关键、生态良好是基础、社会公正是核心、文化昌盛是支撑。

在问及“实现社会公平正义必须坚持依法治国，您认为在法治规范体系、实施体系、监督体系、保障体系四个方面哪些方面还需加强？”时，认为是“规范体系”的占16%，认为是“实施体系”的占31%，认为是“监督体系”的占35%，认为是“保障体系”的占18%。大多数受访者认为，我国法律的规范体系还是比较健全的，关键是实施不力、监督太软、权力太任性，必须把权力关进制度的笼子，习近平反复强调：“对由于制度安排不健全造成的有违公平正义的问题要抓紧解决，使我们的制度安排更好体现社会主义公平正义原则。”①

① 习近平．习近平谈治国理政［M］．北京：外文出版社，2016：97.

第七章

生态文明建设与国家政治安全、政治认同的战略选择

通过绿色发展，厚植政治安全、政治认同的绿色根基；通过协同创新，拓展政治安全、政治认同的动力源泉；通过以人民为中心的政治实践，确证政治安全、政治认同的本质属性和价值立场；通过确立人类命运共同体的价值理念，在关切人类命运的全球视野中，丰富政治安全、政治认同的全球资源。

第一节 绿色发展：政治安全、政治认同的绿色根基

绿色是生命、生存、生活、生态、生产的本色，是对黄色（农耕文明）、黑色（工业文明）的反思和超越，是社会发展和文明进步的根基，也是国家政治安全、政治认同的根基。人类对“绿色”的追求并非与生俱来，只有经历过“绿色”危机的“剧痛”之后才懂得“绿色”的珍贵，绿色运动肇始于西方发达国家，这一运动的蓬勃兴起催生了“发展观”的绿色转型，“绿色发展”理念的鲜明表达，为实现“人与自然的和谐共生”开辟了现实之途。

一、从绿色运动到绿色政治：西方绿党的绿色主张

20世纪50年代，西方发达国家在追求现代化的过程中遭遇绿色危机的“剧痛”，西方式的现代化对绿色的无情“放逐”引起了人们对西方文明的集体焦虑和深刻反思，由此展开的西方绿色运动的宏阔画卷大大促进了西方绿党的迅速兴起。

（一）西方绿色运动的蓬勃生长

早在20世纪30年代，西方一些国家就开始承受工业文明所带来的严重恶果，最早发生的大自然报复人类社会的环境惨案是1930年比利时的马斯河谷烟雾事件，紧接着，世界八大公害事件陆续发生，空气污染、水体污染、土壤污染等各种危机相继爆发，给人类的生命健康和社会进步带来了严重阻碍。除了马斯河谷烟雾事件以外，发达国家的生态危机更为惨重，比如，美国、英国、日本等。① 人与自然关系的严重对抗和冲突所爆发的生态危机、经济危机、能源危机引发了人们对社会发展和人生价值的全面思考，引发了对资本主义生产方式、生活方式、消费方式的系统反思，引发了对资本主义有组织但不负责任的制度体系的整体批判。1953年，美国经济学家肯尼思·博尔丁（Kenneth Boulding）提出“生态革命”的主张，矛头直指资本主义对大自然的盲目掠夺和无情破坏，如不采取紧急措施，资本主义将会把人类带向死亡的边缘。1972年罗马俱乐部的报告推动了西方绿色运动的进一步生长，“增长的极限”打破了资本逻辑“无限”榨取和掠夺的梦想，自然资源的有限性推动了资本的内部紧张和分裂、加剧了人类对自身困境的焦虑、增强了人类的生态意识和全球意识。事实上，各种公害事件以及一系列的生态环境危机早已引起了西方广大民众的广泛关注，人类“只有一个地球”的理念开始深入人心，欧美等发达国家千百万人走上街头表达各自的环保诉求，各个领域的著名学者、专家、公众人物等纷纷发表报道、文章表达了对清新空气、清洁水源、无毒土壤、安全食品的强烈期盼，各种环保组织相继涌现，“环境保护——全国自发组织联合会”“世界卫士”“自然之友”“地球之友”等不断壮大，绿色运动在西方蓬勃生长。

（二）西方绿党的绿色主张

西方绿色运动的蓬勃生长催生了西方绿党政治，1972年产生了世界上第一个绿党——新西兰价值党，紧接着，瑞士、瑞典、比利时、芬兰、爱尔兰、奥地利、意大利、卢森堡、法国、德国、葡萄牙、美国、澳大利亚等国的绿党相继出现，西方绿党是西方政治中独特的政治现象，它建立在非政府组织和新社会运动之上，与传统左翼政党、主流政党相区分，在以议会民主体制为主的资

① 1943年美国多诺拉、洛杉矶的烟雾事件，1952年英国伦敦的烟雾事件，1953—1961年日本的水俣事件，1955年日本的四日事件，1968年日本的米糠油事件，1931—1972年日本的骨痛病事件，等等。

本主义国家被称为“运动型政党”。在西方绿党政治中，影响较大和掌握一定话语权的是欧洲绿党，在欧洲政治舞台上，从1979年开始，各国绿党相继进入议会，1979年欧洲议会第一次直选，德国绿党和法国绿党取得了较好成绩，得票率分别为3.2%、4.4%；1984年，荷兰绿党、比利时绿党、德国绿党进入议会；1989年意大利绿党、法国绿党、葡萄牙绿党进入欧洲议会，加之1984年绿党在议会中的力量，组建了第一个绿党党团“欧洲议会绿党”；1993年欧洲成立绿党联合会，1994年，爱尔兰绿党、卢森堡绿党进入欧洲议会；1998年德国绿党和社会民主党结盟，开启了绿党执政的新时代，德国绿党是欧洲绿党的政治风向标。2004年，32个欧洲绿党组织签署绿党宣言。2015年以来，欧洲绿党积极围绕全球气候变化，大力参与、推动、落实《巴黎协定》的谈判、签署等工作，积极构想和争取在2050年之前实现“零碳欧洲”的宏大目标。总之，欧洲绿党以坚持绿色政治为发展主线，以追求生态均衡和社会正义为政治主张，以推动议会选举、积极参政议政、融入欧盟体制为发展路径，以加速自身“欧洲化”和实现欧洲政策“绿色化”为价值目标。无论在“红-绿”联盟或“绿-红”联盟、“黑-绿”联盟或“绿-黑”联盟以及“红-绿-黑”联盟中，绿色政治一直是欧洲绿党的旗帜和方向。

除欧洲绿党在西方政治中有较大影响外，美国绿党、澳大利亚绿党也有一定影响，“绿色”是西方绿党的政治灵魂，尽管西方各国政治体制、政治文化有一定差异，但西方绿党的“绿色”主张有一定的共性，主要表现在：

第一，主张生态均衡，追求人与自然的共融共生。西方绿党的立党根基是生态均衡的价值理念，在西方发达资本主义国家，尤其是“二战”之后，生态环境遭到严重破坏，人与自然的关系在资本逻辑的驱动下变得异常紧张和严重扭曲，人的主体地位的过分彰显践踏了自然母亲的尊严，人的骄横和疯狂进一步强化了自身的焦虑和恐惧，面对焦虑和恐惧，人们必须对人与自然的关系进行深刻反思，事实上，人与自然时刻处于动态的网络系统之中，人与自然的亲密共生注定了自然的根基性地位，人必须从整体性、系统性、和谐性、共荣性原则出发选择“生态优先”“生态均衡”的发展策略。

第二，主张生态民主，追求社会发展的公平正义。生态民主要求改善议会民主，认为议会民主是假民主是少数人为了自身特殊利益而歪曲人民意志的民主，生态民主是多数人的民主，是体现人民意志的民主，议会民主的政治结构对生态民主造成了不可想象的限制与强制，对议会民主的改善需要在“放权”与“收权”、“分权”与“集权”的基础上解构带有武断色彩的等级性政治，在共同的生态危机面前实现生态民主。生态民主主张权力的去等级化、平面化，倡导“非暴力对抗”，以宽容的方式展现“人民的不服从”。生态民主客观上要求西方政党政治真实有效地吸收社会公众对环保诉求的公开表达，开诚布公地邀请社会公众和绿色团体对政府环保决策的参与，全面透明地保证社会公众对环保问题的知情权、建议权，最大限度地拓展社会公众参与环保的各种渠道，尤其要激发和唤醒多元社会主体（政党、政府、企业、社会组织、公民个体等）参与环保的政治热情，发展和健全生态民主，因为多元社会主体对环保问题的感受最直接、最敏感、最有发言权。培育和发展生态-文化共同体，在坚持“生态优先”“生态均衡”的发展战略上保证社会发展的公平正义。

第三，主张绿色新政，巩固和强化绿党的政治基础。倡导和主张“小国家、小政府”的政治哲学，致力于新型政党结构的重组，实现党内民主和党内分权，淡化政党“发号施令”的权力工具色彩，强化政党联系民众的桥梁纽带作用，主张政治选举定期轮换、新陈代谢，避免权力集中所导致的腐化堕落。21 世纪以来，欧洲绿党的政治力量不断增强，在欧洲议会中的议席不断增加，成为继社会党党团、人民党党团、自由民主联盟党团之后的重要政治力量，为了扩展和强化绿党的政治基础，绿党改变了过去单一的政治议题，在坚守“绿色”的政治本色的基础上，逐渐向政府干预、经济增长、贫富差距、就业问题、移民问题、分配问题等国计民生方面扩展，建构起“绿色”政治的同心圆，绿党政治议题的现实性和可操作性体现了绿党“意识形态的柔化”和绿党“政治策略上的职业化”①，大量选民被绿党的政治主张所吸引，这些选民主要包括中产阶级、知识分子和大量受过良好教育的年轻人。当然，绿党的政治主张和价值追求并不是对抗或替代现存的资本主义制度，而是追求在现存制度之下将绿色政治价值制度化。

（三）西方绿党的政治局限

西方绿党从西方政治舞台的边缘走向政治舞台的中心，展现了绿党政治的价值取向，赢得了西方大量选民的青睐，扩大了绿党政治发展的群众基础，但

---

① BOMBERG E. The Europeanisation of Green Parties: Exploring the EU's Impact [J]. West European Politics, 2002, 25 (3): 29-50.

西方绿党是在西方发达资本主义国家遭遇严重生态危机的状况下孕育而生的，其生成的政治、经济、文化土壤不可避免地对绿党的存在、发展产生重要影响，因而，西方绿党主张的政治方案对解决全球生态危机同样具有不可避免的局限性。

第一，西方绿党对资本主义生产方式进行批判，但并不主张改变资本主义私有制和基本经济制度。资本主义生产方式把“普遍有用性”作为自身存在的内在规定，而这种“有用性”不是普惠于人类而是指向个人占有的私有制，不是指向人类长期发展的“持续性”而是指向利润回报的“暂时性”，除了有用性，资本主义生产方式再也没有其他的价值追求。“再也没有什么东西表现为自在的更高的东西，表现为自为的合理的东西。”① 在资本主义制度下，自然不再是自为的力量，只是一群有组织而不负责任的人无限掠夺的对象，“对自然界的独立规律的理论认识本身不过表现为狡猾，其目的是使自然界（不管是作为消费品，还是作为生产资料）服从于人的需要”②。普遍有用性的具体表现就是私人财富的不断积累，而资本主义私有制造成了财富积累的两极分化，两极分化导致人与人之间的关系异常紧张，资本主义两极分化不仅在一个国家内部畸形生长，而且以巨快的速度、以惊人的破坏力量向全球渗透，财富的巨量堆积和贫困的巨量积累造成的社会撕裂和社会伤痕是难以弥合的。资产阶级的私人财富如果不能转换成社会财富而造福社会，那么，财富的私人性和自然的公共性之间必然产生极度的紧张和巨大的破坏力量，这种力量对人与自然的破坏程度将是难以想象的。尽管西方绿党看到了资本主义生产方式对自然的残酷性、破坏性，对资本主义生产方式也进行了种种批判，但西方绿党对生态改革的策略和方法却是柔和的，在没有根本触及资本主义私有制和基本经济制度的条件下，任何改革和努力都是局部的和暂时的。

第二，西方绿党对资本主义代议民主进行批判，但在政党竞争和政治发展过程中难以摆脱“寡头铁律”的危险。西方代议民主是由政治精英支持的富人统治的民主，是形式的民主而非实质的民主，这种民主所代表的是一个“有组织的不负责任的社会”和“更高的不道德的社会”，金钱和财富是这个社会成功

① 中共中央马克思恩格斯列宁斯大林著作编译局．马克思恩格斯全集：第30卷［M］．北京：人民出版社，1998：389-390.

② 中共中央马克思恩格斯列宁斯大林著作编译局．马克思恩格斯全集：第30卷［M］．北京：人民出版社，1998：389-390.

的标准，“在这个社会的任何领域获得成功，都意味着人们已经充分内化了与更高的不道德有关的那些价值标准”①。从某种意义上说，西方代议民主确实在一定程度上阻碍了基层民众（或普通民众）民意上达的通道，在政治决策过程中，普通民众的主体作用不能充分发挥，民主权利不能充分实现。西方绿党对代议民主的虚伪性进行了揭露和批判，代议民主无法充分表达基层民众的真实诉求，而绿党的政治纲领迫切需要改变代议民主，倡导和实现基层民主、参与民主，目的是增加和扩大基层民众实质参与政治决策的机会和权利，最大限度地保障基层民众的自身利益，因为基层民众最能直接感受到生态环境的变化和社会生活的多样性。但是绿党在从业余性政党转变为职业化的选举党的过程中，很难克服激进民主原则与议会民主需要之间的紧张关系，难以摆脱走向权力与等级制的“寡头铁律”的潜在危险。

第三，西方绿党对科学技术持怀疑态度，试图用道德约束和分散化经济影响科学技术的发展进程。西方绿党认为社会进步和人类幸福是科学技术发展的前提，但从目前来看，科学技术带来的不是幸福与进步而是恐怖与暴力，因而，科学技术的发展应该加以限制而不能让其肆意滋长，必须用道德约束和生态观念规制科学技术，用分散化经济或稳态经济抑制科学技术带来的规模效应。实质上，科学技术是人类对自然规律的发现与运用，是人类智慧的结晶。在人类的任何时代，科学技术通过改进生产工具、扩展劳动对象、增加知识积累、提升劳动者素质，提高了劳动生产力、创造了社会财富、推动了人类文明的进步。尤其在资本主义社会产生了巨大的推动作用，“资产阶级在它的不到一百年的阶级统治中所创造的生产力，比过去一切世代创造的全部生产力还要多、还要大”②。但是，为什么科学技术在资本主义社会里让人悲观失望呢？科学技术是人类发明创造的，其最终是为人类服务的，科学技术的合规律性、合目的性本应给人类带来幸福与进步，但实质上科学技术在资本主义制度体系之下却发生了自身的本质转向，它不但没有消除人类劳动的异化，反而加剧了人与自然、人与人的双重异化。马尔库塞认为，在资本主义社会里，“利润最大化”是资产阶级追求的唯一目标，如果不能实现价值“增值”，“资本”就无法体现自身的

---

① 福斯特．生态危机与资本主义［M］．耿建新，宋兴无，译．上海：上海译文出版社，2006：42.

② 中共中央马克思恩格斯列宁斯大林著作编译局．马克思恩格斯选集：第1卷［M］．北京：人民出版社，1995：277.

本质。自然的技术化和商品化屈从于“利润最大化”，科学技术在“利润最大化”的驱使下成为人类与自然的“帮凶”，成为极权主义的“助推器”，科学技术本身是一种揭示客观事物发展规律的自然力量，在复杂的社会结构中，自然力量不可能自动地把自己设定为“自律”的中立力量，科学技术的力量通过“人”的使用而展现出自身的力量，它既可以毁灭人类又可以解放人类。如果科学技术仅仅是资本主义制度下“利润最大化”的唯一武器，那么，科学技术的资本主义使用必然导致人与自然的双重异化。因而，如果不能对资本主义制度进行彻底批判，只是从道德层面和经济层面对科学技术进行片面规制，显然是行不通的。

第四，西方绿党主张非暴力原则，试图用改良来局部修正而不是用阶级斗争或社会革命来彻底摧毁资本主义国家机器。建立在私有制、雇佣劳动基础之上的资本主义国家机器所积累起来的人与自然、人与人、人与社会的矛盾是无法真正彻底解决的，“在私有财产和金钱的统治下形成的自然观，是对自然界的真正的蔑视和实际的贬低”①。人类的生产、消费在资本的统治下变得更加畸形，资本“使生产陷于高烧状态，使一切自然的合理的关系都颠倒过来”②。这些矛盾的彻底解决单靠局部改良来修正是不现实的，但是，当各种矛盾的积累还没有达到一定程度的时候，阶级斗争或社会革命也绝不是说来就来的，阶级斗争或社会革命不是主观意识的产物，“革命”不是什么天才的头脑“想象”出来的，也不是随随便便“制造”出来的，而是由现实的具体条件决定的。正如恩格斯在《共产主义原理》中所说：“革命不能故意地、随心所欲地制造。”③阶级斗争或社会革命的发生取决于各种矛盾不可调和的必然性，事实上，马克思、恩格斯的阶级斗争或社会革命理论一方面揭示了社会主义必然取代资本主义的发展趋势，另一方面，也为当代资本主义缓和阶级矛盾提出了警醒和启示。由于社会主义制度的影响，当代资本主义在一些领域发生的新变化只是对传统资本主义的缺陷零星地进行了修补，其实并没有改变资本主义制度的本质，没

---

① 中共中央马克思恩格斯列宁斯大林著作编译局．马克思恩格斯文集：第1卷［M］．北京：人民出版社，2009：52.

② 中共中央马克思恩格斯列宁斯大林著作编译局．马克思恩格斯文集：第1卷［M］．北京：人民出版社，2009：76-77.

③ 中共中央马克思恩格斯列宁斯大林著作编译局．马克思恩格斯文集：第1卷［M］．北京：人民出版社，2009：684.

有从根本上改变资本主义社会的基本矛盾。正如福斯特所说，环境的敌人不是人类自身，而是我们所在的“特定历史阶段的经济和社会秩序”，这一“特定历史阶段”就是以“资本逻辑”为中心的有组织而不负责任的富人统治的资本主义社会，只有变革这样的社会，我们才能够真正拯救地球。① 否则，生态危机的克服就是一种天真的幻想。

第五，西方绿党主张世界的和平与安宁，试图用生物区取代民族国家而不是用人类命运共同体理念推动世界的和平发展。西方绿党的价值理念是建立人与自然共荣共生的亲密和谐的生态之“家”，是我们之“家”而不仅仅是我之“家”，这个“家”只是生物学意义上的“家”而非人类学意义上的“家”，这个“家”中的成员是平等、自由的组合，需要超越传统家长制的、权威的和雇佣的社会，去为发展世界和平安定的新的可能性空间做出努力。这种新的可能性空间的建立就是要打破民族国家的结构模式，用生物区的生态模式取代民族-国家的结构模式。事实证明，这种设想是难以实现的。现有的民族-国家的结构模式是人类文明发展的结果，各民族-国家在历史进程中形成了自身的文明特色，文明的多样性生长拓展了文明和合、文明互鉴的广阔空间、催生了人类命运共同体的理念，同时，为世界的和平与安宁提供了可能。文明进程的历史表明，文明和合、文明互鉴需要拒斥霸权主义和殖民主义的思维模式，需要拒绝孤独、封闭、自大和僵化。文明和合、文明互鉴是多样性文明相互学习、相互包容、相互竞争的结果，无论是中华文化、印度文化、希腊文化、罗马文化、埃及文化、波斯文化等，它们在各自的文化血脉中都流淌着其他文化的精华。潘光认为，印度文化中“流淌”着波斯文化的色彩，而波斯的宫殿中“留存”着希腊文化的印记。② 事实证明，即使在相对隔绝的古典文明时期，古遗址的历史记忆中依然闪耀着各种文化交相辉映的“余晖”。“孤独”的文化不会辉煌，最终会逐渐“凋零”；“封闭”的文化不会长久，最多是瞬间的“光芒”；“自大”的文化不会昌盛，最终命运是走向“衰亡”；“僵化”的文化不会鲜艳，最终会变成“枯黄”。世界的和平安定必须尊重人类文明的多样性生长，而人类文明的多样性生长只能建立在人类命运共同体的理念之上，只有确立人类命运

---

① 福斯特．生态危机与资本主义［M］．耿建新，宋兴无，译．上海：上海译文出版社，2006：43.

② 潘光．浅论世界历史上的“文明冲突”与文明对话［J］．历史教学（高校版），2007（5）：17-20.

共同体理念，尊重各民族-国家文明发展道路的选择，在百花齐放、各呈异彩的人类文明大花园中，世界的和平与安宁才有可能实现，仅仅依靠生物区的生态模式是难以实现世界的和平与安宁的。

二、绿色发展：厚植政治安全、政治认同的绿色根基

20 世纪，人类经历了两次世界大战后，时代主题发生了深刻变化，两次世界大战所造成的痛苦的历史记忆催逼当代人类不断反思人类生存的价值和意义，“战争与革命”不可能一直成为人类存在的时代主题，它只是人类文明进程中各种“矛盾和对抗”的爆发式宣泄，人类文明追求的是“和平与发展”，“和平与发展”是人类文明进程的历史必然，人的全面发展和社会的全面发展是人类永久和平的基础，发展什么？如何发展？这已成为全人类的集体关注与集体焦虑。“二战”后各种各样的“发展”理论在全球蓬勃兴起。

首先是“发展=经济增长”论。这种观点把“发展”的内涵“狭义化”，片面地认为“发展”主要是“经济增长”，甚至把“经济增长”和“发展”完全等同起来，认为只要经济“增长”了、GDP 提高了，社会就发展了，这样的理论在很多发展中国家比较盛行，可以理解，发展中国家的经济发展确实是头等大事，经济发展有利于提高人民的生活水平，有利于维持社会稳定，有利于赢得社会公众对执政党的政治认同，但是，如果片面的“经济增长”是以牺牲社会建设、文化建设、政治建设、环境建设为代价，那么，这样的“经济增长”肯定是畸形的、不可持续的。

其次是“发展=经济增长+社会变革”论。这种观点认为“发展”不仅仅是经济层面的数量上的增长，还关涉到其他方面的“变革”，因为在经济发展的过程中，生产力的变化必然引起生产关系的变化，生产关系中不适应生产力状况的体制机制必须进行调整，但是，“社会变革”如何变？如何制约既得利益集团对“现存社会秩序”的顽固坚守？既得利益集团在“社会变革”中的影响和作用如何？如何实现社会的公平正义？等等，如果社会的公平正义受到伤害，那么发展所带来的“获得感”“幸福感”就会受到严重影响。

再次是“发展=可持续发展”论。联合国第一次人类环境会议之后，“可持续发展”受到全人类的广泛关注，“发展”不能吃“子孙饭”、断“子孙路”，地球上可再生资源是有限的，如果寅吃卯粮、竭泽而渔，那么，今天的所谓

"发展"就是明天的"厄运"，但是，任何民族国家的发展不可能不消耗资源，如何做到经济高质量和环境高质量的协调发展，这就需要改变传统的发展方式，创新科学的发展模式，让尽量节约资源、有效利用资源的观念深入人心。

从次是"发展=以人为中心的发展"论。这种观点认为人是"发展"的主体，也是"发展"的目的，凡是"见物不见人"的发展都不是"真"发展，而是"假"发展，"假"发展最终会毁掉发展，"以人为中心"不仅仅是要建设好每个人所栖居的"物质家园"，更要建设好每个人所独有的"精神家园"，如果"精神家园"荒芜了，人生的价值和意义被消解了，无论"物质家园"多么富丽堂皇，都会因为价值主体的"丧失"而失去价值。但是，"人"的发展与"物"的发展是密切关联的，"人"的发展需要"物"来支撑，"物"的发展需要"人"来创造，不能因为强调"人"的发展而忽略了"物"的发展，也不能因为强调"物"的发展而忽略了"人"的发展，"见物不见人"的发展和"见人不见物"的发展都不是人类追求的"好"发展。

最后是"科学发展观"。科学发展观是在总结各种"发展观"的基础上产生的，与其他"发展观"相比，科学发展观既要求真，又要求美，还要求善，是真善美的高度统一，它以"系统的、综合的、辩证的"思维方式超越了以往"单向的、线形的、实体的"形而上学的思维方式。在理论高度上，科学发展观以站在"人类社会发展"的高度超越了狭隘的民族-国家的"区域发展"的高度；在实现路径上，科学发展观以发展道路、发展模式、发展战略、发展主体、发展动力、发展目的和发展的全面性、协调性、平衡性、持续性等一系列的"具体性"和"可操作性"超越了其他发展观的"抽象性"和"空洞性"，科学发展观把人与自然的和谐共生作为"发展"的基础和前提，那么，如何才能真正做到"人与自然的和谐共生"呢？党的十八届五中全会在全面总结各种发展观念和发展经验的基础上，针对我国的具体国情提出了系统、科学的发展理念，其中，"绿色发展"是其他一切"发展"的基础和前提，"绿色发展"不是孤立的，需要"创新"的"第一动力"，需要"协调"的"内在要求"，需要"开放"的"必由之路"，需要"共享"的"本质要求"。"绿色发展"是一项系统工程，需要绿色观念、绿色文化、绿色生产、绿色消费、绿色科技、绿色制度等的全面支撑。"发展"是"安全"的保障，"绿色发展"是最基础的发展，也是各种"安全"的基础保障，是国家政治安全、政治认同的深厚根基。

第一，树立绿色观念。观念是行动的动力，行动是观念的体现，观念不是凭空产生的，观念的形成是在一定的历史条件下各类主体长期实践的结果，观念虽然具有历史性、条件性、具体性，但观念一旦形成就具有自身的运动规律，它通过自己确立的价值标准、价值判断、价值选择对自我和他者的言行进行全方位检视，但观念也不是固定不变的，观念是社会存在的产物，物质生活状况的改变在一定程度上决定社会意识的变化，如果社会存在对具有"真理"价值的观念的不断坚守和强化，观念就会在全社会得到牢固树立。"绿色观念"是人与自然和谐共生的"真理性"观念，人类文明始终以"绿色"为底色，"绿色"支撑着人类文明的可持续发展，敬畏自然、保护自然、尊重规律、珍爱生命、永续发展是绿色观念的价值蕴含，牢固树立绿色观念，有利于促进绿色发展中"文明底色"的"在场"。

第二，培育绿色文化。文化是不同历史时期、不同区域、不同主体在长期实践过程中所形成的各种成果的积淀或结晶，所有的"文化"都具有"人"的属性，由于人具有"类"特性又具有"自身"的个性，所以，人类文化都是"共性"与"个性"的统一，文化只能求同存异，不能完全等同，只能相似，不能全等，"绿色文化"是生命文化，是各种文化共同的价值指向，尽管由于历史时空不同，绿色文化的形式与内容会发生变化，但"绿色"的生命本质不可能改变。文化具有"社会性"，是集体的"合唱"。文化具有"感染性"，文化的"感染性"是由文化中的"类"特性所决定的；文化具有"排斥性"，文化的"排斥性"是由文化中的"个性"所决定的；文化具有"融通性"，虽然在一定条件下，文化具有"排斥性"，但文化的"排斥性"不是僵化不变的，如果长期处于某种文化环境中，文化的"熏陶"会融通文化的"个性"。大力培育绿色文化，凝聚社会公众的"绿色"情结，有利于消解绿色发展中"集体行动"的"困境"。

第三，促进绿色生产。"生产"是人与自然之间直接或间接进行的物质、能量、信息的交换，无论是"物的生产"还是"人的生产"都是人与自然交换的结果，人与自然的交换一旦"中断"，"生产"便无法进行，既然人类的生存、发展一刻也不能离开"生产"，那么，人与自然的交换就一刻也不能"中断"，"绿色生产"就是保证人与自然的交换永远不会"中断"的生产，在"生产"的过程中利用自然资源、消耗自然资源是必然的，只是在"利用"或"消耗"

的过程中，不能破坏资源，要遵循自然规律，“适度”“有效”地“利用”或“消耗”自然资源。全面促进绿色生产，防止新陈代谢的“中断”，有利于解答绿色发展中“经济发展与资源枯竭”的“难题”。

第四，倡导绿色消费。消费什么？怎么消费？这是人类文明程度的体现，“合理”“有效”“真实”的消费有利于人与自然的协调发展，反之，“过度”“无效”“虚假”的消费会对人与自然的关系造成严重破坏，“绿色消费”主张“合理”“有效”“真实”的消费，这种消费对个体与社会的发展、对人与自然的关系是有益的，实际上，任何个体的“消费”都不是无限的，个体作为一个“有限”的存在，如果坚持“合理”“有效”“真实”的消费，那么，其消费的资源也是“有限”的。而“过度”“无效”“虚假”的消费就不是“消费”而是“浪费”，“浪费”是可耻的，因为“浪费”会减少资源的有效性，同时会造成对“生产”的破坏，对“生产”的破坏就是对人与自然“交换”的破坏。积极倡导绿色消费，减少对资源的破坏和浪费，有利于促进绿色发展中“绿水青山与金山银山”的“统一”。

第五，发展绿色科技。科技是人类智慧的结晶，是人类认识规律、尊重规律、利用规律的重要体现，是人的本质力量的彰显。科技的创造者是“人”，科技的使用者也是“人”，科技在不同的“人”手中所产生的作用是不同的，人可以用科技为人类“造福”，也可以用科技为人类“惹祸”，科技可以毁灭“人”和“自然”，也可以使“人与自然和谐共生”，科技可以减轻人的劳累和负担，也可以减轻自然的负载和压力。加快发展绿色科技，有利于实现绿色发展中“自然主义与人道主义”的“完美”。

第六，完善绿色制度。制度是一种规制与约束，“好”的制度是对“坏”的规制与约束，“坏”的因素在“好”的制度环境中找不到自身的生存空间；“不好”的制度是对“好”的规制与约束，“好”的因素在“不好”的制度环境中难以找到自身的生长土壤。“好”的制度从长远来看，其价值取向主要表现在三方面：一是促进人的全面发展，二是促进社会的全面进步，三是促进人与自然的持续发展。不断完善绿色制度，用“好”的制度保持人与自然的协调发展，有利于推进绿色发展中“生命共同体与命运共同体”的“融合”。

总之，发展观的“绿色”转型，是人类文明持续发展的逻辑必然，是民族-国家政治安全、政治认同的绿色根基，是构建人与自然的“生命共同体”与人类“命运共同体”的根本。

第二节 协同创新：政治安全、政治认同的动力资源

创新是人类超越常规、习惯、本能的思想与实践的创造性活动，它打破了“惯习决定的”“自然给定的”“习以为常的”各种条条框框和所谓的绝对空间，在遵循客观规律的基础上，对原有理论和实践进行重新设计和创造，其目的是在实事求是的基础上寻求对各种问题的真正解答。创新杜绝迟钝与麻木、杜绝绝对与僵化，它所展开的是开放的、无限发展的可能性空间。从人类文明的发展历程来看，创新不是随心所欲和任意妄为的，本身具有复杂的生成系统和明确的价值取向。

一、协同创新的生成系统及其价值取向

（一）协同创新的生成系统

创新的生成系统不是自我封闭的僵化系统，是在开放视域下不断进行新陈代谢的具有无限生命力的衍生系统，它时刻保持与外在环境进行信息、物质、能量的相互交换和不断演变。从创新的主体来看，创新主体的思维是创新实现的关键，创新主体的思维不同于一般主体的思维，它不是单一的、线性的、机械的，而是多维的、非线性的、辩证的，创新的思维系统主要包括辩证思维、历史思维、质疑思维、光明思维、实践思维等；从创新的环境来看，创新离不开创新主体，更离不开创新环境的协同作用，创新是各种资源系统相互协同、合力共生的结果，协同创新的生成系统主要包括知识协同、制度协同、主体协同等。

1. 协同创新的思维系统

创新作为一种特殊的智慧操作，是多种思维运行的结果。

第一，协同创新的辩证思维。创新不是主观臆想，而是对客观世界的现象与本质、形式与内容、原因与结果等发展环节的辩证的复杂的识别、了解、判断、推理、实证等一系列的发现规律、利用规律的推陈出新的过程。创新区别于一般的人类活动，具有客观性、辩证性、具体性等基本特性。一是创新具有

客观性，创新的客观性就是不以人的主观意志为转移，创新的条件是客观的，创新的过程是客观的，创新遵循的规律也是客观的，创新的结果必然以客观的物质形式展现出来。二是创新具有辩证性，任何创新都是在“突破前人”的基础上对思想和实践进行新的设计，但是，“突破前人”并不是全部否定前人与前人绝对隔离，而是站在前人的肩膀上保持对前人成果的“扬弃”。三是创新具有具体性，任何创新都是对某一事物或某一事物的某一层面的具体运行规律的把握和运用，没有一种创新可以包括万事万物，因为不同的客观事物发展规律是不一样的。

第二，协同创新的历史思维。创新的历史思维主要体现在：从创新主体来看，无论是个体还是群体，都是历史的、具体的、现实的个人或者是个体的结合；从创新的内容来看，任何创新都必须以已有的知识作为基础，都是对知识遗产的再创造；从对创新的评价来看，我们不能苛求前人，要用历史的思维思考前人，也要用历史的思维思考自己和未来的来者，因为历史是过去的现实，现实是未来的历史，历史、现实、未来相互依存、缺一不可，人类社会的任何创新都必然受到历史条件的制约，即使超越历史条件的创新最终也要受到不断发展的历史进程的检阅。

第三，协同创新的质疑思维。质疑是创新的重要品质，是对迷信和盲从的辩证否定，质疑的目的是找到正确和肯定的东西，如果对任何客观存在的事物都一味地质疑而不实现质疑的目的，那么，质疑就失去了价值和意义，就没有存在的必要。质疑的过程就是审视正确性、寻找正确答案的过程，但是，正确性是有条件的，在一定条件和范围内，正确性是绝对的，如果条件和范围一旦发生变化，就不存在绝对的正确性，客观事物在不断地发展变化，对正确性的追寻建立在对思维客体的长期观察和思考之中，在现有的知识结构、经验的基础之上通过观察、鉴别、比较、选择，发现并建构新的经验和知识，打破过去存在的固有的“有序”，构造出符合新的条件和范围的“有序”。

第四，协同创新的光明思维。创新是由一系列的所谓“失败”的过程构成的，“失败”往往难以被理解和宽容，为什么会“失败”，因为事物呈现的外在现象是复杂多变、短暂易逝的，假象和真相相互交错、难以区分，创新需要从各种现象入手发现事物的本质，在“发现”的过程中，会出现种种“失败”和不尽如人意之处，会对心态和身体造成一定的影响，因而，创新者必须运用光明思维，保持乐观向上的健康心境和不畏艰难的人生态度，创新是面向未来的价值追求，面向光明和成就的美好愿景，运用光明思维正确对待各种闲言碎语、正确理解各种观念问题和社会问题，不怨天尤人、不灰心丧气、不半途而废，努力找到走出困境、解决问题的方法和途径。

第五，创新的实践思维。实践思维离不开形象思维、抽象思维，但又不同于形象思维、抽象思维。形象思维展现的是“生动的直观”，具有直接性、具体性等特点；抽象思维展现的是“思维的具体”，具有间接性、抽象性等特点；实践思维展现的是理念向现实的直接转化，具有操作性、物质性等特点。实践思维不仅仅揭示事物的本质和规律，展现某种客体的尺度，而是要把实践主体的内在尺度和客体的尺度结合起来创造出现实世界中还未出现的理想的物质客体或具体的行动方案等实践成果，如果说抽象思维展现的是事物的已然态、实然态，那么，实践思维展现的就是事物的未然态、应然态。实践思维创造的价值是客观实在的，这种客观实在的价值必须通过实践来实现，实践是认识的来源、目的、动力，同时也是检验认识正确与否的标准，离开了实践，所有的创新都无法得到检验和评价。实践思维主要包括实践决策思维、计划思维、方法思维、操作思维、反馈思维、监控思维、检验与评价思维等。

2. 协同创新的其他系统

第一，协同创新的知识系统。知识是创新的基本要素，知识如何协同、如何共享关系到创新的广度和深度。在知识传承、知识储备、知识创造方面，大学、科研机构具有一定优势；在知识应用、知识转化、知识增殖方面，企业、市场等社会组织具有一定的优势；在知识转移、知识共享、知识产权保护方面，政策、制度等政府主导具有一定优势。知识的生产、储备、应用等形成一种有形、无形的知识链，说知识链有形，是因为整合知识资源的科研院所、政府、企业、社会组织等组织机构以及知识创生的产品都是有形的；说知识链无形，是因为知识资源在从无序走向有序、从抽象走向具体、从理论走向实践、从差异走向一致、从零星聚合走向有机整合的流变过程中，是通过内在的、隐性的循环、转化、螺旋升级的反复运动而实现知识的持续创新、持续增殖的动态不息的协同状态。

第二，创新的制度系统。创新是在已知领域的基础上对未知领域的无穷探索，它不是一场需经彩排的智力探险和已经设定的游戏目标，创新既然是一种探索，其结果必然是不确定的，其过程必然是艰难的，不确定的结果和艰难的探索过程需要宽松的人文、伦理环境予以支撑，需要科学的制度环境予以保障。人类的创新活动不是一劳永逸的，它既可以展现无穷活力又可以陷入僵化保守，人类的创新力量在一定程度上取决于制度对创新的鼓励、推动和保障，制度的设立是否合理、是否科学，各项制度之间是否相互完善、相互协同直接关涉到人类能否更多地受益于创新对人类文明的恩泽。从宏观层面来看，民族-国家的创新制度需要包含政治、经济、文化、社会等全方位的纲领性的宏观设计，从国家的角度制定创新战略和发展方向；从中观层面来看，各区域、各部门、各产业在国家宏观创新战略的指引下，从实际出发，制定相应的创新生产、创新消费、创新分配、创新评价等创新政策、措施；从微观层面来看，科研院所、企业、社会组织甚至公民个体等根据国家的创新战略、区域的创新政策制定切合自身的创新目标、创新计划等。从创新的历史来看，虽然创新的主体主要是个人或团队，但创新的动力、活力、成效还是来源于各项制度的激励和保障，因而无论是宏观的创新战略、中观的创新政策、微观的创新计划，所有的制度、措施都应该做到相互补充、相互协同、自成体系，不能各自为政、九龙治水、自相矛盾、相互抵触。

第三，创新的主体系统。主体协同离不开制度协同，制度协同的程度直接影响主体协同。在主体协同中，不同主体扮演不同角色，创新生产的角色主要由科研院所扮演，创新转化的角色主要由企业扮演，监督协调的角色主要由政府、社会组织扮演。各个主体之间为什么合作、怎么样合作、合作的成效如何，如何调动各个主体创新的积极性、主动性，这与主体协同的程度、水平密切相关，而主体协同的程度、水平直接关联制度协同的程度、水平。比如，政府关于创新孵化体系、创新税收优惠体系、创新金融体系等制度体系的建立，企业和科研院所在新技术合作研发、创新网络空间、产学研合作框架、科研成果转化等具体措施的规定，市场及社会组织在创新成果测度、创新成果定价、创新成果供给和消费等相关政策的落实以及各个不同主体制定的创新评价体系和评价指标是否合理等，这些不同层面的制度规定关涉到不同主体的创新动力和活力。

（二）协同创新的价值取向

1. 促进人的自由全面发展

人是创新的主体，创新具有历史性，人的自由全面发展也具有历史性。一方面，创新是在“自由”和“全面”的状态下产生的，没有“自由”和“全面”的状态，创新的可能性空间就会受到压缩甚至扭曲，但“自由”和“全面”在不同的历史时期具有不同的历史局限性，历史的局限性在一定程度上是由生产力水平决定的，生产力发展水平制约着“自由”和“全面”的广度和深度，比如，在石器时代、铁器时代、大机器时代、信息时代，人的“自由”和“全面”的内涵和外延肯定是不一样的，因而，任何时代各种创新的内容、路径和要求都必然具有时代的烙印；另一方面，创新能更好地促进人的自由和全面发展，创新为人类打开了“自由”和“全面”的广阔空间，在把握和运用客观规律的基础上，创新助推了人类主观能动性的充分发挥，人的智力、能力、体力的全面施展，有力地拓展和提升了人类生产、生活、生命、生存的幸福感、获得感。马克思关于人的发展的“三形态”理论深刻揭示了人的发展和创新之间的关系。在以自然经济为基础、以等级依附为特征的社会里，人的发展形态是人对人的依赖，人对人的依赖限制了创新的空间，创新的价值取向必然是为了摆脱人对人的依赖的羁绊；在以商品经济为基础、以交换竞争为特征的社会里，人的发展形态是人对物的依赖，人对物的依赖使创新受到了物欲的驱动和物役的压迫，创新的价值取向必然是为了让人从物的压迫中解放出来；在以产品经济为基础、以自由个性全面发展为特征的社会里，人的发展形态是自由全面发展的形态，自由全面发展的形态使创新获得了更加广阔的价值创造的空间，创新的价值取向必然是为了让人从异己的力量中解放出来，自觉地创造自己的历史，从而真正从必然王国走向自由王国。

2. 促进经济社会的全面发展

经济社会的发展离不开创新的驱动，创新是人类智慧的现实确证和本质力量的充分彰显。18 世纪以前，人类的创新还是偶然的、朴素的，因为 18 世纪以前，人类对很多领域的认识还没有达到“科学”的高度，真正的“科学”是在 18 世纪以后建立起来的，随着物理学、化学等学科的诞生，人类的创新水平逐渐提升。18 世纪 60 年代，作为创新的最大成果之一，蒸汽机的成功发明，以“第一推动”的动力让人类工业文明迅猛前行，“蒸汽机第一次使绵延于英国地下的无穷无尽的煤矿层具有真正的价值”①。19 世纪，创新在人类文明史上蓬勃

① 中共中央马克思恩格斯列宁斯大林著作编译局．马克思恩格斯选集：第 1 卷［M］．北京：人民出版社，1995：32.

兴起，创新和人类文明相互依存，每一次创新都促进了社会文明程度的提高，每一次创新都推动了新的需要、新的组织、新的产业的迅速生长，新的需要、新的组织、新的产业又不断推进更高价值、更高水平的创新。可以说，创新使人类生产、生活等诸方面产生革命性变革，正如马克思所说："蒸汽、电力和自动纺纱机甚至是比巴尔贝斯、拉斯拜尔和布朗基诸位公民更危险万分的革命家。"① 创新既促进了人的自由全面发展又加速了经济社会的全面发展。

3. 促进人类社会的可持续发展

促进人类社会的可持续发展是任何创新的价值旨归。创新的最终目的是使人类生活更加幸福，人类社会发展得更加美好。以人类为主体的文明形态，不管是农业文明、工业文明、生态文明，还是其他文明形态，其唯一的承载基础始终是自然生态环境，人类社会的可持续发展涉及的不仅仅是人与自然的关系，而是人与自然、人与社会、人与自身的整体的和谐互动关系。人类通过提升自身的创新能力所形成的工业文明在给人类创造巨大财富的同时，如果仅仅以"财富"为中心、违背自然规律向大自然无限索取，必然造成人与自然关系的紧张和破裂。如果科学技术对自然的控制力量愈大，而对自然生态规律愈加漠视，那么"科学的纯洁光辉仿佛也只能在愚昧无知的黑暗背景上闪耀"。② 当财富成为我们的唯一追求的时候，当大自然对我们无情报复的时候，当恐怖的危险在我们面前突然出现的时候，当个体生命和人类社会在发展过程中突然遭遇阻滞的时候，马克思在19世纪就敏锐地看到了当今社会所逐渐暴露出来的事实，他说，当物质力量被"生命化"的时候，随之而来的是人的生命被"物质化"；当现代工业造成少数人"财富积累"的时候，随之而来的是大多数人的"贫困积累"。马克思认为，现代工业与贫困、科学与衰颓、生产力与社会关系产生了严重对抗，这些时代对抗"是显而易见的、不可避免的和毋庸争辩的事实"。③，为什么会产生时代对抗，对抗的源头在哪里呢？马克思通过对资本主义的系统批判，阐明了对抗的源头主要是现代工业、科学、时代的生产力在资本逻辑的

---

① 中共中央马克思恩格斯列宁斯大林著作编译局．马克思恩格斯文集：第2卷［M］．北京：人民出版社，2009：579.

② 刘大椿．在真与善之间——科技时代的伦理问题与道德抉择［M］．北京：中国社会科学出版社，2000：122-123.

③ 刘大椿．在真与善之间——科技时代的伦理问题与道德抉择［M］．北京：中国社会科学出版社，2000：122-123.

推动下严重破坏了人与自然、人与社会、人与自身的和谐关系。人类要进入更高级的文明形态，必须提升人类社会整体的创新能力，而创新的基本价值取向就是要保障生态、经济、政治、文化等各种因素的美好的平衡关系，这样才能真正促进人类文明程度的提升和人类社会的可持续发展。汤因比认为："文明乃是整体，它们的局部彼此相依为命，而且都互相发生牵制作用。"① 如果文明的发展只是某一方面，那么，文明的生长就会因为缺乏滋养而衰败，文明的整体性意味着文明生活的方方面面彼此协调，相互依存、相互促进，这是所有人类文明的生长特点，历史上，曾经昙花一现的文明无不是因为缺乏整体性而"窒息"或无情"夭折"。

二、协同创新：汇集政治安全、政治认同的动力资源

（一）理论创新：政治安全、政治认同的思想引领

理论创新不是坐在书斋里想出来的，也不是从天上掉下来的，"人的正确思想，只能从社会实践中来"②。实践是现实的个人正在进行的感性的、对象性的物质活动，实践活动的形式是多种多样的，实践活动的内容是丰富多彩的，但任何实践活动都是处在一定社会关系中的人的实践，都会受到一定历史条件的制约，都会随着历史条件的变化而变化，因而，任何实践活动都会打下深深的时代的烙印，都不可能是固定的、僵化的，从某种意义上说，处在不同时代的实践主体，其实践内容、实践方法、实践范围、实践性质、实践水平等，都具有不同程度的创新性。所以，理论创新的真正源头是实践创新，只有把握时代的脉搏，聆听时代的声音，关切时代的问题，回应时代的呼唤，找到事物的发展规律，在改造客观世界的同时，不断地改造主观世界，不断地突破旧思想、打破旧框框，才能实现认识上、理论上的新飞跃。

理论创新不是个人意志的主观想象，它的"真理性"需要实践来检验。实践是检验真理的唯一标准，唯心主义否认客观标准，主张以上帝意志、圣人意见、集体知觉、实用标准等主观尺度为依据，严重偏离了主观和客观相符合的真理本性，主观和客观是否相符合只有通过实践来检验，实践的直接现实性特

---

① 阿诺德·汤因比．历史研究：下册［M］．曹未风，周煦良，耿谈如，等译．上海：上海人民出版社，1959：463.

② 毛泽东选集：第8卷［M］．北京：人民出版社，1999：320.

点直接宣告了实践是检验认识是否具有真理性的最公正的审判官，如果在实践中得到了认识预设的结果，那么，认识的真理性就得到了确证，如果实践“失败”，那么，认识的结论还需进一步探索。对于那些已被实践证明为正确的理论，虽然具有指导作用，但仍然不能作为检验真理的标准，因为理论的真理性具有一定的条件和范围。

理论创新不是“雅兴”或“猎奇”，其本身具有一定的价值和目的，但这种价值和目的不是由“理论”本身来说明，而是由“实践”来给出答案。自然科学的创新，其价值和目的是创造更多的物质财富，满足人们在不同时代的物质需求；社会科学的创新，其价值和目的是创造更多的精神财富，满足人们在各个阶段的精神需要。无论是自然科学还是社会科学的创新，其最终目的都是维护和促进人类文明的持续发展和人的自由而全面的发展。

事物永远处于运动和变化之中，无论是理论创新还是实践创新都永远没有“休止符”、没有“暂停键”。如果一个民族、一个政党缺乏实践创新，就无法找到理论创新的源头；如果缺乏理论创新，就难以战胜实践中面临的各种风险和挑战。从政治安全、政治认同的角度来看，执政党必须根据世情、国情、民情、党情的变化，不断进行实践创新，不断总结执政经验，在新的实践的基础上创新理论，然后用新的理论指导新的实践，螺旋上升以致无穷，实现实践创新和理论创新的相互促进。加强政治安全、政治认同的思想引领，投身于党和国家事业兴旺发达的伟大实践之中。

（二）制度创新：政治安全、政治认同的制度保障

制度是人的生产方式、生活方式等存在方式的基本规制，是经济繁荣、社会稳定、和平发展的基本规范，也是政治安全、政治认同的制度保障。邓小平反复强调制度问题的重要性，他说：“制度问题更带有根本性、全局性、稳定性和长期性。”① 制度的“好”与“不好”不仅影响个体的思想、行为，而且影响整个社会的发展趋势。制度不是凭空产生的，离不开当时的生产力发展水平、制度主体的综合素质以及利益相关者的相互博弈。制度一旦形成以后，就形成了自身的特点，那就是明确性、稳定性、操作性，正因为制度自身的特点，才催生出制度创新的可能性。制度的明确性、稳定性、操作性对人的行为的规范

① 邓小平．邓小平文选：第2卷［M］．北京：人民出版社，1994：333.

是具体的细致的，在制度规定的空间内，人的活动空间是有限的，人的主观能动性的发挥必然要受到制度空间的约束，而随着经济社会的发展，人的关系空间和人的行为空间在不断地发生变化，制度只能对既有的关系和行为进行明确规定和规范调节，而对新的关系和行为难以产生规制的效果。制度的明确性、稳定性、操作性面对新的关系和行为时，就有可能产生制度功能的衰退甚至"病症"，比如，短缺、失衡、僵化，甚至异化、恶化，当制度出现"不适"（短缺、失衡、僵化等）、"异化""恶化"之时就是制度创新之始。当然，制度创新并不意味着对所有的制度都必须进行创新，而是对制度的"不合理性"进行扬弃，也就是说，当制度的"不合理性"成为现实时，制度创新才会有必要和可能。好的制度不仅符合客观事物的发展规律、符合社会发展的必然要求，同时符合最广大人民群众的根本利益，因而，好的制度既客观地反映社会现实又有效地指向未来，既蕴含先进的发展理念又能指导人们的实践，既能得到人们的高度认同又能在对象化的过程中确证自身。

（三）科技创新：政治安全、政治认同的物质基础

科技创新不仅推动产业结构、经济结构、社会结构产生巨大变化，而且推动人的生产方式、思维方式、生活方式产生质的飞跃。科技创新促进了生产力的高度发达、社会财富的充分涌流、人际交往的普遍发展，是社会生产力、社会财富、人际交往的发动机和助推器。科技创新打破了生产力、社会财富、人际交往的"地域性"限制，如果科技创新只是"地域性"的，那么生产力、社会财富、人际交往的广度和深度就会受到影响，历史上的一些"偶然事件"足以让"地域性"的生产力水平降到最低限度，例如"蛮族的入侵，甚至是通常的战争，都足以使一个具有发达生产力和有高度需求的国家处于一切都必须从头开始的境地"。[①] 只有具有"世界性"的科技创新，才能使生产力、社会财富、人际交往向更高层次、更高水平发展。科技创新直接推动的是生产力的发展，要持续保持生产力的发展就必须开拓世界市场，创造和分配更多的社会财富，催促和扩大交往的发展。科技越是创新，创新的成果越是为全人类共享，就越能为消灭封闭、贫困和僵化创造更多的可能性空间，正如马克思所说："各

---

① 中共中央马克思恩格斯列宁斯大林著作编译局．马克思恩格斯选集：第1卷［M］．北京：人民出版社，1995：107.

民族的原始封闭状态……消灭得越彻底，历史也就越是成为世界历史。”①

（四）文化创新：政治安全、政治认同的精神支撑

民族复兴不仅仅是国家政治、经济、社会的繁荣昌盛，同时需要文化的繁荣昌盛，一方面，文化的繁荣昌盛需要以国家的政治、经济、社会的繁荣昌盛为基础；另一方面，文化的繁荣昌盛又会为国家的整体繁荣提供强劲的动力基础，国家的整体繁荣离不开政治安全、政治认同的前提条件，因而，文化创新也为政治安全、政治认同提供强大的精神支撑。

第一，文化创新为政治安全、政治认同赋予特色鲜明的民族风格。文化创新是民族-国家的自我意识，创新的条件在于其根基性，创新的本质在于其特色性，任何民族文化都不是凭空产生的，它和民族-国家的历史、地理、生产力发展水平等密切相关，因而文化创新不可能是对其他民族-国家文化的盲目模仿、盲目跟从、盲目复制，盲目服从的文化是没有生命力的，更没有创新的可能。文化创新所体现的品格是一种独立的品格，所展现的形式和内容具有自身的特色，而一个民族-国家的政治和文化一样，也不是盲目跟从的结果，同样具有自身的独特品性，文化创新的民族特色性彰显了民族-国家政治安全、政治认同的民族风格和民族气派。

第二，文化创新为政治安全、政治认同铸就兼容并蓄的广阔胸襟。一花独放不是春，百花齐放春满园。文化创新的表现形式是范式转换，运动节奏是推陈出新，无论是范式转换还是推陈出新，都需要长期积累和多元借鉴。不同文化之间的差异性为文化创新提供了基础和条件，也为政治安全、政治认同提供了更多的主体性和选择性。人类发展的历史是文化创新和文明和合相互促进的历史。文化创新尽管因自身的“民族性”而焕发生机，但如果缺乏“世界性”就会遗憾地消失，文化创新的“世界性”体现了兼容并蓄的文化气度，兼容并蓄并不是机械的、简单的、线性的相加，而是在比较、竞争、学习中相互影响、相互取长补短、共生共荣的结果，无论是中华文化、印度文化还是埃及文化、希腊文化等，它们都不是独来独往、唯我独尊、盲目排外的结果，潘光认为，印度文化中蕴含着波斯文化，印度的国宝——泰姬陵体现了波斯建筑的风格，

---

① 中共中央马克思恩格斯列宁斯大林著作编译局．马克思恩格斯选集：第1卷［M］．北京：人民出版社，1995：88.

而波斯文化中又闪耀着希腊文化的光辉，古波斯帝国的宫殿遗址中到处潜藏着希腊文化的基因。①

第三，文化创新为政治安全、政治认同锤炼务实进取的政治品质。文化创新需要使命感、责任感，需要引领潮流、敢为人先的探索精神，需要踏踏实实、艰苦奋斗的务实精神，需要反复追问和反身思考的反思精神。

第四，文化创新为政治安全、政治认同提出直面现实的任务要求。文化创新的目的是解决现实生活中面临的新挑战、出现的新问题、遇到的新困难，只有直面现实，才能发现、利用社会发展中的新鲜事物，进而创新发展新鲜事物。

第三节 以人民为中心：政治安全、政治认同的群众基础

人民是政治安全、政治认同的主体，以人民为中心彰显了政治安全、政治认同的价值取向，不同的时代，政治安全、政治认同有自身的时代特色和具体内容，以人民为中心真正体现和确证了政治安全、政治认同的本质属性和价值立场，郑重回应了“为谁执政、怎样执政”这一基本的政治问题。实际上，政治的发展程度关系到人的解放程度，在马克思主义的理论视域中，马克思主义政党最高的价值追求就是实现全人类的彻底解放，而人类的彻底解放不是在理论的宏大叙事中，也不是在抽象的思辨论证中实现的，而是在现实的、实践中的每个人在实现“自我解放”的过程中所形成的强大的历史合力的推动中实现的，以人民为中心的政治理念正是在人民群众自我解放和历史合力的双向运动中产生的。从执政党来看，以人民为中心不仅仅是政治宣言，必须是实实在在的政治实践，执政党的路线、方针、政策要始终围绕兴民生、顺民心、知民情、解民忧、集民智、汇民力这一政治主线全面展开，只有牢牢抓住这一主线，才能真正实现政治安全、政治认同。

一、兴民生：政治安全、政治认同的生命线

人类的第一个历史活动是什么？是生产物质生活，物质生活是现实个人生

① 潘光．浅论世界历史上的“文明冲突”与文明对话［J］．历史教学（高校版），2007（5）：17-20.

存、发展的基础和前提，也是人类社会能够“现实”存在和发展的基础和前提，人类的历史是人类求生存、求发展、求幸福的历史，是无数历史经验和教训不断积累的历史。在中国传统哲学中，民生问题一直是核心问题。“生”是天地之大德、宇宙之根本，凡是对人之生命、生产、生活、生态的破坏和伤害，都是一种罪过。古代明君始终把民生作为政之要务，尧、舜、禹的“行在养民”“厚生惟和”开启了中国传统政治的价值追求。圣贤们对民生的阐释尤为深刻，孔子认为任何人都离不开“饮食”，离不开吃喝住穿，“饮食男女，人之大欲存焉”（《礼记·礼运》）。当子贡请教孔子如何为政时，孔子说：“足食、足兵、民信之矣。”（《论语·颜渊篇》）孔子认为为政的基本条件是“足食”“足兵”“民信”，“民信”是最重要的要素，而“足食”是基本条件，在一定程度上比“足兵”更重要。孟子认为王道之始在于解决老百姓的温饱问题，“黎民不饥不寒，王道之始也”（《孟子·梁惠王上》），管子认为民生问题关系到国家治理的难易，“凡治国之道，必先富民，民富则易治也，民贫则难治也”。（《管子·治国》）董仲舒认为解决民生问题的关键就是不能出现“财匮”，防止两极分化，避免以强凌弱，富者“示贵”而“不骄”，贫者“养生”而“不忧”，“财不匮而上下相安”。（《春秋繁露·度制》）孙中山先生对民生问题非常关注，他认为，民生问题应该从四个方面加以考量，也就是人民群众的生活、生存、生计、生命的问题。1844 年，马克思、恩格斯在《神圣家族》中对社会历史观的基本问题——社会存在和社会意识的关系问题进行了深刻分析，揭示了人民群众的利益获得和思想观念的关系，人民群众对目的的关注程度和热情程度取决于其背后的物质动因，“‘思想’一旦离开了‘利益’，就一定会使自己出丑”①。利益和思想的关系问题实际上是民生和民心的关联问题，离开民生高谈民心是不现实的。

二、顺民心：政治安全、政治认同的红绿灯

顺民心就是“以百姓心为心”，如何才能做到“以百姓心为心”，百姓之“心”通过现象世界表现出来，现象是内在意志的外在反映，意志是一种力量，人民的意志构成历史发展的合力。“以百姓心为心”需要坚持人民地位、站稳人

---

① 中共中央马克思恩格斯列宁斯大林著作编译局．马克思恩格斯文集：第 1 卷［M］．北京：人民出版社，2009：286.

民立场、关切人民利益。如何坚持人民地位？就要弄清楚人民在国家体系中、在历史发展中，在政治发展中处于什么位置，在国家体系中，坚持人民地位就是坚持人民群众当家作主；在历史发展中，坚持人民地位就是坚持人民群众是历史创造者的正确判断；在政治发展中，坚持人民地位就是要始终牢记人民群众是政治安全、政治认同的生长根基。如何站稳人民立场？就是要求党和政府的路线、方针、政策等都要体现人民意志、永远站在人民群众的一边，不能以“我的意志”取代人民意志，世界不是“我的意志”的外在表象，世界是人民意志的直接反映、是人心向背的真实写照，习近平反复告诫全党，“一个政党，一个政权，其前途和命运最终取决于人心向背”①。要始终“乐民之乐”“忧民之忧”，体现人民群众的价值取向和利益诉求。如何关切人民利益？利益就是人民群众对自身需要的一种满足，坚持人民利益就是要不断增强人民群众的获得感、幸福感。马克思主义政党是为人民群众谋利益的政党，“人民对美好生活的向往就是我们的奋斗目标”②。

三、知民情：政治安全、政治认同的风向标

民情是老百姓对国家政治、经济、文化、社会以及个人生活状况的整体感受度和满意度，它是对一个国家发展的各种状况的综合反映，不仅仅是物质层面的外在表现，同时也是“一个民族的整个道德和精神面貌”③，民情既是动态的又是相对稳定的，民情的变化是政治安全、政治认同的风向标，托克维尔认为，政体需要民情来维护，民情可以弥补法治环境和地理位置的不足，“民情的这种重要性，是研究和经验不断提醒我们注意的一项普遍真理”④。如果政体缺乏民情的支持，即使拥有的最好的地理环境和法治环境也只不过是一种虚饰的摆设而已，人民群众对政治的忠诚度体现在是否希望或乐意现存政体长期持续下去，政治的目的和人民的需要一致，人民就愿意为自己的需要和目的而奋斗，“愿意并能够作为使它能实现其目的而需要他们做的事情”⑤。民情是复杂的，

---

① 习近平．紧紧围绕坚持和发展中国特色社会主义学习宣传贯彻党的十八大精神［J］．求是，2012（23）：3-8.
② 习近平．习近平谈治国理政［M］．北京：外文出版社，2016：101.
③ 托克维尔．论美国的民主：上册［M］．董果良，译．北京：商务印书馆，1996：332.
④ 托克维尔．论美国的民主：上册［M］．董果良，译．北京：商务印书馆，1996：358.
⑤ 密尔．代议制政府［M］．汪瑄，译．北京：商务印书馆，1982：6-8.

有时候是隐而不显的，怎样才能了解真正的民情呢？毛泽东认为，对民情的真正了解不是一次完成的，需要真心、耐心、细心、诚心，需要认识运动的不断反复和无限发展，“凡属正确的领导，必须是从群众中来，到群众中去”①。从群众中来就是搜集、整理、研究群众各种分散的意见，到群众中去就是把研究好的意见通过宣传、解释、内化到群众中去，让群众从内心深处真正理解、支持、赞同并在生产生活的具体实践中外化于行，这样不断地循环、反复，去粗取精、去伪存真，就会越来越丰富、生动、正确，这样得出的结论就不是主观的、抽象的、片面的，而是“主观和客观、理论和实践、知和行的具体的历史的统一”②。

四、解民忧：政治安全、政治认同的定盘星

民忧就是人民群众的忧虑、困难、苦恼，即人民群众在生产、生活中面临的各种问题，“民惟邦本”意味着民之忧也是国之忧、政之忧，解民忧是政治安全、政治认同的定盘星。中国历代圣贤明君都有“先天下之忧”的至德情怀，以“先天下之忧”得天下、治天下、安天下，以“先天下之乐”失天下、乱天下、亡天下，孟子认为，“乐以天下，忧以天下，然而不王者，未之有也”（《孟子·梁惠王章句下》）。解民忧是解现实之忧、具体之忧，不是高喊口号、做做样子。毛泽东非常关心人民群众的具体生活问题，比如，柴米油盐、生疮害病、孩子读书、修理木桥、学习犁耙等，总之，解民忧就是要深入群众的生活世界，不仅要解物质之忧，也要解精神之忧，不仅要解当下之忧，也要解长远之忧，说到底，解民忧就是要认真做到全心全意为人民服务，强调“全心全意”就是要防止“三心二意”、杜绝“虚情假意”。

五、集民智：政治安全、政治认同的资源库

民智就是人民群众的知识和智慧，它体现在人民群众的劳动之中，劳动是知识和智慧的源泉，知识和智慧是通过人民群众的共同劳动而获得的奖赏。人民群众是“知识大厦”“智慧宝塔”的建设主体和共享主体，知识是人民群众在各种实践中对所获得的各种经验的系统总结，具有抽象性、普遍性、公共性

---

① 毛泽东选集：第3卷［M］. 北京：人民出版社，1991：899.
② 毛泽东选集：第1卷［M］. 北京：人民出版社，1991：296.

等特征；智慧是人民群众运用知识、技能解决实际问题的能力素养和生存艺术，具有知识性、价值性、综合性等特征。人民群众的劳动既具有私人性又具有社会性，是私人劳动和社会劳动的统一；既具有现实性又具有超越性，任何劳动都是建立在现实生产力水平基础之上但又在一定程度上突破了原有主客观条件的制约。人民群众的劳动是崇高的，劳动的“作品”不仅仅是为“我”而独有，从长远来看，也是为“我们”而存在。人在劳动中“使自己二重化”，在自己的作品中“直观自身”，“劳动的对象是人类生活的对象化”①。人的劳动是一种关系的存在，关系蕴含着人的生存价值和生活意义，孤立的个体无“关系”可言，就没有存在的“价值”必要，凡是适用于人自身的关系“都适用于人对他人、对他人的劳动和劳动对象的关系”②。人在劳动中获取知识、智慧，运用知识、智慧，劳动是知识、智慧的源泉，“如果他自己不劳动，他就是靠别人的劳动生活，而且也是靠别人的劳动获得自己的文化”③。人民群众的劳动不仅创造了知识和智慧，也是对各种知识和智慧的积累和传承。知识和智慧所形成的科学和人文的力量是推动历史前行的根本动力，马克思说，科学是“历史的有力的杠杆”，是“最高意义上的革命的力量”④。科学力量具有很大的“革命性”，但科学力量的充分发挥离不开人民的实践主体，科学需要人民来掌握和运用，人民不仅要掌握科学、提高科学素质，而且要人文关切、提高人文素质，而民智集中蕴含着科学和人文的力量，蕴含着政治安全、政治认同的丰富的资源宝藏，执政党为了实现长治久安的政治蓝图，必须广泛集中民智，调动广大人民群众的积极性、主动性和创造性，提高人民群众创新知识、智慧和运用知识、智慧的能力，一个国家的力量体现为科学力量和人文力量的高度统一，而科学力量和人文力量的现实体现者是广大的人民群众，列宁认为，

① 中共中央马克思恩格斯列宁斯大林著作编译局．马克思恩格斯全集：第3卷［M］．北京：人民出版社，2002：274.

② 中共中央马克思恩格斯列宁斯大林著作编译局．马克思恩格斯全集：第3卷［M］．北京：人民出版社，2002：274-275.

③ 中共中央马克思恩格斯列宁斯大林著作编译局．马克思恩格斯全集：第25卷［M］．北京：人民出版社，2001：13.

④ 中共中央马克思恩格斯列宁斯大林著作编译局．马克思恩格斯全集：第19卷［M］．北京：人民出版社，1963：372.

“只有当群众知道一切，能判断一切，并自觉地从事一切的时候，国家才会有力量”①。

六、汇民力：政治安全、政治认同的动力源

民力是自然生产力与社会生产力的总和，是人民群众物质力量和精神力量的综合体现，是生产力与生产关系、经济基础与上层建筑相互作用的合力，是民族-国家不断发展的力量所在，也是政治安全、政治认同的动力源泉。历史前行中的所有力量无论大小都是从人民群众中产生的，自然的力量是盲目的、无意识的。“在社会历史领域内进行活动的，是具有意识的、经过深思熟虑或凭激情性的、追求某种目的的人。”② 人是理性和非理性的统一体，人的智慧、激情在目的性的驱动下推动人类历史，但人类历史不是少数英雄人物的历史，而是人民群众创造的历史，对少数英雄人物的任何神秘涂饰和过分神圣化都是非常危险和可怕的，如果认为“改造世界的运动只存在于某个上帝特选的人的头脑中”③，那么这种观念会被彻底否定，因为历史的发展早已彻底否定了它，“人民”从单个的个体来看，力量是非常微弱的，但从整体来看，是“一种最强大的生产力”，马克思在《资本论》中说：“如果有一部考证性的工艺史，就会证明，18世纪的任何发明，很少是属于某一个人的。”④ 列宁认为，人民是“历史活动家”，人民群众拥有“汹涌澎湃的”英勇气概、“气势恢宏”的磅礴力量，没有人民群众“冲天”的决心和本领，任何事业都难以取得成功。⑤ 脱离了人民群众，再完美的理想都是“水中花”，“只有投入生气勃勃的人民创造力泉源中去的人，才能获得胜利并保持政权”⑥。人民群众的力量尽管很强大，但需要很好地凝聚，才会有向心力、战斗力，汇聚民力，关键是要看民众的力量是否

① 中共中央马克思恩格斯列宁斯大林著作编译局．列宁选集：第3卷［M］．北京：人民出版社，2012：347.

② 中共中央马克思恩格斯列宁斯大林著作编译局．马克思恩格斯文集：第4卷［M］．北京：人民出版社，2009：301-302.

③ 中共中央马克思恩格斯列宁斯大林著作编译局．马克思恩格斯全集：第1卷［M］．北京：人民出版社，1965：630.

④ 中共中央马克思恩格斯列宁斯大林著作编译局．马克思恩格斯文集：第5卷［M］．北京：人民出版社，2009：428-429.

⑤ 列宁全集：第17卷［M］．北京：人民出版社，1988：151.

⑥ 列宁全集：第33卷［M］．北京：人民出版社，1985：57.

有利于促进生产力的发展，因为，生产力是决定生产关系（经济基础）进而决定上层建筑的关键力量。毛泽东认为，民众的力量需要正确的引导，政党的政策所激发的民众力量主要是看是否能促进生产力的发展，“看它是束缚生产力的，还是解放生产力的”①。生产力水平的提高，关键是提高综合国力、改善人民生活，改善人民生活，不仅仅涉及物质生活，而是物质生活和精神生活的统一，人是全面的不是片面的。尽管物质生活是基础，但精神生活对人之为人更为重要，物质和精神层面双重改善，民众的力量就会得到很好的激发和聚集，政治安全、政治认同的动力就会得到很好的保障。

第四节 人类命运共同体：政治安全、政治认同的全球视野

在人类文化遗产中，共同体思想早已有之，如传统中国的“大同”思想、“天下”体系等；古希腊的“城邦”共同体、基督教的“神”的共同体、卢梭的“政治”共同体、约翰·费希特（John Fichte）的“意志”共同体、黑格尔的“伦理”共同体等。这些共同体思想要么离开了“现实的感性世界”，缺乏现实生活的实践关照，只是构筑在哲学家们“头脑”之中的空洞的、虚假的“想象”的共同体；要么局限于某一狭窄的“领域”，缺乏人类社会的宏阔视野，只是试图建立一种非历史的、形而上的“抽象”的共同体。无论是“想象”的共同体还是“抽象”的共同体，都无法成为一束普照之光点亮真正的共同体，实际上，真正共同体的动因孕育在现实社会的矛盾运动之中，真正的共同体超越了领土-领空的区域性、超越了民族-国家的个别性、超越了意识形态的民族性、超越了个人主义-利己主义-功利主义等的私利性。而人类命运共同体思想恰好是实现这些多维“超越”的现实路径，它发源于中国传统文化中的“天下”“大同”思想、立足于各个民族-国家的具体国情、着眼于整个人类社会，坚持的是共商、共建、共赢、共享、共生、共荣的价值理念，它宣扬的是公平正义，主张的是平等尊重，凸显的是同舟共济、共进共荣，在推动人类命运共同体的进程中，各个民族-国家都不是旁观者、空谈家，而是行动者、实干家，建立人类命运共同体不仅有利于拓展各个民族-国家政治安全、政治认同的

---

① 毛泽东选集：第3卷［M］．北京：人民出版社，1991：1079.

全球资源，更有利于人类社会的永久和平和永续发展。尽管在现代“帝国”体系的框架下人类的“永久和平”和“永续发展”还是一种漫长的期待，但正如康德所言：“人类走向改善的转折点即将到来，它现在是已经在望了。”①

一、从虚假共同体到真正共同体：马克思共同体思想的时代价值

无论东方还是西方，人类早期思想家都有各具特征的“共同体”思想，这些“共同体”思想因为缺乏现实实践不可避免地成为“想象”的共同体或“抽象”的共同体。中国传统文化中的“大同”思想最早源于《诗经》中的《硕鼠》，《硕鼠》中描绘的“乐郊”“乐国”“乐土”成为人们向往的“乌托邦”，《礼记·礼运》中的“大同”之美展现了“大道之行，天下为公”的理想蓝图。源自周公的“天下”思想试图构建一种“周公吐哺”“天下归心”的德服天下之美，《尚书·虞书·尧典》中描绘了“克明俊德”“协和万邦”的万邦和谐之美，老子“以天下观天下”，以“天下”视角彰显了人类共生共荣之美，《孟子·尽心上》塑造了“独善其身”“兼善天下”的个人品质之美等。中国传统文化中“大同”“天下”概念与西方的“世界”概念相比，在文化上具有很强的包容性和吸引力，赵汀阳认为，“天下”概念所蕴含的世界是“哲学视野”中的世界，是“地理、心理和社会制度三者合一的世界”，而西方的“世界”概念蕴含的只是“科学视野”中的世界。②

尽管“天下”和“世界”的概念展现了“人类命运共同体”的价值和色彩，但在社会实践中，“天下”共同体仍然具有浓厚的理想色彩，西方的“世界”共同体同样是抽象的、不结果实的“花朵”。古希腊的“城邦”共同体是狭隘的、特殊的、封闭的，甚至是排他的共同体，一个城邦可能是另一个城邦的敌人，苏格拉底认为，城邦的正义体现在对待自己的人民要友善，对待异邦人要严厉，博爱仅仅限于自己的同胞之间而不能普惠于人类。③ 好城邦不可能产生于愚昧或野蛮之中，“其潜在的成员必须是已经获得了初步文明生活的

---

① 伊曼努尔·康德．永久和平论［M］．何兆武，译．上海：上海人民出版社，2005：85.

② 赵汀阳．“天下体系”：帝国与世界制度［J］．世界哲学，2003（5）：2-33.

③ 施特劳斯，克罗波西．政治哲学史［M］．李洪润，等译．北京：法律出版社，2012：29-30.

人"①。过着初步文明生活的人应该是有一定知识的人，知识在一定程度上会限制各种欲望尤其是贪欲的无限滋生，是维护共同体存在的重要资源，柏拉图认为，如果知识无法实现对贪欲的遏制或统治，疯狂的贪欲会毁掉共同体的根基。② 基督教所建构的"神"的共同体来源于上帝的慈悲而非人类的正义，共同体的秩序之所以存在，是因为共同体中的每一个人都受到灵魂的统治，灵魂需要理性来指引，而理性的统治者只有一个，那就是至高无上的上帝，奥古斯丁认为，"上帝之知"是"神"的共同体的根本保证，上帝知道一切事物及其生成的原因，上帝是永恒的，不受时间的制约，它在时间之上也在时间之外，世间一切事物都无法衡量和评判"上帝之知"，相反，"上帝之知"是"衡量一切事物及其完善的尺度"③。上帝知道人类的善、恶，人类之恶和人类之善一样，都是上帝计划的一部分，因而对于上帝而言，恶和善都是存在的、应该的、合理的，但恶的合理性超越了人类理性，所以，人类理性无法理解人类之恶。托马斯·阿奎那（Thomas Aquinas）认为，神意正义优越于任何人类正义，在"神意"之下，无论善恶都是神的恩典，神的恩典在任何时候都是现实的、有效的。

卢梭通过对人的"自由"与"枷锁"，"主人"与"奴隶"的对比思考提出了"政治"共同体的命题，但卢梭的"政治"共同体无法克服自然生活与政治生活、特殊意志与公共意志、私人利益与共同利益、主权者与政府、人民意志与法律意志之间的矛盾，导致了卢梭"政治"共同体的抽象性、虚幻性。虽然社会契约形成了公民社会，但契约没有决定法律的特征，政府通过把自身特殊意志法律化，官员通过把追求自己的特殊利益合法化，在特殊意志、特殊利益面前，人民主权和公意不可能有存在和发展的空间。

费希特通过对法权概念的分析重新开启了德国古典哲学从个体主义向共同体主义的范式转换，认为共同体关系实际上是一种法权关系，而法权关系就是人与人之间相互承认的社会关系，而人与人之间能否真正实现"相互承认"的状态，其在康德"自我意识"的基础上进一步阐释了这种可能性，认为人是一

---

① 施特劳斯，克罗波西．政治哲学史［M］．李洪润，等译．北京：法律出版社，2012：50.

② 斯科菲尔德．柏拉图：政治哲学［M］．柳孟盛，译．北京：华夏出版社，2017：4.

③ 施特劳斯，克罗波西．政治哲学史［M］．李洪润，等译．北京：法律出版社，2012：174.

个有限理性存在者，当自我在面对他者时，他者是谁？他者是一个有限理性存在者，当他者在面对自我时，自我是谁？自我也是一个有限理性存在者，所以，有限理性存在者都是在自我意识中相互承认、相互设定的，而且只有在这样一种相互关系中，自我才能真正意识到自己的自由和理性，人的自我意识是怎么产生的呢？自我意识不是在纯粹自我中产生的，它是一种社会现象，依赖于对非我的把握，非我的状态影响并召唤自我意识的发生、变化，自我意识通过自由意志产生自我行动，自由意志并不是个人意志，也不是随心所欲，它与义务和使命相结合，体现了个人与他者的相互关系。

黑格尔通过对绝对理念内在生命力的外在演化所展现出来的政治、伦理秩序构建了伦理共同体的世界样态，伦理的共同体是对康德的伦理自然状态的反思和超越，康德的伦理自然状态所面临的伦理困境是，当每个人都成为自己的法官的时候，伦理的普遍性是否还能存在？如果伦理失去了普遍性，就不是真正的伦理，因为“伦理本性上是普遍的东西”，伦理行为的内容“必须是实体性的”“必须是整个的和普遍的”①。黑格尔认为，人的“现实性”和“实体性”在家庭中是无法体现的，只有作为“公民”，参与公共生活、维护公共利益，人的本质才能彰显，“公民”是一种关系的存在，也是社会关系的“总和”，如果不是公民，“就仅只是一个非现实的无实体的阴影”②。人不是纯粹的自然个体，而具有很强的社会性，人的社会性存在是人类共同体之所以能够产生的基本条件，人与人之间的相互依赖需要克服诸如家庭、血缘亲属等天然性、个别性等特殊性的压迫，比如，财富上的不平等会产生一种残忍的力量破坏共同体物理上的相互依赖，导致共同体的解体和作为整体的伦理的消失。任何非正义的体系和行为都是对生命的不尊重和对个人的强制，只有在公平正义的体系和行为中，自由才真正成为共同体有机的原则，共同体中所表现出来的人与人之间的物理依赖性才能在实质意义上变成生命依赖性。

虽然“城邦”共同体、“神”的共同体、“政治”共同体、“意志”共同体、“伦理”共同体等共同体理论在理论建构上是如此严密和精妙，但它们只不过是一朵朵不能结出果实的绚丽的花朵而已，因为它们都是建立在抽象人性观、神性观和抽象德性观的基础上的主观想象和逻辑推演。马克思认为，在阶级社会

---

① 黑格尔．精神现象学：下卷［M］．贺麟，王玖兴，译．北京：商务印书馆，2012：10.

② 黑格尔．精神现象学：下卷［M］．贺麟，王玖兴，译．北京：商务印书馆，2012：11.

中所谓的共同体都是“虚假”的共同体、“冒充”的共同体，这些共同体理论的构建者，用异己的本质掩盖人的真正的本质，它们所展现的是此岸世界的抽象幻影或者脱离此岸世界的颠倒的世界意识，其“思维的抽象和自大总是同它的现实的片面和低下保持同步”①。马克思认为，共同体不是主观想象的共同体，也不是彼岸世界的共同体，而是现实的个人的共同体，“社会结构和国家总是从一定的个人的生活过程中产生的”②。这个个人是物质生活中的个人，不是想象中的个人，个人的发展与共同体的发展是一致的，共同体的发展与生产力发展水平、个人的价值需求、个人的发展程度密切相关。

只要有人群的地方就有发展到一定程度的共同体，原始社会初期也存在着共同体，不过那时的共同体是朴素的、狭隘的、虚假的，在河流、山川等自然力量的阻隔下，在知识、观念等精神力量的制约下，原始共同体只能靠脆弱的血缘纽带短暂地联结着。随着生产力水平的提高，原始共同体逐渐分化、瓦解，不断向其他共同体演变，当剩余产品-私有制出现之后，人类社会进入阶级-政治社会，剥削阶级采用政治-国家的形式混淆了特殊利益和共同利益之间的矛盾、掩盖了个体利益和全体利益的区别、异化了人对自身本质的真正占有。马克思认为，剥削阶级通过国家所构筑的共同体是虚幻的，个人自由对被统治阶级而言是不存在的，共同体的“联合”之所以虚幻是因为它要实现的是一个阶级反对另一个阶级的“联合”，而真正的共同体怎么才能实现呢？马克思、恩格斯认为，对这个未来社会的问题不能够随意地抽象地谈论，谜底的揭示不是在哲学家的书桌和头脑里，而是在对现实生活中一切不合理的东西进行无情的批判，未来新世界的动因孕育在资本主义的矛盾运动之中，“我们不想教条地预期未来，而只是想通过批判旧世界发现新世界”③。真正的共同体是平等自由的劳动者联合体，这样的共同体建立在“财产公有”的基础之上，由劳动者共同占有和使用生产资料，一旦生产资料不是“私人占有”而是由“社会占有”，“产品对生产者的统治也将随之消除”“人在一定意义上才最终地脱离了动物界，从

① 中共中央马克思恩格斯列宁斯大林著作编译局．马克思恩格斯选集：第1卷［M］．北京：人民出版社，1995：9.

② 中共中央马克思恩格斯列宁斯大林著作编译局．马克思恩格斯选集：第1卷［M］．北京：人民出版社，1995：71.

③ 中共中央马克思恩格斯列宁斯大林著作编译局．马克思恩格斯文集：第10卷［M］．北京：人民出版社，2009：7.

动物的生存条件进入真正人的生存条件”①。而“财产公有”不是在任何时候、任何地方随意实现的，它的实现必须以生产力高度发达、社会关系高度和谐、世界交往普遍发展、人的综合素质全面提高、个人发展“全面”而“自由”为条件，到那时，随着阶级的消失，阶级压迫的国家机器（指政治国家而非社会管理机构）也随之消亡，人类第一次作为统一的社会而发展，第一次同已被认识的自然规律和谐一致地生活，但这样的共同体不是想象出来的，而是通过劳动创造的，是通过每个人的奋斗换来的，劳动不再是谋生的手段，而是“生活的第一需要”，劳动是快乐的源泉、是自由的乐章、是“个人的自我实现”，但劳动绝不是娱乐和消遣，不是嘻嘻哈哈、随性任意的活动，“真正自由的劳动”同样是“非常严肃，极其紧张的事情”②。

阶级的消失、国家（政治功能）的消亡、自由劳动的实现、真正共同体的形成是一个漫长的历史过程。尽管“剥夺资本家”变革了生产关系，促进了生产力的发展，但未来社会的发展程度绝不是抽象思辨的结果，未来社会存在状态如何，用现在的语言是无法具体描绘的，以什么样的速度消灭三大差别，在什么程度上消除异化劳动、把劳动变成生活的第一需要，“这都是我们所不知道而且也不可能知道的”③。历史是已逝去的人和当下活着的人创造的，未来社会的创造者只能是未来人，历史只不过为未来社会的人们留下了更多“反思”的遗产，马克思明确表示，当代社会的人们对未来社会的人们提出的任何强制要求都不可能是完全符合未来社会的实际的，比如，应该做什么、应该怎么做，这个问题的“提出”方式是荒谬的，这个问题的内容本身也是错误的，“这实际上是一个幻想的问题，对这个问题的唯一答复应当是对问题本身的批判”④。恩格斯也多次说明，任何人都没有权利安排未来社会人们的行动，决定未来社会发展的不是上帝、不是曾经的英雄豪杰而是未来人自己，“我不认为自己有向他

---

① 中共中央马克思恩格斯列宁斯大林著作编译局．马克思恩格斯选集：第3卷［M］．北京：人民出版社，2012：671.

② 中共中央马克思恩格斯列宁斯大林著作编译局．马克思恩格斯文集：第8卷［M］．北京：人民出版社，2009：174.

③ 中共中央马克思恩格斯列宁斯大林著作编译局．列宁选集：第3卷［M］．北京：人民出版社，2012：197-198.

④ 中共中央马克思恩格斯列宁斯大林著作编译局．马克思恩格斯选集：第4卷［M］．北京：人民出版社，2012：541.

们提出这方面的建议和劝导的使命"①，未来人们的行动也不是随心所欲的，必然受到"既定的历史环境"的制约②，既定的历史环境不是未来人随意"改写"的，而是前人实践的结果、是历史中的现实生活，因而，真正共同体的实现不是精妙周密的逻辑推演，而是现实的个人、群体变革现实的实践活动，人的解放不是体现在亮丽辞藻的渲染之中，而是体现在不断变革现实、不断创造生活的实践运动之中。

二、人类命运共同体：通向真正共同体的现实运动

人类命运共同体的构建是观念和实践、存在和价值的辩证统一，在存在状态上，它是"真正的感性世界"，是"历史的产物，是世世代代活动的结果"③，而不是所谓"聪明"哲学家们的呓语和遐想。真正共同体不是虚无缥缈的东西，同样是以现实的个人为主体的感性世界，对实践的唯物主义者即共产主义者来说，一切社会理想都必须从现实的感性世界出发，"全部问题都在于使现存世界革命化，实际地反对并改变现存的事物"④。现实的感性世界是什么呢？如何改变现存世界呢？虽然通向人类真正共同体的道路还非常漫长，但是通过人类一代又一代的不断努力，总会奠定更加坚实的基础和创造更加良好的条件，马克思、恩格斯早在《共产党宣言》中便给我们描绘了现实的感性世界：资本斩断了天然的封建羁绊，抹去了一切神圣的光环，消除了固定的僵化关系，摧毁了一切"万里长城"，挖掉了"工业脚下的民族基础"，奔走于全球的世界市场，消灭了生产和消费的分散状态，总之，一句话，资产阶级"按照自己的面貌为自己创造出一个世界"⑤。

现代社会，经济全球化、政治多极化、文化多样化的态势更加复杂，国际

---

① 中共中央马克思恩格斯列宁斯大林著作编译局．马克思恩格斯选集：第4卷［M］．北京：人民出版社，2012：539.

② 中共中央马克思恩格斯列宁斯大林著作编译局．马克思恩格斯选集：第4卷［M］．北京：人民出版社，2012：541.

③ 中共中央马克思恩格斯列宁斯大林著作编译局．马克思恩格斯选集：第1卷［M］．北京：人民出版社，1995：76.

④ 中共中央马克思恩格斯列宁斯大林著作编译局．马克思恩格斯选集：第1卷［M］．北京：人民出版社，1995：75.

⑤ 中共中央马克思恩格斯列宁斯大林著作编译局．马克思恩格斯选集：第1卷［M］．北京：人民出版社，1995：276.

垂直分工被国际水平分工所代替，民族-国家的生产体系被全球生产体系所瓦解，每个民族-国家都被镶嵌在全球商品价值链之中。科学技术的不断进步、跨国公司的迅猛发展、经济体制的深刻变革、思想文化的交汇交锋，加剧了现代社会全球化、多极化、多样化的裂变和聚合，各种危机更加凸显，各种风险防不胜防，比如，经济危机、政治危机、文化危机、生态危机、发展危机等，正如贝克所说，现代社会是一个风险丛生的社会，“风险具有无限可再生性”①，风险的再生性在于人类无限扩张、控制等工具理性的肆意滋长，工具理性实现了对价值理性的压迫和放逐，实现了对秩序问题的全方位封闭。而工具理性、风险的疯狂生长总是与全球性、复杂性共张扬，总是与资本逻辑推动下的特殊利益和共同利益之间的矛盾、冲突共沉浮，如何化解和克服现代社会的风险和危机，关键是要把人类社会看作是一个整体，一个相互依存、相依为命的整体，而不是把人类自身分解成冷冰冰的、孤立无依的分散的单个原子，人不能把自己囚禁在“铁笼”之中，消解在“碎片”之中，人的聪明和智慧会把人类团结成一个“整体”，一个相依为命的“大家庭”，“我们并非命中注定要遭受难以弥补的零散化”，“在强迫性之外存在着发展真实的人类生活的机会”②。真实的人类生活并不是把全球变成一个生产或消费工厂甚至一台巨型机器，而是变成与每一个人的命运休戚相关的美好家园，当知识的广度、观念的变化和人类的视野超越了“地球村”的限制的时候，每一个人最终都会明白：人类的命运不是上帝赐予的，而是人与人之间相依为命的结果，人与人之间相依为命构成了现实的人类命运共同体。当社会占有全部生产资料的条件还不成熟，“自由人联合体”的真正共同体还不能建立时，人类命运共同体思想确实为解决现实的感性世界的各种困境提供了现实路径，因为它超越了民族-国家的个别性、局限性，超越了意识形态的民族性、地域性，超越了丛林法则和个人本位，它宣扬的是正义、捍卫的是公理、主张的是平等、凸显的是尊重，坚持在共生中共商，共商中共建，共建中共赢，共赢中共享，强调的是你中有我、我中有你、同舟共济、共进共荣。

第一，共生：人类命运共同体的价值基础。马克思认为，人通过实践活动

---

① 贝克，吉登斯，拉什．自反性现代化：现代社会秩序中的政治、传统与美学［M］．赵文书，译．北京：商务印书馆，2004：14.

② 贝克，吉登斯，拉什．自反性现代化：现代社会秩序中的政治、传统与美学［M］．赵文书，译．北京：商务印书馆，2004：134.

改善了人与自然、人与人、人与社会之间的关系，展现了人类物质生活、精神生活不同于动物生存的价值和意义，拓展了人对生命自由、生活幸福、生存价值的全新思考和不懈追求，明确了人的本质、人的现实性只能在与他人结成的特定的社会关系中才能真正实现。人的类活动、人的类本质汇聚成人类共生的价值理念，“我们人类的使命就是把自身联成这样一个唯一的整体，这个整体的一切部分都彼此有透彻的了解，到处都得到同样的文化教养”①。共生的价值理念成为人类命运共同体的价值基础。

第二，共商：人类命运共同体的价值依托。人类命运共同体思想既发端于天下大同、协和万邦、兼爱非攻、亲善四方、美美与共、各美其美的中国传统智慧，又来源于马克思主义关于人类解放和自由人联合体思想；既是对人类社会发展规律和社会主义发展规律的深刻把握，又是对当今世界的发展潮流和时代精神的现实关照。人类命运共同体不是一花独放，也不是一家独语，而是百花齐放、合奏共鸣，习近平在致“第四届世界互联网大会”的贺信中指出，人类是一个大家庭，大家的事由大家商量着办。共商就是要共同倾听大家的声音，共同关切大家的诉求，在共商的基础上寻求最大的共识，在现代社会中，共商的形式是多种多样的，共商体现的是沟通、展现的是民主，但它并不仅仅局限于用声音来表达，也可以用目光来凝视，人类的发展就是在共同对话和相互凝视的基础上不断推进的。格林认为，用声音模式思考民主，也就是说让人民在公共领域直接发声，或者说，让人民直接充当决策者、统治者，实践证明是不完全现实的，而用目光模式凝视民主，可以弥补用声音表达民主的局限性，尽管并不是每一个人都有能力或机会在公共领域直接发声并产生效果，但是，每一个人都可以用目光来凝视，人民不一定登台表演，但可以观看演出。格林指出，用目光比如，“良知的目光”“神的目光”等，来凝视的“看客”或“旁观者”并不意味着软弱无力，随着现代技术和现代民主的发展，用目光凝视民主越来越普遍，比如，公共质询、新闻发布会、电视选举辩论等②，因而，共商在现代社会是必要的，也是可行的，是人类命运共同体的价值依托。

第三，共建：人类命运共同体的现实路径。国际社会是由经济社会发展不

---

① 费希特．论学者的使命人的使命［M］．梁志学，沈真，译．北京：商务印书馆，2003：170.

② 斯科菲尔德．柏拉图：政治哲学［M］．柳孟盛，译．北京：华夏出版社，2017：10-11.

平衡的不同主权国家、不同制度体系构成的有机复合体，如何让国际社会共享人类命运共同体的价值理念，如何让国际社会各个主体主动作为和负责担当，并不是一件很容易的事，需要久久为功、持之以恒，当代中国在推动人类命运共同体的进程中，总是从中国和世界发展的实际情况出发，实事求是、循序渐进、不断展开，从万隆精神、和谐世界、亚洲命运共同体到人类命运共同体，展现了一个伟大民族和政党对人类命运的主动关切、对人类责任的真正担当，人类命运共同体不是一个政党、一个民族、一个国家就能够构建的，它是全人类的事，需要全人类集体行动、同心同德、共同实践。正如费希特所说，行动"属于使人类完善的计划之列"。没有行动，一切都是虚无缥缈；没有行动，一切都是水中之月；只有辛勤的播种，才有丰收的喜悦。行动是"我们的生存目的"①。因而，一起行动、共同建设是人类命运共同体的现实路径。

第四，共赢：人类命运共同体的现实保证。"共赢"不是个别民族-国家的专利，而是属于每一个民族-国家，只有每一个民族-国家都有真正的获得感，在你中有我、我中有你、相互依存、共同发展中，人类命运共同体才具有现实性，否则，就有可能成为逻辑演绎中的抽象的共同体，共赢就是要防止或拒斥你拼我夺、你输我赢、你死我活、非此即彼、赢者通吃、弱肉强食的自然法则，在竞争与合作中取长补短、在共商与共建中互利互赢。

第五，共享：人类命运共同体的价值归宿。人类命运共同体主要建立在共同利益的基础上，但利益的一致性并不排除利益的差异性，甚至冲突性，利益一致促进共同合作，共同合作所获得的利益比单个的个体努力所获得的利益更多、更稳固，对共同合作所取得的共同利益如何实现共享，这就产生了利益分配和利益冲突的问题，因为在利益分配过程中，大多数人都喜欢争取较大的份额而不是争取较小的份额，如何对利益中的权利和义务进行恰当的分配，这就需要公平正义的原则。在国际社会中，建立一种共有的正义观，当代世界中共有的正义观具有多维性，面对日益严峻的生态危机，国际社会需要生态正义；面对国际舞台的政治霸权，国际社会需要政治正义；面对各种利益冲突和两极分化，国际社会需要经济正义；面对各种战争、风险、灾难，国际社会需要安全正义等。共有的正义观是联结友谊的"纽带"，是通向人类"命运之舟"的

---

① 费希特．论学者的使命人的使命［M］．梁志学，沈真，译．北京：商务印书馆，2003：57.

桥梁；共有的正义观需要正义“理性”的催生、需要“形而上”观念的牢固树立，正义的“理性”可以限制或消解“非理性”的贪欲和疯狂，人们对正义的普遍追求可以让人类大家庭的成员紧紧拥抱在一起，正如罗尔斯所说：“我们可以认为，一种公共的正义观构成了一个良序的人类联合体的基本宪章。”①

① 罗尔斯．正义论［M］．修订版．何怀宏，何包钢，廖申白，译．北京：中国社会科学出版社，2009：4.

参考文献

一、中文

（一）专著

[1] 中共中央马克思恩格斯列宁斯大林著作编译局．马克思恩格斯文集：第1-10卷［M］．北京：人民出版社，2009.

[2] 中共中央马克思恩格斯列宁斯大林著作编译局．马克思恩格斯选集：第1-4卷［M］．北京：人民出版社，1995.

[3] 毛泽东选集：第1-3卷［M］．北京：人民出版社，1999.

[4] 邓小平．邓小平文选：第1-3卷［M］．北京：人民出版社，1993.

[5] 江泽民．江泽民文选：第1-3卷［M］．北京：人民出版社，2006.

[6] 习近平．习近平谈治国理政［M］．北京：外文出版社，2014.

[7] 习近平．习近平谈治国理政：第2卷［M］．北京：外文出版社，2017.

[8]《习近平总书记系列讲话精神学习读本》课题组．习近平总书记系列讲话精神学习读本［C］．北京：中共中央党校出版社，2013.

[9] 习近平．之江新语［M］．杭州：浙江人民出版社，2007.

[10] 王沪宁．政治的逻辑［M］．上海：上海人民出版社，1994.

[11] 朱立元．天人合一：中华审美文化之魂［M］．上海：上海文艺出版社，1998.

[12] 邓云特．中国救荒史［M］．北京：商务印书馆，2011.

[13] 陈鼓应．老子注释及评价［M］．北京：中华书局，1984.

[14] 陈鼓应．悲剧的哲学家尼采［M］．北京：生活·读书·新知三联书店，1987.

[15] 王先谦．诸子集成［M］．北京：中华书局，1954.

[16] 苏与．春秋繁露义证［M］．北京：中华书局，1992.

[17] 杨伯峻．春秋左传注［M］．北京：中华书局，1981.

[18] 严可均．全后汉文［M］．北京：中华书局，1958.

[19] 宋大诏令集［M］．北京：中华书局，1962.

[20] 白居易．白居易集［M］．北京：中华书局，1999.

[21] 周治．资治通鉴［M］．沈阳：辽海出版社，2009.

[22] 刘仰东，夏明方．灾荒史话［M］．北京：社会科学文献出版社，2011.

[23] 杨有礼．淮南子［M］．开封：河南大学出版社，2010.

[24] 陈子龙，等．明经世文编［M］．北京：中华书局，1962.

[25] 韩兆琦．史记［M］．北京：中华书局，2008.

[26] 黄楠森，陈志尚．人学理论与历史（人学原理卷）［M］．北京：北京出版社，2004.

[27] 黄楠森，赵敦华．人学理论与历史（西方人学观念史卷）［M］．北京：北京出版社，2004.

[28] 黄楠森，李中华．人学理论与历史（中国人学思想史卷）［M］．北京：北京出版社，2004.

[29] 余谋昌．生态哲学［M］．西安：陕西人民教育出版社，2000.

[30] 俞可平．治理与善治［M］．北京：社会科学文献出版社，2000.

[31] 蒙培元．人与自然——中国哲学生态观［M］．北京：人民出版社，2004.

[32] 薛晓源，李惠斌．生态文明研究前沿报告［C］．上海：华东师范大学出版社，2007.

[33] 李惠斌，薛晓源，王治河．生态文明与马克思主义［C］．北京：中央编译出版社，2008.

[34] 姬振海．生态文明论［M］．北京：人民出版社，2007.

[35] 廖福霖．生态文明建设理论与实践［M］．北京：中国林业出版社，2003.

[36] 郇庆治．绿色乌托邦：生态主义的社会哲学［M］．济南：泰山出版

社，1998.

[37] 何怀宏. 生态伦理——精神资源与哲学基础 [M]. 保定：河北大学出版社，2002.

[38] 刘湘溶. 生态文明论 [M]. 长沙：湖南教育出版社，1999.

[39] 孙鸿烈. 中国生态问题与对策 [M]. 北京：科学出版社，2011.

[40] 亚里士多德. 形而上学 [M]. 吴寿彭，译. 北京：商务印书馆，1997.

[41] 黑格尔. 法哲学原理 [M]. 杨东柱，尹建军，王哲，编译. 北京：北京出版社，2007.

[42] 黑格尔. 精神现象学：上卷 [M]. 贺麟，王玖兴，译. 北京：商务印书馆，1983.

[43] 黑格尔. 历史哲学 [M]. 王造时，译. 上海：上海书店出版社，2011.

[44] 黑格尔. 小逻辑 [M]. 贺麟，译. 北京：商务印书馆，2004.

[45] 康德. 历史理性批判文集 [M]. 何兆武，译. 北京：商务印书馆，1990.

[46] 伊曼努尔·康德. 永久和平论 [M]. 何兆武，译. 上海：上海人民出版社，2005.

[47] 埃德蒙德·胡塞尔. 欧洲科学的危机与超越论现象学 [M]. 王炳文，译. 北京：商务印书馆，2001.

[48] 马丁·海德格尔. 存在与时间 [M]. 陈嘉映，王庆节，译. 北京：生活·读书·新知三联书店，2006.

[49] 马克斯·韦伯. 新教伦理与资本主义精神 [M]. 于晓，陈维纲，译. 北京：生活·读书·新知三联书店，1992.

[50] 乌尔里希·贝克. 世界风险社会 [M]. 吴英姿，孙淑敏，译. 南京：南京大学出版社，2005.

[51] 勒芬·斯塔夫罗斯·斯塔夫里阿诺斯. 全球通史：从史前史到21世纪 [M]. 吴象婴，等译. 北京：北京大学出版社，2016.

[52] 乌尔里希·贝克，安东尼·吉登斯，斯科特·拉什. 自反性现代化：现代社会秩序中的政治、传统与美学 [M]. 赵文书，译. 北京：商务印书馆，2001.

[53] 约翰·戈特利布·费希特. 论学者的使命人的使命 [M]. 梁志学, 沈真, 译. 北京: 商务印书馆, 2003.

[54] 阿诺德·汤因比. 历史研究 [M]. 郭小凌, 等译. 上海: 上海人民出版社, 2016.

[55] 阿尔弗雷德·诺思·怀特海. 科学与近代世界 [M]. 何钦, 译. 北京: 商务印书馆, 2012.

[56] 阿尔弗雷德·诺思·怀特海. 观念的冒险 [M]. 周邦宪, 译. 南京: 译林出版社, 2012.

[57] 戴维·弗里斯比. 现代性的碎片——齐美尔、克拉考尔和本雅明作品中的现代性理论 [M]. 卢晖临, 周怡, 李林艳, 译. 北京: 商务印书馆, 2003.

[58] 查尔斯·罗伯特·达尔文. 物种起源 [M]. 舒德干, 等译. 西安: 陕西人民出版社, 2006.

[59] 安东尼·吉登斯. 资本主义与现代社会理论——对马克思、涂尔干和韦伯著作的分析 [M]. 郭忠华, 潘华凌, 译. 上海: 上海译文出版社, 2007.

[60] 安东尼·吉登斯. 现代性与自我认同 [M]. 赵旭东, 方义, 译. 北京: 生活·读书·新知三联书店, 1998.

[61] 马尔科姆·斯科菲尔德. 柏拉图: 政治哲学 [M]. 柳孟盛, 译. 北京: 华夏出版社, 2017.

[62] 杰弗里·托马斯. 政治哲学导论 [M]. 顾肃, 刘雪梅, 译. 北京: 中国人民大学出版社, 2006.

[63] 罗宾·柯林伍德. 自然的观念 [M]. 吴国盛, 译. 北京: 北京大学出版社, 2006.

[64] 雅克·德里达. 马克思的幽灵: 债务国家、哀悼活动和新国际 [M]. 何一, 译. 北京: 中国人民大学出版社, 1999.

[65] 阿历克西·托克维尔. 论美国的民主 [M]. 董果良, 译. 北京: 商务印书馆, 1997.

[66] 米歇尔·福柯. 规训与惩罚 [M]. 刘北成, 杨远婴, 译. 北京: 生活·读书·新知三联书店, 2007.

[67] 列奥·施特劳斯, 约瑟夫·克罗波西. 政治哲学史 [M]. 李洪润,

等译．北京：法律出版社，2012.

[68] 霍普·梅．苏格拉底［M］．瞿旭彤，译．北京：中华书局，2015.

[69] 约翰·E. 彼得曼．柏拉图［M］．胡自信，译．北京：中华书局，2015.

[70] 理查德·罗蒂．偶然、反讽与团结［M］．徐文瑞，译．北京：商务印书馆，2005.

[71] 约翰·罗尔斯．政治自由主义［M］．万俊人，译．南京：译林出版社，2011.

[72] 约翰·罗尔斯．正义论［M］．何怀宏，等译．北京：中国社会科学出版社，2009.

[73] 罗伯特·杰克曼．不需要暴力的权力——民族国家的政治能力［M］．欧阳景根，译．天津：天津人民出版社，2005.

[74] 塞缪尔·亨廷顿．变化社会中的政治秩序［M］．王冠华，等译．上海：上海人民出版社，2015.

[75] 霍尔姆斯·罗尔斯顿．哲学走向荒野［M］．刘耳，叶平，译．长春：吉林人民出版社，2000.

[76] 约翰·贝拉米·福斯特．生态危机与资本主义［M］．耿建新，宋兴无，译．上海：上海译文出版社，2006.

[77] 约翰·贝拉米·福斯特．马克思的生态学［M］．刘仁胜，译．北京：高等教育出版社，2006.

[78] 詹姆斯·奥康纳．自然的理由——生态学马克思主义研究［M］．唐正东，臧佩洪，译．南京：南京大学出版社，2003.

[79] 赫伯特·马尔库塞．单向度的人［M］．张峰，吕世平，译．重庆：重庆出版社，1988.

[80] 蕾切尔·卡森．寂静的春天［M］．吕瑞兰，李长生，译．长春：吉林人民出版社，1997.

[81] 丹尼斯·米都斯．增长的极限［M］．李宝恒，译．长春：吉林人民出版社，2006.

[82] 巴里·康芒纳．封闭的循环——自然、人和技术［M］．何文蕙，译．长春：吉林人民出版社，1997.

[83] A. 麦金太尔. 追寻美德 [M]. 宋继杰, 译. 南京: 译林出版社, 2006.

[84] 威尔·金里卡. 当代政治哲学 [M]. 刘莘, 译. 上海: 上海三联书店, 2004.

[85] 威廉·莱斯. 自然的控制 [M]. 岳长龄, 李建华, 译. 重庆: 重庆出版社, 1993.

(二) 期刊

[1] 李军. 自然灾害对唐代地方官员的政治影响论略 [J]. 郑州大学学报 (哲学社会科学版), 2014 (4).

[2] 徐红, 管延庆. 从儆灾诏令看北宋君主对天文灾异的应对 [J]. 湖南科技大学学报 (社会科学版), 2012 (1).

[3] 蔡亮. 政治权力绑架下的天人感应灾异说 [J]. 中国史研究, 2017 (2).

[4] 赵汀阳. "天下体系": 帝国与世界制度 [J]. 世界哲学, 2003 (5).

[5] 吴超平. 生态整体主义思想的"史前史" [J]. 南京师范大学文学院学报, 2012 (1).

[6] 陈炎. 古希腊、古中国、古印度: 人类早期文明的三种路径 [J]. 中国文化研究, 2003 (4).

[7] 徐刚. 试论张载自然哲学对朱熹的影响 [J]. 华东师范大学学报 (哲学社会科学版), 1995 (4).

[8] 徐崇温. 评当代西方社会的生态社会主义思潮 [J]. 中共天津市委党校学报. 2009 (4).

[9] 张斌, 陈学谦. 环境正义研究述评 [J]. 伦理学研究, 2008 (4).

[10] 江莹. 环境社会学研究范式评析 [J]. 郑州大学学报 (哲学社会科学版), 2005 (5).

[11] 高国荣. 年鉴学派与环境史学 [J]. 史学理论研究, 2005 (3).

[12] 贾珺. 英国环境史学管窥——研究领域与时空特色 [J]. 国外社会科学, 2010 (4).

[13] 李文海. 晚清诗歌中的灾荒描写 [J]. 清史研究, 1992 (4).

[14] 严文明．黄河流域文明的发祥与发展 [J]．华夏考古，1997 (1)．

[15] 吴宇虹．生态环境的破坏和苏美尔文明的灭亡 [J]．世界历史，2001 (3)．

[16] 李晓东．“复兴时代”与古埃及文明的衰落 [J]．外国问题研究，2016 (2)．

[17] 王绍武．2200—2000BC 的气候突变与古文明的衰落 [J]．自然科学进展，2005 (9)．

[18] 陈汝国．文明古城楼兰毁灭的历史教训 [J]．新疆环境保护，1983 (3)．

[19] 郑杭生．学术话语权与中国社会学发展 [J]．中国社会科学，2011 (2)．

[20] 胡象明，罗立．系统理论视角下政治安全的内涵和特征分析 [J]．探索，2015 (4)．

[21] 舒刚，虞崇胜．政治安全：安全和国家安全研究议程的新拓展 [J]．探索，2015 (4)．

[22] 闫纪建．风险社会视域下的政治认同 [J]．当代世界与社会主义，2013 (3)．

[23] 彭正德．论政治认同的内涵、结构与功能 [J]．湖南师范大学社会科学学报，2014 (5)．

[24] 李素华．政治认同的辨析 [J]．当代亚太，2005 (12)．

[25] 欧阳景根．民族国家政治能力研究 [J]．中国行政管理，2006 (2)．

[26] 李宁，王姣．全球生物多样性的减少与对策 [J]．国土与自然资源研究，2006 (4)．

[27] 辛鸣．在应然与实然之间——关于制度功能及其局限的哲学分析 [J]．哲学研究，2005 (9)．

[28] 孙津．中国发展需要应对的西方观念影响 [J]．当代世界与社会主义，2006 (6)．

[29] 卢春天，齐晓亮．公众参与视域下的环境群体性事件治理机制研究 [J]．理论探讨，2017 (5)．

[30] 赵汀阳．箕子的忠告［J］．哲学研究，2017（6）．

[31] 苏志宏．“美的规律”与马克思主义生态观［J］．西南交通大学学报（社会科学版），2004（5）．

[32] 苏志宏．马克思主义哲学的生存实践论解读［J］．深圳大学学报（人文社会科学版），2005（1）．

[33] 丁开杰，刘英，王勇兵．生态文明建设：伦理、经济与治理［J］．马克思主义与现实，2006（4）．

[34] 孟宪平．走向生态文明的路径选择［J］．党政干部学刊，2008（3）．

[35] 张首先．批判与超越：后人道主义和谐生态理念之构建［J］．社会科学辑刊，2008（4）．

[36] 张首先．生态后现代主义的和谐价值理念［J］．学术论坛，2008（2）．

[37] 张首先．话语、权力、责任：生态后现代主义政治哲学之历史建构［J］．南京政治学院学报，2009（3）．

[38] 方世南．生态文明与企业的环境责任［J］．中共云南省委党校学报，2007（6）．

[39] 汤一介．“文明的冲突”与“文明的共存”［J］．北京大学学报（哲学社会科学版），2004（6）．

[40] 潘光．浅论世界历史上的“文明冲突”与文明对话［J］．历史教学（高校版），2007（5）．

二、外文

[1] ERMAN A. Life in Ancient Egypt [M]. New York: Dover blications, Inc., 1971: 262.

[2] SAYCE A H. Records of the Past [M]. London: Samuel Bagster & Sons Ltd., 2012: 46.

[3] ANTHONY G. The Consequences of Modernity [M]. California: Stanford University Press, 1990.

[4] HEIDEGGER M. Contributions to Philosophy [M]. Bloomington: Indiana University Press, 1999.

[5] DERRIDA J. Writing and Difference [M]. Chicago: University of Chicago Press, 1978.

[6] SUCHOCKI M H. The Fall to Violence [M]. New York: The Continuum Publishing Company, 1999.

[7] SPRETNAK C. State of Grace: The Recovery of meaning in the Postmodern Age [M]. Harper Sanfranciso: A Division of Harper Collins publishers, 1991.

后　记

本专著是2016年国家社科基金项目“生态文明建设与国家政治安全、政治认同研究”（项目批准号16XKS012）的最终成果，由成都医学院学校专著出版资金资助。

今日不见儿时燕，冬去春来夜难眠。时光匆匆，转眼已过“知天命”之年，翻开童年时的照片，一个曾经在山坡上奔跑的孩子，青丝已慢慢变成白发；偶阅青年时的诗篇，一个曾经想在大海里搏击风浪的青年，步伐不再矫健；回望中年时的忙碌，一个曾经不向任何困难低头的硬汉，沧桑已在脸颊刻下沟沟坎坎。我是来自大山的孩子，是喝着汩汩山泉长大的孩子，绿水青山是我们一生的摇篮，美丽中国是我们共同的期盼。记得2015年，我在《生态文明建设的协同治理研究》的后记中这样写道：发展生态文明、建设美丽中国不仅仅是一种话语，更要成为人们的一种生活方式。六年过去了，美丽中国的“颜值”更加亮眼。

青山不改凌云志，绿水长留奋进篇。对“生态文明”的长期关注，对“气候变化”的不断探究，对“地球命运”的多维反思，对“生命共同体”的深刻关切，对“人类命运共同体”的系统思考，这些命题和话语，不仅仅是我的执着追求，也是我们这一代人面临的时代考题，更是全人类挥之不去的存在之思。小小寰球是人类共同栖居的家园，生态危机不仅仅是区域性危机更是全球性危机，生态文明建设不仅仅是一国的责任更是全人类的责任。无论人类文明升华到什么形态，人与自然的和谐共生始终是人类文明的基础，文明的颜色不能脱离生态的“底色”，文明的高度不能脱离“生态”的限度。

天人合一佑华夏，引领全球展新颜。“天人合一”是中华文明长盛不衰的精髓，中华文明在人类文明史上永续发展、从未中断，其主要原因在于这个伟大的民族是一个敬畏自然、尊重自然、关爱自然、保护自然的民族，在中国古典文献中，道-天-地-人始终是一个生生不息的完整的循环系统，对生命、生态、生产、生活、生存的尊重和敬畏，给人类文明提供了宝贵的生态资源。作为责任大国，中国正在努力深化全球生态文明建设的治理体系，积极推动全球低碳转型和绿色发展，中国是《2030年可持续发展议程》的坚定执行者、《巴黎协定》的坚定推进者，中国生态文明建设的成功实践正在为全球生态文明建设贡献中国力量、彰显中国智慧、提供中国样本，必将引领全球生态文明建设走出现实困境。正如联合国环境署前执行主任索尔海姆所说，中国生态文明建设的理念、经验、措施和方案，已为全球环境保护提供了重要借鉴。最早提出“绿色GDP”的著名学者小约翰·柯布（John Cobb）认为，“中国给全球生态文明建设带来了希望之光”。

写就此书意未尽，万般感谢驻心间。2016年是我的“双喜”之年，一是全家欣喜地迎来了盼望已久的“小棉袄”（二宝），二是多年盼望的国家社科基金项目成功立项。弹指一挥间，2020年国家社科基金项目成功结项。近年来，工作、学习、生活经历了太多的风雨阳光，赡养老人力尽儿孙孝道，哺育孩子不辞父母辛劳。感谢我70多岁的老母亲，虽年迈多病，但仍然不辞辛苦为我们操持家务；感谢我的妻子，默默无闻、任劳任怨，既要辛勤工作又要肩负抚养两个孩子的繁重家务；感谢我的博士生导师苏志宏教授、师母郝丹立教授，他们的言传身教、谆谆教诲是我取之不尽、用之不竭的力量源泉；感谢学校领导，给我提供了从事科研工作的良好氛围；感谢课题组成员马丽副教授、蒋丽副研究员、彭阳副部长、邱高会教授，他们在繁忙的工作之余，在文献梳理、社会调研、章节撰写等方面做了大量的实实在在的工作；感谢本书的责任编辑给予的精心指导和周到服务；感谢国内外研究生态文明的专家学者，是您的真知灼见和理论创新为课题的完成提供了宝贵的智慧和丰富的营养。

尽管对本书的结构、表达和观点进行过反复斟酌，但粗疏不当之处仍然不可避免，真诚地求教于方家同仁。

张首先
2021年5月于成怡嘉苑